ALLONS !

ENFANTS DE LA PATRIE

Par le Commandant ROYET

Guide pratique d'entraînement physique et
de formation civique des jeunes Français,
conforme au programme du 6 novembre 1916,
arrêté par le Ministre de la Guerre.

65 GRAVURES
1 HORS-TEXTE

LIBRAIRIE LAROUSSE

13-17, rue Montparnasse, PARIS

LE GAULOIS, PAR ÉMILE LAPORTE (1884).

INTRODUCTION

LES BUTS DE LA PRÉPARATION AU SERVICE MILITAIRE

> « Nous entrerons dans la carrière
> Quand nos aînés n'y seront plus... »
>
> *La Marseillaise.*

> « Jeune soldat, où vas-tu ?
> Je vais combattre pour la justice, pour la sainte cause du peuple, pour les droits sacrés du genre humain.
> Que tes armes soient bénies, jeune soldat! »
>
> LAMENNAIS, *Paroles d'un croyant.*

Élèves-soldats, mes amis, mes camarades,

Vous êtes les enfants de la France immortelle, vous êtes les fils des héros sacrés de la Marne, de l'Yser, de Verdun, de la Somme, de l'Aisne, de partout où le sang de vos pères, de vos frères fut répandu sans compter pour la défense de la Patrie.

Quand l'heure sera venue, à votre tour, le pays vous appellera.

Soyez prêts à tenir dignement votre place dans la phalange héroïque.

Que ce soit pour l'achèvement de la guerre formidable

d'aujourd'hui ou pour la consécration de la paix glorieuse de demain, il faut vous donner tout entiers, corps et âme, à la France : plus que jamais elle réclame de ses enfants l'effort et l'énergie.

Et le premier effort, la première énergie, qui deviendront encore le premier apprentissage de vos devoirs et de vos droits de citoyen, se présentent sous la forme de la Préparation au service militaire.

L'obligation nouvelle, qui sera sans aucun doute sanctionnée par une loi, n'est pas, croyez-le bien, venue d'un souffle patriotique mal mesuré au milieu de la tempête qui nous emporte.

Il y a longtemps que le Gouvernement, le Parlement, les militaires comme les éducateurs, tous les hommes ayant la responsabilité et le souci des grands intérêts du pays, estiment nécessaire la préparation de la jeunesse.

Depuis des années, ces personnalités averties suivirent avec angoisse le développement extraordinaire pris en Allemagne par les groupements où la jeunesse s'entraîne moralement et physiquement dans un but militaire futur nettement déterminé.

A partir de 1911, une association dite « la Jeune Allemagne » a donné à ce mouvement de préparation une intensité croissante, rassemblant toutes les sociétés particulières de gymnastique, de tir, de sport, de « pfadfinder » (boy-scouts) en une vaste confédération qui englobe à l'heure actuelle des millions de jeunes garçons. Grâce à l'action impérative des autorités militaires, des professeurs, des instituteurs, des fonctionnaires de tout ordre, la jeunesse d'outre Rhin se livre avec ardeur, chaque dimanche, puis dans la semaine, enfin pendant plusieurs jours de suite au cours des vacances, à des exercices variés, poursuivis non seulement autour des villes mais même dans les coins les plus reculés des campagnes.

Le kaiser favorisa cette expansion de tout son pouvoir,

et désigna feu le maréchal von der Goltz, un de ses hommes de confiance, pour la diriger et la stimuler.

Comme les autres, cet effort rentrait dans le plan d'agression comploté contre notre pays. Un certain Bassermann, député, chef du parti libéral-national, qui jouit d'une grande influence en Allemagne, y applaudissait à tout rompre et ne craignait pas de déclarer publiquement à Magdebourg, en février 1913, que « *devant la fière assurance de la jeunesse allemande, les fanfaronnades de la France et* ses poses de toutou en arrêt (sic) *ne pouvaient provoquer qu'un immense éclat de rire* ».

Cet insolent personnage doit s'apercevoir aujourd'hui que le « *toutou* » *lui fait sentir trop rudement ses crocs pour lui donner envie de rire. A l'heure actuelle, gageons qu'il a plutôt envie de pleurer! Mais l'œuvre de* « *la Jeune Allemagne* » *n'en subsiste pas moins et se développe chaque jour davantage. Il est temps de lui opposer celle de* « *la Jeune France* ».

Aussi bien, il s'agit d'instituer, à l'intention des jeunes Français, une éducation générale dont les fins strictement militaires ne constitueront qu'une faible partie.

Former de jeunes hommes à l'âme forte, aux muscles solides, aux mains adroites, à l'esprit vif, habitués à se « *débrouiller* » *dans toutes les circonstances, tel est le but que se propose la Préparation au service militaire.*

De ces hommes, ce sera un jeu que de faire ensuite des soldats.

Le programme de l'Instruction préparatoire de la nation armée comporte donc :

LA FORMATION CIVIQUE ;
L'ENTRAINEMENT PHYSIQUE ÉDUCATIF ;
L'ENTRAINEMENT PHYSIQUE APPLIQUÉ.

LA FORMATION CIVIQUE *de l'Élève-soldat, vous le reconnaîtrez bien vite, ne présente aucune particularité qui la distingue de la morale courante des braves et honnêtes gens : discipline, dévouement, courage, dignité personnelle, union, honneur, patriotisme, ce sont là les qualités habituelles des bons citoyens, les vertus simples, d'où sortent naturellement, quand il le faut, les vertus guerrières. Car, retenez bien ceci, qu'un honnête homme fera toujours un bon soldat, un coquin sera le plus souvent un détestable troupier.*

Comme complément naturel, cette instruction civique donnera la conscience, mieux même, la vision directe de tous les grands intérêts nationaux, auxquels un peuple qui veut vivre et prospérer doit subordonner les intérêts particuliers. Or cette initiation serait incomplète pour des jeunes gens, si l'on ne les mettait en garde contre les trois fléaux qui menacent l'avenir de notre race comme de l'humanité tout entière : la tuberculose, la syphilis, l'alcoolisme. On s'y emploiera avec vigueur.

L'ENTRAINEMENT PHYSIQUE ÉDUCATIF *s'appliquera à vous procurer la force du corps qui doit être adéquate à la force de l'âme. Sans cette condition, il y aurait un déséquilibre :* mens sana in corpore sano, *un esprit sain dans un corps sain, proclame une vieille devise latine qui marque la condition de l'homme accompli. Cette force, vous pouvez l'acquérir. Sachez comment, et* vous le voudrez.

Concurremment avec le « Guide pratique » d'Instruction physique et les leçons de vos instructeurs, les conseils bien simplistes de ce livre vous y aideront.

Les études, les expériences, les comparaisons entre les méthodes, inlassablement poursuivies par nos officiers à Joinville, ont eu pour résultat de rendre aimable, claire, pratique, cette science de l'éducation physique. Pour plus, elle est appropriée à vos besoins comme à vos goûts, re-

tenant, au titre éducatif, les jeux sportifs et les employant à profusion. C'est pourquoi il serait plus qu'injuste, absurde, d'insinuer que la préparation au service militaire va étouffer les sports. Au contraire, elle servira à les intensifier.

Elle nuira seulement à ce genre de sport, *qui consiste à applaudir aux efforts d'une équipe de professionnels, en restant soi-même assis dans un fauteuil. Ce sport-là, avouons-le, n'est guère profitable à la cause nationale.*

Les formules les meilleures de l'éducation physique ne valent, en effet, que par l'action. Cette action, *faites-la vôtre ! Car aucun enseignement, aucun livre ne pourront vous dispenser de l'effort personnel. Efforcez-vous donc, mes amis, et soyez forts ! C'est votre intérêt propre, et c'est aussi l'intérêt suprême de la France.*

L'ENTRAINEMENT PHYSIQUE APPLIQUÉ *tendra à une adaptation plus immédiate des qualités viriles à l'enseignement militaire futur, mais il ne visera en aucune façon à faire de vous des soldats avant l'heure. Aussi, la partie du programme ayant trait à une application technique ultérieure fera-t-elle abstraction de tout ce qui est instruction militaire proprement dite. Maniement d'armes, mouvement d'ensemble en armes, et autres exercices spéciaux sont réservés pour le moment où vous entrerez au régiment, ou bien laissés, en dehors du programme, à l'initiative des Sociétés qui jugent d'un bon effet moral de mettre un fusil entre les mains des jeunes gens et qu'on ne saurait priver de cet adjuvant à leurs patriotiques efforts.*

Ce fusil, bon compagnon du soldat, vous le toucherez surtout pour le connaître, pour scruter le mystère de son mécanisme.

Vous vous en servirez encore dans l'instruction du tir, exercices préparatoires, tir réduit ou tir au fusil de guerre, d'après les conditions offertes par l'existence des stands, qu'il faudra établir de plus en plus nombreux.

Mais le véritable théâtre de vos exercices sera la pleine campagne. Vous y développerez la connaissance du terrain, l'instinct de la direction, la notion des distances; vous apprendrez à vous porter d'un point à un autre, sans révéler votre présence, à observer sans être vus; vous ferez l'apprentissage de ces liaisons (transport d'un ordre en terrain coupé, signalisation, téléphone, etc.) qui tiennent en elles le sort du combat moderne.

Par cette réduction de service en campagne, vous vous entraînerez à la marche. Puis, vous vous exercerez au maniement de l'outil, indispensable auxiliaire du soldat combattant. Enfin, vous apprendrez à faire du feu, à préparer votre « popote », à dresser une tente ou un abri de bivouac, à soigner vos plaies et vos bosses, bref à connaître toutes les pratiques de la vie au grand air.

Ainsi vous aurez éduqué tous vos sens, œil, oreilles, toucher, accru votre endurance, acquis les recettes de vieux troupiers : vous serez prêts à remplir votre rôle de soldat!

Et ensuite, lorsque l'appel aura sonné, vous partirez au régiment, confiants et joyeux. Vous y apporterez avec vous une bonne santé et une belle humeur, la pratique des énergies, le culte des plus nobles sentiments.

Vous vous sentirez bien d'aplomb, mains adroites, bras musclés, jambes agiles, poitrine de fer et cœur d'or.

Devant votre courage calme et réfléchi de forts, les difficultés se feront légères : à vous qui êtes bon marcheur, habile tireur, qui vous riez des obstacles dans la campagne et pouvez trouver votre chemin entre mille, comme elle vous paraîtra simple et attachante, cette vie de soldat!

Vous saurez prendre gaiement votre parti des petites privations et des menus ennuis qu'elle comporte; loin de gémir et de critiquer à la caserne, vous donnerez le bon et sain exemple, vous aiderez et encouragerez les plus faibles, vous ferez profiter de votre expérience les moins dégourdis.

Et si le Destin en a décidé, si la Patrie a besoin de vous là-bas, eh! bien, à votre tour, les enfants, VOUS IREZ, brûlant du feu sacré des saintes vengeances. Au Jour de Gloire, vous serez prêts à offrir à la France le don de votre sang généreux.

Ensuite, — que ce souhait vous porte bonne chance! — vous reviendrez à votre foyer, encore mieux armés pour le travail, pour la lutte, pour l'effort énergique, inlassable, qui seront les conditions inéluctables de la vie de demain.

Vous aurez puisé dans les enseignements de la Préparation au service militaire, comme dans la vision émouvante de la grande Armée française, l'ensemble des vertus qui font une race laborieuse, unie, consciente, qui, lui donnant le NOMBRE et la FORCE, assurent sa durée, sa liberté et son triomphe.

Et, par-dessus tout, vous aurez compris le perpétuel devoir de défense auquel est obligé de s'astreindre un peuple libre. La Préparation au service militaire est la forme première, la plus fruste, d'un art, dont il est absurde et criminel de médire, qu'il faut cultiver à tous les degrés : l'art de la guerre.

Sa formule n'a pas varié depuis des siècles, à telle enseigne que nous pouvons, aujourd'hui encore, après des millénaires, fixer dans notre esprit cette définition magistrale tracée par un grand général et un grand philosophe de l'antiquité, Xénophon :

L'ART DE LA GUERRE EST L'ART DE CONSERVER SA LIBERTÉ.

AUX INSTRUCTEURS

Ce guide renferme le résumé des matières de l'ensei-gnement technique et pratique que les Instructeurs sont appelés à répandre.

C'est pourquoi nous avons jugé utile de donner ci et là quelques indications particulières susceptibles de les intéresser directement.

Pour le reste, qu'ils se reportent aux conseils généraux du programme publié par le ministre de la Guerre.

Et surtout qu'ils s'efforcent de s'instruire pratique-ment dans les centres régionaux qui leur sont largement ouverts.

Leur tâche est immense, mais le résultat à obtenir mérite bien qu'on la remplisse avec dévouement, énergie, conviction : il s'agit de perfectionner la race, c'est-à-dire de sauvegarder l'avenir du pays.

Pour marcher tous dans les voies de cette RÉALISATION, inspirons-nous de LA MÉTHODE tracée par un des plus grands génies de la France et de l'humanité :

CONNAITRE LE BUT A POURSUIVRE ET LE BIEN DÉLIMITER ;

TROUVER LE PLUS SUR CHEMIN POUR Y ATTEINDRE ;

UTILISER LE PERSONNEL LE PLUS APTE, L'OUTILLAGE LE PLUS PARFAIT, SANS QUE LA ROUTINE OU LE SENTI-MENT INTERVIENNE JAMAIS.

DESCARTES.

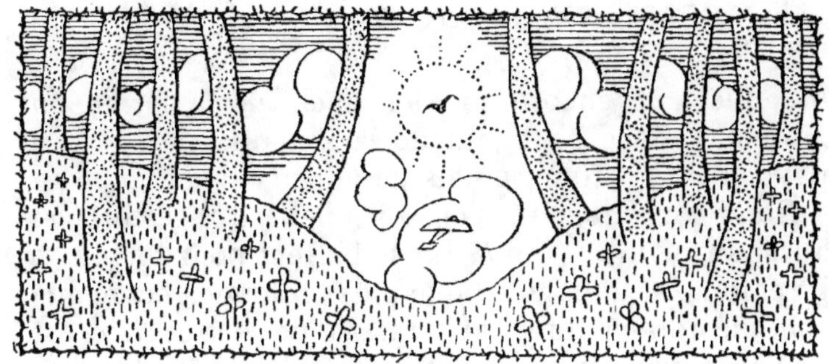

PREMIÈRE PARTIE

LA FORMATION CIVIQUE

I. — LA DISCIPLINE.

La discipline faisant la force principale des armées.... (Service intérieur.
Théorie fondamentale de l'Armée).

La discipline n'est pas seulement le nerf des armées ; elle est aussi le ciment des sociétés civilisées. Ch. DE FREYCINET.

TU vas, petit gars, sur la route boueuse. Tu baisses la tête : la bise aigre chasse contre ton visage des rafales de bruine. Là-bas, dans la buée grise, pointe le clocher du canton.

C'est là qu'*ils* te font venir pour la Préparation militaire.

Et tendant le dos, évitant les flaques, tu te dis qu'*ils* auraient bien pu te laisser en paix dans ton village, jusqu'au moment où ta classe entrera en guerre.

Tu songes à l'ennui de ce dimanche, que tu juges perdu par cette course inutile, à la partie de boules manquée, et encore au vieil oncle de la ferme du Moulin, qui, ce seul jour de la semaine, descend au pays et ne manque jamais de t'offrir une chopine au « Bœuf couronné »…. Oh! oh! petit, songe un peu aussi aux Autres, qui *là-bas* se battent pour toi! Eux, ils enfoncent dans une boue plus profonde encore que celle de ton chemin, car la glaise de la tranchée est labourée par les « marmites », rendue plus glissante encore par le sang qui s'y mêle.

Qu'est-ce donc, ta gêne, auprès du sacrifice de ces héros!

Allons, tu as compris, car tu relèves la tête; ton pas devient plus ferme : tu obéis à la loi, et déjà, sans le savoir, *tu fais acte de discipline*.

Parbleu, tu trouveras quelques mauvais « raisonneurs » qui te diront : « L'homme est libre ».

Les niais! Comme si, sur cette terre, il ne faut pas toujours se soumettre à quelqu'un ou à quelque chose, au détriment de ses aises et de son bon plaisir. Prenons le châtelain de ton bourg : souvent tu as ri de sa mine rageuse lorsqu'il voyait son auto immobilisé par la barrière du passage à niveau… Les trains circulent avant la 40 chevaux du seigneur de ton village.

C'est dans l'ordre, qui veut que l'intérêt général ait le pas sur l'intérêt particulier.

Crois-moi, il n'y a pas déshonneur à obéir à la règle commune, à l'affiche qui te prie de ne pas cracher sur le parquet du wagon où tu prends place, comme à l'affiche qui t'invite à venir faire ton apprentissage de futur soldat.

Alors, il est bien inutile de grommeler de vaines paroles, comme beaucoup s'y croient obligés.

Tiens! à ce propos, je vais te raconter l'histoire d'un de mes zouaves.

C'était, il y a quelques années, au Maroc. Nous faisions la petite guerre contre ces diables de Marocains, les mêmes qui aujourd'hui font la grande guerre avec nous contre les Boches. Donc, nous campions sous la tente, les hommes autour de leur capitaine, ce qui fait que le chef entend, sans le faire exprès, tout ce que disent ses soldats.

Il y avait un certain... — appelons-le « Parigot », car il était de Montmartre — un vrai zouzou, brave comme un lion et malin comme un singe. Il vous savait allumer un feu de bois sous une pluie battante et, en plein Sahara, vous trouvait le moyen d'offrir un quart d'eau fraîche à son officier. Mais « Parigot » avait une terrible manie : il ne pouvait exécuter l'ordre le plus simple sans grogner.

J'évoque la scène qui se reproduisait chaque jour :

« Debout, Parigot, criait un camarade d'escouade au zouave plongé dans les douceurs de la sieste... On t'appelle à la corvée d'eau.

— Zut ! c'est pas mon tour, grognait Parigot.

» Zut » étant un euphémisme, car, à dire vrai, Parigot lâchait un autre mot illustré par Cambronne.

Mais en même temps, il se dressait sur son séant.

— Allons ! « grouille » toi.

— C'est pas mon tour, je ne marche pas, protestait Parigot, tout en laçant ses « godillots ».

— Tu vas être puni !

— Je m'en f...iche. Je ne veux rien savoir.

Ce disant, il passait sa veste.

— N'oublie pas ton seau.

— Malheur ! puisque j'y vais pas !

Mais Parigot, d'un coup de poing, développait un seau en toile, comme une lanterne vénitienne.

— On t'attend, quoi !

— La classe !

Puis, en deux bonds, Parigot, équipé, le fusil en

bandoulière, comme il convient pour aller au puits dans le « bled », se trouvait sur les rangs, prêt à répondre à l'appel.

Une fois, agacé de cette rengaine, je fis comparaître « Parigot » devant moi.

— Ah! ça, puisque tu obéis, pourquoi « rouspètes-tu » toujours?

Déconcerté, Parigot baissa la tête.

— Tu ne vois donc pas que tu perds inutilement ta salive à dire ce que tu ne penses pas, ce que tu ne fais pas! Mais tu risques ainsi d'entraîner un camarade, qui prendra tes boniments au sérieux.

— C'est une habitude, finit par me dire Parigot. Je ne recommencerai plus, mon capitaine, Vous avez raison, c'est trop bête! »

En effet, Parigot ne recommença plus : aujourd'hui il doit sans doute empêcher ses soldats de commettre la sottise à laquelle il sacrifiait, car, sous son vrai nom. « Parigot » est sous-lieutenant, décoré de la Légion d'honneur et de la croix de guerre à deux palmes.

Mais, il avait bien expliqué sa manie : *une habitude*, une mauvaise habitude à laquelle cèdent beaucoup de Français, et qui peut s'exprimer ainsi : *crâner pour rien*.

Rappelle-toi les propos que tu as dû entendre avant la grande mêlée : « Il n'y aura plus de guerre, pas besoin de soldats, la paix universelle... à bas l'armée... au besoin on fera la grève... etc. »

Vois ceux qui débitaient ces couplets sans y croire eux-mêmes : aujourd'hui, ils tapent dur sur les Boches. N'empêche que si ces bêtises n'avaient pas été criées à tous les vents, les Boches, qui les recueillaient au passage, n'auraient pas supposé, les imbéciles! qu'on leur tendrait les bras pour entrer chez nous. Peut-être se seraient-ils tenus tranquilles!

Morale : les bavardages au sujet des devoirs nécessaires sont toujours inutiles, et parfois nuisibles.

Autant mettre sa langue dans sa poche et faire son devoir, tout simplement, surtout quand ces devoirs, comme le service militaire, et sa préface, la préparation physique, sont dictés par l'intérêt général du pays, qui exige des citoyens FORTS.

Après cela, mon petit, comprendrais-tu que monsieur Un Tel vienne te dire : « La Préparation de la jeunesse, c'est pas pour *Moi*. C'est bon pour les autres? »

A celui-là, tu aurais le droit de répondre : « Dis donc, *Toi*, t'estimes-tu plus que ton voisin pour te refuser à l'obligation commune ?

Allons, parlons net. La discipline collective à laquelle on te demande de t'astreindre répond à un devoir de simple honnêteté : celui qui se dérobe à la discipline commune lèse autrui et *l'exploite*.

Et pourquoi donc notre monsieur Un Tel aurait-il la prétention de jouir du bien commun créé par les autres, comme la sécurité et la protection procurées par une armée nationale, sans payer sa part de peine ?

Tu as senti l'injustice, l'outrecuidance d'une pareille prétention.

Aussi, avant même d'être initié et rompu aux formes de la discipline militaire, en honnête garçon, en bon citoyen, en petit Français intelligent, tu as saisi que la discipline générale, l'obéissance à la loi est un acte de bon sens.

Et sans avoir besoin d'évoquer la crainte du gendarme et des sanctions qui attendent le réfractaire, tu obéiras.

Tu observeras avec attention et déférence les avis des instructeurs qui se dévouent pour toi.

Tu accepteras sans acrimonie, sans méchante humeur les programmes qui ne seraient pas tout à fait combinés à ta convenance, les dérangements imposés, les tâches te paraissant insipides.

Ainsi, étouffant les abjectes poussées du vil égoïsme, tu t'accoutumes à cette soumission à l'intérêt général, encore plus indispensable chez une nation comme la nôtre qui jouit largement de toutes les libertés.

Et si, parfois encore, tu regrettes tes aises, tu rechignes au sacrifice, tourne-toi vers le Front !

II. — COCARDE ET BELLE HUMEUR.

> *Gai, gai, serrons nos rangs*
> *Espérance*
> *De la France,*
> *Gai, gai, serrons nos rangs*
> *En avant, Gaulois et Francs.*
>
> BÉRANGER.

Les Élèves-soldats ne seraient pas dignes de leurs glorieux aînés, s'ils n'avaient le souci constant de leur attitude. A leurs propres yeux, et aux yeux des personnes qui les croisent, ils représentent une idée belle et noble, l'avenir de notre magnifique armée. Noblesse oblige !

La foule ne comprendrait plus si de jeunes garçons dont le nom signifie honneur, énergie, dévouement, lui apparaissaient sous l'aspect de jeunes drôles débraillés d'allure et de langage.

De même, cette foule sourirait en haussant les épaules, si les Élèves-soldats cherchaient à se donner la tournure de matamores et de bravaches.

Enfin, la foule passerait indifférente devant nos Élèves-soldats s'ils prenaient la mine effacée, terne, gauche, piteuse, de gens qui, selon l'expression triviale, *regardent leurs pieds et se sentent gênés dans les entournures.*

Pour garder le juste milieu, que l'Élève-soldat s'applique à conserver une tenue correcte et digne.

1º *La correction de la tenue.* — L'Élève-soldat portera la tête haute, les épaules effacées et légèrement tombantes, les coudes légèrement en arrière, de manière à faire saillir la poitrine. Le haut du corps un peu porté en avant. Les bras balançant naturellement. La démarche souple, le jarret très légèrement tendu, le pied un peu tourné en dehors. Dans ce maintien, éviter l'exagération et la raideur. L'harmonie gracieuse des mouvements, la souplesse et l'aisance sont précisément une des caractéristiques du Français. Voyez, par exemple, la différence entre la marche souple de nos soldats et le pas de parade, raide, contortionné, ridicule, des militaires allemands !

L'éducation physique assouplira le corps et lui permettra de se plier *naturellement* à cette attitude ; mais, pour la maintenir, *l'intervention de la volonté* devient indispensable.

Pour parfaire la bonne impression, prêtons attention au costume. Mes amis, l'État n'a pas les moyens de vous doter tous d'un uniforme. Chacun de vous viendra donc avec ses habits tels que ses moyens lui permettent d'en avoir. Pour courir à travers champs, nous vous conseillons même de prendre des vêtements usagés, des vêtements de travail. Mais, si humble que soit sa condition, l'Élève-soldat aura naturellement le souci d'avoir des effets propres, sans taches, sans déchirures. Insistons sur la mauvaise impression qui résulterait du laisser-aller : col de chemise déboutonné, cravate mise en poche, ceinture lâche, chapeau rejeté en arrière, etc.

Il reste entendu que nous nous plaçons ici en

dehors des exercices même pour lesquels tout doit être subordonné à la commodité des gestes et à l'aisance des mouvements. Mais c'est précisément *après* l'exercice qu'il convient de rajuster les différentes parties de l'habillement, de *rectifier* la tenue.

De toutes ces négligences, la plus courante, celle d'ailleurs qui prête à une troupe le plus fâcheux aspect, réside dans la position défectueuse de la coiffure.

Et puisque nous avons parlé de la coiffure, ajoutons une remarque au sujet des cheveux : la jeunesse de nos jours témoigne une tendance véritablement regrettable à porter les cheveux très longs.

Nous ne voudrions pas chagriner certains Élèves-soldats en leur demandant le sacrifice de leur chevelure, nous ne prétendons pas les faire « passer à la tondeuse », comme on l'entendait jadis au régiment.

Mais qu'ils jugent sainement, d'eux-mêmes, si ces longues mèches retombant dans les yeux, si ces *bandeaux* calamistrés, conviennent bien à des jeunes gens qui se livrent à des exercices au grand air ! Après les courses et les randonnées, la belle ordonnance de la chevelure disparaît, les raies savantes se brisent, les mèches retombent lamentables.

Il en résulte un aspect peu joli à voir. Ceci n'est pas une impression personnelle : c'est une opinion unanime.

A titre d'hygiène d'abord, ensuite pour la bonne et virile attitude, il ne convient pas d'avoir les cheveux trop longs.

Au résumé, appliquez-vous à réaliser dans l'ensemble de votre allure ce *chic* sans apprêt et sans pose qu'on aime à voir chez nos soldats, qui correspond au sentiment, inné en tout Français : l'amour de la cocarde.

Ce « chic », naturel, l'Élève-soldat l'affirmera encore par son salut.

Le salut de l'Élève-soldat sera le salut militaire. Pour saluer, l'Élève-soldat se redressera, fièrement, en vrai coq gaulois ; la tête haute, il regardera dans les yeux l'officier, l'instructeur auquel ce salut s'adresse. Et ce regard, muet, mais parlant, voudra dire : « — Je compte sur toi : compte sur moi ! »

L'Élève-soldat sera doté d'un brassard à la fois simple et coquet, insigne uniforme jugé nécessaire pour créer un lien apparent entre les jeunes garçons appartenant à diverses classes de la société. Cet insigne, l'Élève-soldat est tenu de le porter avec goût et de le respecter ; car, paré du brassard à bordure tricolore, il signale aux yeux de tous sa noble qualité : SERVITEUR DE LA FRANCE.

2º *La dignité de la tenue.* — Cette fois, pour établir en quoi consiste la bonne tenue, nous nous servirons d'un contraste. Ensemble, mes amis, nous allons faire justice de la mauvaise tenue, dont les exemples, hélas ! ne manquent pas dans les réunions de jeunesse.

Par une aberration vraiment singulière, des jeunes garçons appartenant à des sociétés de tout genre, animés individuellement d'un excellent esprit, et venant de se livrer à des jeux ou des exercices correspondant à des buts très louables, se croient dégagés de toute contrainte lorsqu'ils jugent la réunion terminée. On les voit revenir de par la ville, les mains dans les poches, la coiffure rejetée en arrière, des mèches de cheveux dans les yeux. Les uns, le pas traînant, l'œil atone, cherchent à se donner ce genre *vanné*, *vidé*, qui semble être le suprême snobisme des faux « sportifs ».

Les autres, bruyants, le verbe fort, les regards

effrontés, s'interpellent, se bousculent, se livrent à ces jeux de mains, lesquels, en la circonstance, méritent tout à fait leur dénomination de jeux de vilains! Pour parfaire leur personnage, ils s'appliquent à un langage de corps de garde, ils se campent aux terrasses des cafés, parce qu'à leur estime ce geste héroïque les pose. Au résumé, ils arrivent à se donner l'aspect de *titis* de barrière et de « bambocheurs » du plus bas étage. Est-ce bien là ce que cherchent ces jeunes gens? Au lieu d'étonner la galerie, ne s'aperçoivent-ils pas que les regards des passants se détournent d'eux ?

Et que dire du tort qu'ils portent ainsi aux œuvres excellentes dont ils galvaudent le costume ou les emblèmes, sous le mauvais prétexte qu'il faut une *détente* après toute phase de vigueur et d'énergie !

Pour les Élèves-soldats, nous réprouvons absolument cette forme déplorable de détente, d'accord en cela avec les principes de la bonne éducation familiale. Il ne faudrait pas que, par un fâcheux malentendu, les parents qui envoient leurs garçons à la Préparation s'imaginent que l'initiative et la franche liberté des allures doivent favoriser le « lâché » de la tenue et autoriser les mauvaises façons.

Le souci de la dignité *est de tous les instants*. Au surplus, c'est là une question d'habitudes, de bonnes habitudes, à prendre. La propreté de la tenue, comme la propreté des gestes et des paroles, est bien le reflet de la propreté de l'âme. Or, de celle-là, les Élèves-soldats ne se départiront jamais. La fierté véritable s'applique à honnir tout ce qui est de nature à blesser le respect dû à soi-même et aux autres.

Quant à la détente, nécessaire, en effet, après tout exercice contraignant à une dépense de forces physiques, d'attention ou de volonté, nous l'obtiendrons sans qu'il soit besoin de renverser à un moment

donné les barrières de la bonne éducation et de la
bonne tenue, simplement par la gaieté, l'entrain, l'enthousiasme, ce que nous dénommerons d'un seul
mot : la BELLE HUMEUR.

Encore une qualité bien française qu'il s'agit de
conserver et de cultiver !

Elèves-soldats, la gaieté, la saine gaieté de bon aloi,
doit accompagner à tout instant vos travaux et vos
exercices. Cette gaieté-là n'a pas besoin de se nourrir
de plaisanteries équivoques et de paroles grossières,
elle n'a rien de commun avec les farces vulgaires. Elle
pénètre l'âme, s'y installe, chassant les papillons
noirs. Elle a raison de ce mal contagieux qu'on
nomme la neurasthénie, *le cafard,* auquel notre époque
donne à coup sûr un droit de cité excessif ; car trop
souvent cette neurasthénie s'enveloppe d'une raison
médicale pour justifier, excuser, les faillites d'énergie
et de volonté et les défauts de caractère.

Aussi bien, la gaieté, la bonne humeur de l'Elève-
soldat sera la directe résultante de sa bonne santé
physique et morale. Elle s'épanouira par le franc rire,
elle éclatera dans la chanson.

Ainsi se développera cet optimisme dans le droit
sens, qui laissera voir le bon côté de chaque chose,
permettra d'accepter gaillardement les privations. les
contre-temps, les ennuis.

Car la gaieté est une forme de la vaillance, la belle
humeur conduit à l'héroïsme. A toutes les époques
de notre histoire, nos soldats nous en apportent le
témoignage. Nos admirables « Poilus » en offrent une
preuve éclatante.

Quel magnifique mépris du danger, quelle belle in-
souciance, si lointaine de la résignation flasque ! Comme
on voit passer l'esprit aventureux et téméraire des
ancêtres gaulois !

Elèves-soldats, inspirez-vous de l'exemple de ces héros « qui ne s'en font pas ».

Après cela, comment oseriez-vous élever des plaintes au sujet de la longueur de la route, vous lamenter à propos de la température, geindre pour un bobo, ou faire grise mine devant un fricot brûlé?

Au lieu d'être des « geignards », vous serez des *heureux*, prêts à tous les enthousiasmes.

Mieux encore, votre belle et bonne humeur contribuera puissamment à créer et à maintenir l'union. Elle rendra plus faciles les concessions mutuelles, elle étouffera les dissentiments et les querelles à leur naissance.

Comment les discussions, les colères, les antipathies pourraient-elles se manifester parmi la joie franche et la douceur de se retrouver avec de braves compagnons indulgents et souriants?

De la belle humeur, tout naturellement, par le chemin des chants et des rires, nous sommes donc amenés à la Camaraderie.

III. — LA CAMARADERIE

La formule des philosophes : Aidons-nous!
La doctrine chrétienne : Aimons-nous les uns les autres!
La devise socialiste : Tous pour un, un pour tous.

Mes chers Camarades,

Laissez-moi vous donner ce nom, car, avant toute autre chose, il va permettre à un aîné de définir la façon d'entendre cette *Camaraderie* qui cimente toutes les vertus du soldat, crée la solidarité, l'union des armes, renferme en elle les éléments de la Victoire.

Si l'enseignement en commun, l'émulation et l'exemple mutuel n'étaient pas indispensables au développement de toute idée dans notre société humaine, il eût été aussi simple de vous remettre un manuel, puis de vous laisser aller chacun de votre côté.

Puisqu'il en est autrement, vous êtes donc tenus d'entretenir des rapports les uns avec les autres.

Ces rapports peuvent se définir d'une phrase :

L'Elève--soldat considère tous les autres Elèves-soldats comme ses frères, sans distinction de classe sociale.

Mais c'est précisément cette *fraternité* dont il paraît utile de fixer l'exact caractère.

Elle sera faite d'affection, de tolérance, de discrétion, d'aide et de confiance mutuelle.

Notons-le bien, cette fraternité n'est pas, au sens propre, de l'amitié. L'amitié implique un lien plus précis, qui franchit la frontière des pensées intimes, des confidences et des relations de famille ; l'amitié s'accorde le plus souvent avec la parité des situations.

Bien plus large est la fraternité que nous souhaitons créer entre les Elèves-soldats : elle est due et échangée par le seul fait de la communauté de votre tâche. Tout nouveau venu doit en bénéficier sans qu'il soit besoin de lui demander quelle est sa famille, s'il est riche ou pauvre, s'il professe telle opinion ou telle croyance, s'il se trouve en haut ou en bas de l'échelle sociale.

Chaque Elève-soldat possède en quelque sorte un titre imprescriptible à cette affection fraternelle de ses pairs, acquiert le droit de compter sur la discrétion et la tolérance, telles qu'elles viennent d'être définies.

Pour aboutir pratiquement à cette union intime et affectueuse, le plus grand tact sera donc nécessaire de la part de tous. Sans cesse, ce tact s'appliquera à éviter les causes de dissentiments ou de querelles, à écarter les questions irritantes, à calmer les susceptibilités, à régler les rapports des Elèves–soldats dans un sentiment de justice et de stricte égalité.

Plus encore, ceux d'entre les Elèves-soldats qui peuvent se considérer comme des privilégiés par leur situation de famille ou de fortune se feront un devoir de ne jamais se prévaloir de ces avantages pour chercher à dominer les autres ou s'en différencier.

Tous égaux dans les plaisirs, les peines et les fatigues, les Elèves-soldats sauront que seuls leurs mérites et leurs aptitudes servent à les distinguer.

D'autre part, ceux qui *se savent*, se sentent inférieurs à leurs camarades au point de vue fortune, situation, force physique, adresse, etc., doivent repousser résolument ce sentiment d'aigreur et d'envie, d'où germe la haine sous sa forme la plus basse.

Dans cette fraternité cordiale et agissante telle que nous la concevons, les plus âgés, les plus anciens, les plus habiles, auront à jouer un rôle de protection, d'exemple, vis-à-vis des plus jeunes et des nouveau-venus, rôle exclusif de toute autorité tyrannique.

Il est à peine besoin d'ajouter que dans la Préparation destinée à grouper sous la même loi des jeunes gens entre seize, vingt ans et même plus si l'on considère les ajournés, l'âge ne saurait que créer des devoirs et non des privilèges : toute oppression, toute brimade, toute vexation des plus forts vis-à-vis des plus faibles revêtirait un caractère tellement odieux, tellement contraire à la générosité, que nous jugeons même inutile de les envisager.

Au passage, disons un mot de cette générosité ; bon cœur, pitié envers ceux qui souffrent, assistance aux faibles, elle demeure une des caractéristiques les plus frappantes du tempérament français. Voyez nos héros ! Terribles au combat, ils conservent un cœur d'or. A l'encontre de leurs indignes ennemis, ils ne maltraitent pas les blessés, les prisonniers, les gens sans défense. Suivez leur exemple et n'attentez jamais à cette sensibilité exquise qui fleurit notre race. Mais gardez-vous de confondre sensibilité et *sensiblerie*. Sous prétexte d'indulgence et de bonté, cette sensiblerie, une des tares de notre époque d'avant-guerre, tendait à atténuer, à excuser, à justifier même les pires méfaits : atavisme, entraînements, faiblesse de cerveau, ivresse, d'un mot irresponsabilité, tel était le pitoyable arsenal qui fournissait des armes à la défense des mauvaises causes. Halte là ! Un homme digne de ce nom est responsable de ses actes, et la sensiblerie telle que nous venons de la définir, est la forme d'une lâcheté, qui cède devant le vice et dont, en fin de compte, seuls les coquins profitent.

Le port de l'insigne commun aux Elèves-soldats rendra plus parfaits cette fraternité, cette égalité, cet esprit de corps, dont l'ensemble constitue la *Camaraderie*.

Or, pour ne pas demeurer plus longtemps dans le domaine des abstractions, évoquons l'autre camaraderie à laquelle vous êtes voués, la camaraderie militaire.

Dans l'armée française, nous voyons les officiers, les sous-officiers, les soldats unis entre eux par un lien moral, qui, d'invisible manière, vient renforcer les effets de la discipline, rapprocher les divers degrés de la hiérarchie. Du général en chef jusqu'au plus humble soldat, cette solidarité s'exerce latente, pour éclater aux heures graves et difficiles, pour produire ce miracle que tous ces hommes de rang, d'âge, d'intelligence, de pensées différentes se parent d'un nom, si touchant, si parlant : FRÈRES D'ARMES ! CAMARADES DE COMBAT !

Sans doute, la camaraderie des Élèves-soldats n'aura-t-elle pas, pour le moment, l'occasion de faire ses preuves dans les circonstances émouvantes et tragiques qui échoient aux soldats du front. Mais, du moins, leur camaraderie peut-elle, doit-elle s'établir sur les mêmes bases que la camaraderie militaire, puisqu'elle ressort des mêmes principes et des mêmes devoirs généraux : culte de l'honneur et amour de la patrie. Et, précisément, sur le piédestal de granit de cette camaraderie loyale et fraternelle, nous allons pouvoir dresser clairement les figures si hautes qui animent et pénètrent tous les gestes du soldat : L'HONNEUR, LA PATRIE.

IV. — L'HONNEUR.

C'est avec l'Honneur qu'on fait tout de l'homme. NAPOLÉON Ier.

L'Honneur c'est la poésie du devoir. Alfred DE VIGNY.

Lorsque, par la lecture des journaux et autres récits de guerre, nous suivons au jour le jour les hauts faits de nos soldats, il se forme dans nos esprits une impression un peu vague et très particulière : héroïsme magnifique, énergie indomptable, élan irrésistible, sang-froid merveilleux, audace extraordinaire, sacrifice absolu de soi, toutes ces vertus guerrières qui triomphent chaque jour, répondent à un sentiment global indéfini. Ce sentiment, qui relie et imprègne tous les actes, variés et répétés dans le sublime, de nos héros, est plus que le sentiment du devoir : c'est le sentiment de l'Honneur.

La conscience parle, évoque le devoir ; comme en un miroir, le devoir apparaît.

Ce miroir dressé devant la conscience, c'est l'Honneur, et devant lui la volonté bondit.

« Fais ce que dois ! » telle est la noble devise de l'Honneur.

Plus il y aurait de raison de reculer devant l'acte, plus l'honneur pousse à l'accomplir. Ainsi, l'honneur détermine l'esprit de sacrifice, allant jusqu'au sacrifice de la vie ; il se confond avec lui.

C'est pourquoi, il est naturel que l'Honneur accompagne la Patrie. Le glorieux drapeau de la France a mis dans ses plis ces deux noms prestigieux et inséparables.

Notre pays a ce droit.

Au cours de l'histoire, la France a pu apparaître parfois légère, imprévoyante ; elle a pu être vaincue et démembrée, comme en 1871.

Jamais, elle n'a laissé ternir son Honneur.

Par contraste, regardez ces abjects ennemis, ces Prussiens qui, il y a cent et quelques années, se tenaient comme des chiens couchants devant Napoléon, leur vainqueur.

Voyez-les plus tard, dépouillant les faibles, tel le petit Danemark, puis commençant la guerre de 1870 par un faux (la fausse dépêche d'Ems), de même qu'ils commencèrent la guerre de 1914 en reniant leur signature.

Ecoutez-les dire, en Tartufes, aux Américains pour expliquer la fuite de leurs officiers internés sur parole, qu'il s'agissait non d'un engagement d'honneur, mais d'une simple « promesse » !

Allons ! de leur kaiser au dernier de leurs manants, ils n'ont pas d'honneur ces gens qui violent leur parole, comme leurs écrits ! Ils ne savent même pas ce qu'est l'Honneur !

Ils n'ont pas plus d'honneur, ces soldats boches qui réduisent les femmes en esclavage, assassinent les vieillards sans défense, pillent et violent tout leur saoul.

Ils sont braves, dira-t-on. — En général c'est vrai. — Bonnot aussi était brave et vendit rageusement sa peau dans la cahute de Choisy-le-Roi, où il était traqué.

N'importe, ces brutes sinistres ignorent l'honneur, et pour cela nous les vaincrons !

Le pur honneur de la France aura raison de la basse brutalité de la Germanie. C'est dans l'ordre.

Ayez donc, mes amis, le culte de l'honneur, puisqu'il tient en lui tout ce qui fait un homme digne de l'humanité et une nation digne de vivre.

Aussi bien l'honneur *donne* en même temps qu'il exige.

Dans le sentiment de l'honneur, l'homme puise cette force singulière, que nous constatons aujourd'hui, qui le pousse et le soutient jusqu'à l'accomplissement parfait de sa tâche, si rude soit-elle.

Proclamons-le bien haut : l'honneur qui fait le bon soldat fait aussi l'honnête homme. Seule, la canaille n'a ni foi, ni loi, ni respect des autres, ni amour propre de soi-même, parce qu'elle ignore l'honneur.

Sur les terribles champs de bataille d'aujourd'hui, il n'est pas d'homme qui n'ait connu l'angoisse et la peur — qu'il l'avoue ou non.

« Tu trembles, carcasse, grommelait l'admirable Turenne au début d'un combat. Tu tremblerais bien davantage encore si tu savais où je vais te mener tout à l'heure. »

Précisément l'homme d'honneur, le soldat courageux refoule cette peur nerveuse, instinctive, animale, qui tend à s'emparer de lui. Le lâche fuit, et si on le laisse faire, crée la panique, qui n'est autre chose que la contagion de la peur.

Mais l'honneur, le dévouement, le courage ont toujours leur revanche : il est amplement démontré que les lâches perdent la tête et se font tuer.

Au contraire, le soldat qui a su garder son sang-froid, utilise sa force, son agilité, son fusil, sa baïonnette, avec adresse et précision : il se tire indemne des pires circonstances.

L'éducation physique telle qu'elle vous sera donnée contribuera puissamment à maîtriser vos nerfs et à vous laisser regarder le danger en face, le cas échéant. Votre honneur de Français fera le reste !

Un autre don précieux de l'honneur, c'est le réconfort qu'il procure pour adoucir les plus grands malheurs, les plus affreuses calamités.

L'honneur inspire le courage des mères qui ont donné leur fils à la Patrie ; il soutient les épreuves de nos prisonniers, martyrisés dans les geôles allemandes; il redresse avec fierté la tête des malheureux jeunes gens et jeunes filles de la région du Nord emmenés en esclavage.

Enfin, il confère la satisfaction et le soulagement qui viennent du devoir accompli, quel que soit le résultat.

On ne saurait trop méditer sur ce mot du roi François Ier :

« Tout est perdu, fors l'Honneur. »

Mieux encore que mes exhortations, mes amis, les grands exemples de ces temps ont pénétré vos jeunes âmes.

Que vos regards droits suivent toujours cette image de l'Honneur qui rayonne vers le ciel et monte comme un encens pour glorifier nos héros.

Et au-dessus de l'Honneur, vous apercevrez une autre image encore plus haute, vers laquelle tous les yeux se lèvent, toutes les mains se tendent en un geste d'adoration : la Patrie !

V. — LA PATRIE.

La Patrie est une association, sur le même sol, des vivants avec les morts et ceux qui naîtront. Xavier DE MAISTRE.

On bat maman... J'accours ! Henri REGNAULT, 1870.

A travers les siècles, de grands hommes, de grands penseurs ont donné de la Patrie des définitions émouvantes. Mais toutes les magnificences de langage qui pourraient être rapportées, demeurent des mots insuffisants pour rendre le sentiment de la Patrie tel que cette époque inouïe le fit apparaître devant nos yeux.

Dès le début de la grande crise, tous nous avons compris l'énormité de la question posée : nous devions défendre, non seulement notre sol et nos richesses, mais encore notre âme nationale, notre pensée, nos libertés si chèrement conquises, l'éclosion des aurores futures pour les uns, la foi des ancêtres pour les autres, tout ce qui fit la terre où dorment les aïeux, tout ce qui constitue la France.

Cet idéal, simple et grandiose tout à la fois, de la France immortelle, cette poussée immanente vers la liberté, le droit, la justice, nous a mis les armes à la main devant une agression, encore plus imbécile qu'infâme, car elle était vouée d'avance à l'échec.

En effet, à travers l'histoire, parmi les phases glorieuses, comme au temps des plus terribles tourmentes, jamais cet idéal de notre race gauloise n'a pu être déraciné.

Lorsque ces balourds de Germains reprendront conscience d'eux-mêmes, — dans deux ou trois cents ans, car leur civilisation retarde à peu près de trois siècles sur la nôtre — peut-être comprendront-ils leur sottise d'avoir déchaîné chez nous les forces d'enthousiasme, d'adoration, de sacrifice qui restituèrent à la Patrie sa place légitime, la première.

Avec leur mentalité de brutes, ils nous ont découvert ce fléau endémique de la guerre que certains naïfs s'étaient plu à voiler. Ah! à moins de nous prendre pour des niais, ce n'est plus aux Français, qu'on pourra conter demain cette utopie dangereuse qui proclame l'impossibilité des conflits et l'effet enchanteur des phrases humanitaires sur les convoitises armées!

Hélas! des réalités très rudes nous montrent que la terre n'est pas encore une bergerie et qu'il s'y trouve un peu partout des mauvaises gens pour proclamer la supériorité d'une bonne trique sur le rameau d'olivier.

Ceci posé, vous me direz peut-être, mes amis, que cette idée de la Patrie répond aujourd'hui à un instinct puissant, analogue à la piété filiale, si puissant, qu'il n'a guère besoin d'être défini, ni développé.

Mais, lorsque vous étiez tout petits, votre mère ne vous a-t-elle pas enseigné *comment* vous deviez l'aimer? Ne vous a-t-elle pas appris à lui envoyer des baisers et à lui faire de douces caresses?

Souffrez donc qu'on vous apprenne comment il faut aimer la France, qui est bien votre seconde « maman ».

Pour se comporter en bon fils envers la Mère-Patrie, chacun de nous doit

<table>
<tr><td>SAVOIR</td><td rowspan="3">{</td><td>Sentir.
Se souvenir.</td></tr>
<tr><td>POUVOIR</td><td>S'unir.
Servir.</td></tr>
<tr><td>VOULOIR</td><td>Souffrir.
Chérir.</td></tr>
</table>

Mettez dans votre mémoire ces *Verbes* d'où jailliront *les Actes !* Puis, expliquons-les.

Sentir. — Notre Patriotisme sera *sensible* puisqu'il prend ses racines au plus profond de notre cœur. Il a été mis en éveil par les événements ; il a été *averti* par les prétentions exorbitantes de nos ennemis.

Plus loin, nous exposerons avec quelque détail ce que les Allemands appellent « les buts de la guerre (1) ».

Sans attendre, déjà nous saisissons ceci :

La guerre est un fléau terrible ; elle traîne avec elle des ruines et des deuils ; elle comporte des inconnus redoutables. Mais, pour un peuple, il y a quelque chose de plus affreux que la guerre : c'est l'abolition de la volonté et de l'énergie, la résignation à la défaite et à son inéluctable conséquence, la servitude morale que le vainqueur ne manque jamais d'imposer au vaincu.

Les Boches eurent l'impudence de ne pas attendre la guerre actuelle pour nous annoncer quel serait notre sort si nous étions vaincus. Ecoutez plutôt, c'est un de leurs auteurs qui parle :

« Sans doute les Allemands ne peupleront pas seuls le nouvel empire ainsi constitué, mais seuls ils gouverneront ; seuls, ils conserveront les droits politiques, serviront dans la marine et l'armée ; seuls, ils pourront acquérir la terre. Ils auront alors, comme au moyen âge, le sentiment d'être UN PEUPLE DE MAITRES]. Toutefois, ils condescendraient à ce que les travaux inférieurs soient exécutés par des étrangers soumis à leur domination (2) ».

Vous avez compris, Français !

Oh ! vous, le peuple le plus libre de la terre, qui jadis avez dressé l'échafaud de votre propre roi, élevé

---

(1) Les visées de l'Allemagne, page 294.

(2) Extrait de la brochure *la Pangermanie et l'Europe Centrale en 1950*, publiée à Berlin, *avant* la guerre.

les barricades de 1830 et de 1848, vous seriez destiné à devenir les domestiques, les esclaves des Allemands !

Non... Mais « des fois ! » comme on dirait au faubourg....

Allons ! les Boches, votre stupidité dépasse l'imagination.

A vos prétentions grotesques, une première réponse a été faite le 10 septembre 1914 :

Marne !

Et ensuite une deuxième :

Debout les Morts !

Se souvenir.— « *Se souvenir* », a dit M. le Président de la République Raymond Poincaré, dans une magnifique allocution prononcée avant la guerre : *se souvenir, c'est relier le passé à l'avenir, c'est maintenir les traditions, c'est donner aux existences, à celles des peuples comme à celles des individus, leur suite, leur teneur et leur unité.*

La grandeur des Nations se mesure a la résistance de leurs souvenirs.

Pour vous, soldats de demain, qui êtes désormais l'avenir, les souvenirs du passé s'estomperont quelque peu devant l'emprise de la période héroïque, vécue par vous, au jour le jour, parmi l'angoisse et l'espérance.

Ces souvenirs se forgent sous vos yeux, dans *le présent* inoubliable : vous les recueillez à mesure devant les tombes de nos morts, par le spectacle de ceux qui souffrirent dans leur chair meurtrie, dans leur âme offensée, dans leurs proches dispersés, dans leurs foyers détruits. C'est tous ceux-là qui pourront vous dire mieux encore ce qu'est la Patrie !

Demandez-le aux martyrs de Lille et de Roubaix, aux survivants des massacres de Nomény et de Gerbéviller, aux prisonniers qui subirent la torture des camps de représailles.

3

Et tenez, je vais vous raconter ce que mes yeux ont **vu** devant Noménys :

Le 20 août 1914, ma compagnie se trouvait aux avant-postes, dans un bois, en face de cette petite cité lorraine, la veille incendiée, pillée par les Allemands.

Au matin, des ombres surgirent, de malheureux habitants échappés au massacre et qui avaient réussi à se réfugier dans nos lignes. Une femme, le regard fixe, un regard de folie, tenait serrée contre elle « quelque chose » enveloppé dans un châle.

Et brusquement, se plantant devant moi, elle écarta les plis du châle : dedans, le cadavre en sang d'un enfant, son enfant ! un bébé de vingt mois, un pauvre petit corps lardé de coups de baïonnette.

De telles abominations ne sauraient s'oublier.

Se souvenir, ce sera encore repousser jusqu'après le châtiment ces mains dégouttantes de sang qui, quelque jour, se tendront vers nous !

S'unir. — L'Union fait la Force.

Voilà une devise claire comme le soleil, et qui fait ses preuves chaque jour davantage.

Sous une autre forme, elle exprime encore un principe fondamental de nos institutions : la République française, avec la Liberté et l'Egalité, a gravé dans la pierre la Fraternité.

Au premier chef, la Fraternité implique l'union, car on ne verrait pas très bien des enfants d'une même patrie, des frères, se quereller et en venir aux mains.

Sans l'union des cœurs, sans l'union des volontés et des aspirations, il n'y a plus de vie nationale possible. La désunion des citoyens créerait d'abord le désordre et l'anarchie, puis fatalement cette horreur qui s'appelle la guerre civile.

Reportons-nous à ces heures tristes de notre histoire — nous venons de proclamer, n'est-ce pas? qu'il fallait *se souvenir* — guerres religieuses ou luttes fratricides; nous trouvons que *toujours* la main de l'étranger apparut parmi nos querelles intestines, que toujours l'ennemi chercha à profiter de nos discordes quand il ne s'ingénia pas à les faire naître.

Nous avons si bien compris la leçon que, cette fois, devant la menace de l'Allemagne, tous nous nous sommes serrés autour du drapeau. Nous avons réalisé l'Union Sacrée, un des plus sûrs éléments de la prochaine Victoire.

Alors, pourquoi ne pas la maintenir, cette union nécessaire?

Et vous pouvez, vous devez y travailler dès maintenant, mes amis. D'abord, en suivant les conseils de fraternité pratique donnés au chapitre « Camaraderie » ; ensuite en vous persuadant combien sont vaines, inutiles, oiseuses à vos âges les discussions et les controverses qui touchent aux questions politiques et religieuses.

« Républicains, Royalistes, Bonapartistes, ce sont des prénoms, a dit Paul Déroulède. Français est le nom de famille ! »

J'ajouterai à ces prénoms, « laïques, prêtres, catholiques, protestants, libres-penseurs, socialistes, syndicalistes, etc. etc. »

Nous pouvons tous avoir nos préférences, mais nous devons effacer ces préférences devant l'intérêt supérieur qui exige l'obéissance aux lois et le plus parfait loyalisme envers les institutions que la France s'est données.

Ceci posé, le respect mutuel des convictions d'autrui sera la base la plus ferme de la fraternité, comme d'ailleurs de la liberté.

Que chacun garde ses convictions sans chercher à

les imposer aux autres et vous verrez comme tout ira bien !

Donc, plantons le drapeau et rangeons-nous devant lui, les uns à droite, les autres à gauche, Qu'importe, pourvu qu'il soit défendu !

Il est assez beau et glorieux, ce drapeau national, qui devient aujourd'hui plus qu'un symbole, une réalité : c'est la Patrie en marche et l'honneur au grand soleil.

Il est presque superflu de dire aux Élèves-soldats qu'ils doivent le salut au drapeau de leur pays, entendons les drapeaux de l'armée ou de la marine de guerre, qui accompagnèrent nos soldats, nos marins dans la furie des batailles.

Mais il est un autre hommage instinctif qui s'adresse à tous les drapeaux tricolores : que votre regard leur marque le respect, la confiance, l'affection.

Ce drapeau, c'est la France, une ardente guerrière, jeune, superbe, vaillante. Admirez-la dans sa robe aux trois couleurs, offrez-lui, par vos yeux, l'amour fier et reconnaissant de votre cœur.

Servir. — Cette Patrie, à laquelle nous devons tant, exige de ses enfants qu'ils la servent avec loyauté, avec dévouement, avec abnégation.

Dans toutes les petites « sociétés » auxquelles appartiennent un grand nombre d'entre nous, il faut bien, n'est-ce pas, payer sa cotisation. Dans la « grande société » qu'est la Patrie, il en va de même. Chacun, selon ses forces, est tenu de payer l'impôt, impôt d'argent, impôt du sang, et aussi *impôt sur le bon plaisir*.

Chacun sert son pays à sa façon, au poste que lui assigne la nécessité d'une action nationale bien ordonnée et unanimement acceptée.

En effet, *servir* implique la volonté, la ténacité, la patience, vertus sans lesquelles les plus belles aspirations, les plus magnifiques élans se résoudraient en rêve et en fumée.

De ces vertus, auxquelles la grande lutte a donné un singulier relief, je pourrais vous en fournir, par brassées, des exemples. Je préfère offrir à vos méditations ce conte drolatique, très populaire chez nos amis les Anglais, l'histoire des deux grenouilles :

Une fois, deux grenouilles étaient tombées, par mésaventure, dans une jatte de crème fraîche.

La première grenouille, veule, gourmande, et sans cervelle ne voit d'abord que la bonne aubaine : elle s'empiffre de crème, s'alourdit, tombe au fond de la jatte, et, sans tenter un effort, s'abandonne à sa triste destinée.

La deuxième grenouille, au contraire, est intelligente et courageuse.

Elle se juge en fâcheuse posture. Néanmoins, elle tend sa volonté et ses muscles, elle nage, elle se débat éperdùment jusqu'au moment où elle est au bout de ses forces. Mais alors, au lieu de couler au fond de la jatte, miracle ! elle sent sous ses pattes un terrain solide...

A force de gesticuler sans faiblir, la grenouille a baratté la crème et formé une motte de beurre où elle prend un point d'appui pour sauter hors de la jatte.

La brave grenouille s'est tirée... des pattes, parce qu'elle a su peiner et souffrir.

Souffrir. — Souffrir, supporter, c'est en effet à quoi il faut s'astreindre pour bien servir.

Celui qui recule devant la moindre souffrance, la moindre gêne, la moindre contrainte, est un détestable serviteur, un mauvais citoyen.

J'ai déjà évoqué le suprême sacrifice, l'extraordinaire épreuve de ceux qui se battent pour vous, leurs enfants. Car c'est bien pour vous que ces admirables héros luttent dans la souffrance et meurent dans la gloire ! Leur endurance à la douleur, aux privations, se fortifie d'une pensée sublime : ils ne veulent pas que vous, les jeunes, ayez à subir un jour de telles abominations. Ils versent à flot leur sang, ils *meurent* pour que, plus tard, vous puissiez *vivre* en paix, dans une France libre et prospère.

Si quelques-uns doutaient, qu'ils lisent cet extrait d'une lettre écrite par un humble soldat nommé Georges Biland, qui, devant participer à une attaque prochaine, écrivait à sa femme en prévision de sa mort :

« Et surtout tu diras à notre fils, quand il sera grand, que son père est mort pour lui, ou tout au moins pour une cause qui doit lui servir à lui et à toutes les générations à venir. »...

En effet, ce héros admirable devait être tué le lendemain !

Encore, je vous le redis, ayez toujours les yeux tournés vers ceux-là !

Ils vous demandent, en somme, de devenir *des forts* de ces forts qu'on n'attaque pas volontiers ; ils vous conjurent de vous y préparer.

Cette préparation est tout *le service* qu'on vous impose.

Et comparez votre façon, combien légère, de servir, par l'Entraînement physique, auprès de la totale immolation de vos frères aînés !

Alors, je dis, moi, en votre nom à tous, qu'on ne pourrait tolérer les quelques pleurnicheurs qui prétendraient nous émouvoir de leur « gêne », revendiquer la liberté d'aller faire la belle jambe sur les boulevards, ou de s'ébaubir au cinéma, devant les exploits d' « Elaine » !

La Préparation leur prend *leurs* dimanches ! Pauvres jeunes messieurs !

Les Prussiens nous prennent bien, pour un moment, Mézières et Lille !

Mais cessons d'envisager la misérable exception de ceux qui n'ont certes ni sang dans les veines, ni cœur au ventre, qui voient passer sans tressaillir les mères en deuil, les aveugles de vingt ans, les mutilés aux barbes blanchies.

Vous, mes amis, vous avez du cœur, et votre cœur vous criera que notre admirable France, justement parce qu'elle a tant souffert, mérite d'être doublement servie, doublement chérie !

Chérir. — Ah! aimez-la de toutes vos forces, qui doivent être grandes, chérissez-la de tout votre cœur, cette France admirable, cette terre qui est *vôtre*, et que des voleurs veulent vous ravir, précisément parce qu'elle est une des plus belles du monde.

Douceur du climat, variété des paysages, fécondité des champs, splendeur des panoramas dessinés par les côtes de nos océans et les crêtes de nos montagnes, riantes cités, cathédrales imposantes, forêts majestueuses, la France offre tout cela, dans un harmonieux équilibre, d'un bout à l'autre de son territoire.

Par contraste, qu'on traverse durant des heures de train rapide ces espaces mornes, plats, laids, ces régions *grises* de l'Allemagne du nord, de la Prusse !

Et l'on comprend la perpétuelle hantise de ces Teutons à suivre le soleil, dont ils sont privés, à déborder sur nos terres fécondes, à s'agripper à nos champs, à nos villes, qui leur semblent un Paradis.

« France la douce est comme un frais jardin, » chantaient déjà, il y a un millénaire, les compagnons de Charlemagne (*Chanson de Roland*).

Voilà pourquoi aujourd'hui nos soldats défendent, la rage au cœur, ce territoire magnifique, violé, sali par les barbares.

Et voilà pourquoi ces Boches malfaisants et cupides s'acharnent, par dépit, à abîmer les cités si nobles, Arras, Reims, et tant d'autres richesses entrevues, qu'ils ne posséderont jamais.

Au cours de vos exercices, mes amis, chacun dans votre région, vous serez appelés à parcourir une parcelle de ce merveilleux domaine dont l'ensemble constitue la France. Imprégnez-vous donc de ce charme et laissez naître une pensée d'amour, qui fera que mille aspects de votre pays, observés jusqu'alors par habitude presque indifférente, prendront à vos yeux une beauté nouvelle. L'horizon dentelé de vos collines vous paraîtra plus pittoresque, l'eau de votre rivière plus miroitante, les grandes chênaies aux arbres séculaires, où fréquentaient jadis les Gaulois vos ancêtres, vous murmureront dans leur ramure la perpétuelle et mystérieuse affinité du passé avec le présent.

La réalité se transformera devant vous, dans la lumière du souvenir, par l'évocation des aïeux qui, à travers les âges de la France, ont parcouru les mêmes chemins et contemplé les mêmes sites.

Bercés par la séduction de ces retours en arrière, vous apprécierez la force des liens qui vous attachent au sol natal.

En bons fils, vous ferez le serment intérieur de laisser à ceux qui vous suivront le patrimoine intact que vous avez reçu de ceux qui vous ont précédés, patrimoine de notre terre, patrimoine de nos mœurs et de nos lois françaises, patrimoine de notre travail, patrimoine de notre honneur de grande nation.

D'avoir vu par les yeux, à travers l'âme, la France si belle, si douce, dans tous les temps glorieuse, et sanglante en ces jours furieux, vous vous direz que cette patrie, où le sort vous a fait naître, MÉRITE D'ÊTRE RESPECTÉE, CHÉRIE ET DÉFENDUE !

DEUXIÈME PARTIE

L'ENTRAINEMENT PHYSIQUE

ÉDUCATIF

I. — LA FORCE

*Le corps d'un athlète et l'âme d'un sage, voilà
ce qu'il faut pour être heureux.*   VOLTAIRE.

*Faites-nous des hommes, nous vous ferons
des soldats.*   Général CHANZY.

L'éducation physique qui vous est destinée n'a
pas pour but de vous transformer en athlètes ou en
champions de sport : elle tend à faire de vous *des
soldats*. Mais n'ayez crainte, par voie de conséquence,
également, elle fera de vous *des hommes* dans toute
l'acception du mot, tant est varié, multiple, intense,
l'effort physique exigé du soldat d'aujourd'hui.

Le soldat de la Grande guerre doit marcher, sur
la route ou à travers champs, des kilomètres après
des kilomètres. A la bataille, il lui faut s'accroupir,
ramper, avancer par bonds, courir, sauter par-dessus
les obstacles, escalader les murs et les retranche-

ments. Chargé de son fusil, de son équipement, de son sac, lesté de vivres, de couvertures, de toile de tente, de ses trois cents cartouches, sanglé par ses effets de drap, souvent même la tête prise dans le masque contre les gaz asphyxiants, il lui faut se mouvoir avec adresse et vivacité sur ce terrain de combat, troué de projectiles, enchevêtré de fils de fer. Il lui faut, non seulement, viser avec son fusil, mais jouer de la baïonnette, parfois du couteau, lancer la grenade, manier l'outil, pour se creuser un abri dans la terre et dans la pierraille, comme pour détruire les obstacles qui entravent sa progression.

Tâche surhumaine vraiment que celle de notre fantassin, plus que jamais le Roi de la Bataille.

Dans son élément primordial, elle exige LA FORCE.

Voyons donc ensemble de quoi est faite cette force, ensuite nous déterminerons les moyens de l'acquérir.

Ces questions de culture physique, en effet, sont demeurées jusqu'à présent encore confuses, parce que beaucoup de bonnes volontés venues de divers points de l'horizon se sont attachées à les résoudre sans vouloir s'entendre.

Raison de plus pour les clarifier, afin de ne pas partir à faux.

Être fort! c'est le cri du jour. Il retentit dans la cour de vos collèges, il s'échappe des leçons de vos maîtres, il sert de ralliement à toutes les sociétés de gymnastique, de sport, de Préparation militaire.

Mais, voyons! Qu'est-ce qu'un *homme fort ?*

Ah! les réponses vont être variables, tant il existe de points de vue différents.

Pour les uns, l'homme fort, c'est l'acrobate qui culbute et cabriole sur le tapis du cirque, voltige au trapèze volant, et salue le public, les pieds pris dans les anneaux, la tête en bas, toujours le sourire sur les lèvres.

Mais cette opinion fait hausser les épaules de cet autre : à la Foire au pain d'épices, dans les arènes des successeurs de Marseille, il a vu, de ses yeux vu, le Rempart des Batignolles tomber à main plate Bamboula, le champion du Congo.

Et ça n'a pas traîné... Un homme qui vous avait une poitrine et un ventre de bœuf du Concours agricole, des biceps gros comme un corps d'enfant ! Allez donc faire croire à celui-là qu'à côté de ces lutteurs, il existe d'autres modèles d'hommes forts !

Et pourtant, un troisième nourrit une opinion tout autre. Il lit les journaux de sports, suit les performances d'un tel au football rugby, se passionne pour la course des six jours qui se roule à New-York, applaudit aux exploits des émules de Carpentier.

Tout cela tourne un peu dans son esprit, il ne comprend pas toujours cette science des athlètes à compartiments multiples, mais il se rattrape du moins en répétant d'un air entendu des mots barbares ou obscurs : « swing », « style », « spring », « upper-cut », « catch ascatch can »... Vous ne le *collerez* pas sur la liste des champions, poids lourds, poids légers, demi-légers... C'est avec ces mots et avec ces noms qu'on fait de la force, ah ! mais !

Et si nous voulions continuer notre enquête, nous trouverions encore beaucoup d'autres personnages qui exprimeraient beaucoup d'autres avis !

Gymnastes aux agrès, gymnastes suédois, faiseurs de poids, lanceurs de boulets, coureurs à pied et coureurs à bicyclette, footballeurs, amateurs de canotage. A les entendre, chacun d'eux détiendrait le secret de la force, tout comme Samson.

Eh ! bien, mes chers amis, nous allons tenter d'accorder ensemble ces points de vues différents, inexacts et justes tout à la fois.

Et nous commencerons par sabrer leur erreur initiale :

Aucun de nos spécialistes ne saurait sans mentir, ou sans s'abuser, prétendre être l'*homme fort* tel que nous l'entendons. Et ceux qui les admirent et se disposent à les prendre comme modèles, de près ou de loin, se trompent lourdement.

Ils ne seront jamais des *hommes forts*, parce que leur force, acquise d'un côté, leur échappera d'un autre.

Par exemple, le parfait gymnaste qui aura passé son temps pendu aux agrès, possédera certes une belle musculature des bras, mais il ne saura ni courir, ni respirer. Celui qui s'est borné à lever des poids, lèvera mal le pied pour sauter. Le cycliste n'ayant su décoller de la selle de sa machine, sera un pitoyable marcheur. Le meilleur champion de football portera malaisément un sac chargé sur ses épaules, s'il n'a pas consenti à s'y accoutumer.

« Un spécialiste n'est pas vraiment fort », a proclamé mon camarade le lieutenant de vaisseau Hébert. « Le plus vigoureux lutteur, s'il est essoufflé à la course, aura de la peine à vaincre un adversaire plus faible.

« L'être fort est résistant, musclé, adroit, énergique, endurant et sobre. Il sait marcher, courir, sauter, grimper, lever des poids, en lancer, se défendre et nager.

« Un homme qui ne possède pas ces qualités n'est pas un citoyen complet, n'est pas un soldat parfait.

« Dans la vie moderne aux exigences multiples, celui-là risque d'être un vaincu. »

Mes amis, lisez et relisez attentivement ces phrases du lieutenant de vaisseau Hébert.

Car, je veux m'appuyer sur la haute autorité d'un homme qui fit, au grand jour, œuvre de réalisation.

Gardez-vous encore de céder à vos goûts personnels, à l'influence de votre milieu, à votre fantaisie, pour pratiquer sans règle ce qu'on appellera encore autour de vous les « exercices physiques », ou, tout court, « la gymnastique », ou, en gros, « les sports ». Retenez bien qu'il s'agit pour vous d'une ÉDUCATION PHYSIQUE COMPLÈTE ET RATIONNELLE, dont vous recueillerez les résultats bienfaisants au cours de votre vie tout entière.

Or, ce qu'on appelle communément « la gymnastique » n'est qu'une partie infime de cette éducation. Prétendre assurer le développement de votre force en faisant du trapèze, ou de la barre fixe, ou plus simplement des assouplissements, équivaudrait à vouloir s'instruire en retenant seulement l'histoire et en ignorant le calcul.

L'abondance même des méthodes de culture physique nous oblige à faire immédiatement le procès de la *spécialisation* qui en découle, comme nous nous élèverons de toutes nos forces contre la spécialisation sportive.

Quelle qu'elle soit, la méthode est seulement un moyen qui vise à nous rendre *forts*.

Mais élargissons ce mot : *fort* doit signifier aussi sain, robuste, courageux, débrouillard, *beau*, et surtout *volontaire*.

Beau ne veut pas dire que la culture physique redressera la forme de votre nez ou changera la couleur de vos yeux.

Mais la culture physique bien dirigée vous empêchera à coup sûr d'avoir les épaules étroites, le dos voûté, la démarche hésitante, la tête basse.

Avez-vous vu la photographie d'un Papou, d'un Hottentot? Avez-vous remarqué le misérable aspect physique de ces spécimens des races les plus déshéritées de notre globe ?

Il faut pourtant admettre que notre science de civilisés doive permettre de perfectionner notre nature physique. Elle arrive bien à perfectionner les races de chevaux, de chiens, de poules !

La beauté que nous envisageons, vise la proportion normale du corps humain, l'équilibre naturel des formes, la souplesse harmonieuse des mouvements.

L'homme fort, ai-je dit, doit être *volontaire*.

Ici, volontaire n'a rien à voir avec capricieux. La volonté dont il s'agit tend précisément à maîtriser vos caprices et à calmer vos envies de faire des sottises. Or, cette volonté-là est la conséquence d'une *force*, qu'on appelle justement la *force de volonté*, laquelle dépend en partie de la force physique. Force physique veut dire en effet, comme nous le verrons plus loin, non seulement de bons muscles, mais encore de bons organes. Parmi ces organes, il y a bien l'estomac, les poumons, le cœur, mais il y a aussi le cerveau.

C'est le cerveau qui vous fait penser, qui vous fait *vouloir*. La culture physique produit ce résultat de rendre votre cerveau plus sain et plus clair, en le débarrassant de ces nuées grises qui le viennent assombrir, *les nerfs*. Expression très impropre d'ailleurs, mais passons : elle est acclimatée dans notre langage.

Par l'exercice mesuré auquel vous obligera l'entraînement physique, vous commencerez d'user vos nerfs, de discipliner votre attention. Vous serez prêt à recevoir, plus tard, le baptême du feu en soldat sûr de sa volonté, LA VOLONTÉ DE VAINCRE, parce qu'il est sûr de sa force.

Mais avant d'acquérir la force, puis de la mettre en valeur, il faut vous pénétrer d'une connaissance et d'une pratique essentielles : L'HYGIÈNE, mère de la vigueur et sœur de la santé !

II. — L'HYGIÈNE

> *La santé ne s'achète pas par l'oisi-*
> *veté et l'inaction.*   PLUTARQUE.
>
> *L'hygiène préserve de la méde-*
> *cine.*   RASPAIL.

« Sur le terrain de la santé, notre force lève comme le bon grain. »

Retenez bien cette vérité inéluctable : l'hygiène courante, les bonnes habitudes prises et observées chaque jour, vous ouvriront toutes grandes les portes de la souveraine activité, l'hygiène aura préparé *le terrain favorable au mouvement.*

Sans l'hygiène, vous risquez de dépérir, de tomber malades et de rester cloués à la maison !

Rassurez-vous, l'hygiène dont il va être question aujourd'hui n'est pas tirée d'un livre de médecine.

Ses règles sont banales, universellement admises ; je rougirais d'avoir à vous les rappeler, si la pratique de chaque jour ne démontrait que nous les violons à plaisir.

L'homme est certainement moins raisonnable que bête lorsqu'il s'agit de sa santé ! Vous ne verrez jamais un chien manger plus qu'à sa faim, et un chat s'écartera avec soin des pâtées les plus appétissantes si son flair lui laisse soupçonner quelque produit susceptible de lui nuire.

Certains jeunes gens de mes amis me semblent beaucoup moins avisés lorsqu'ils s'acharnent à fumer des cigarettes par paquets et à culotter des pipes.

Mais, en matière d'hygiène, il ne suffit pas d'adresser un pressant appel à votre intelligence, à votre bon sens, à votre volonté. Il s'agit encore de vous convaincre.

C'est précisément à propos de l'hygiène qu'il est utile de battre en brèche les idées fausses, les craintes chimériques ou pusillanimes, la mentalité routinière d'un grand nombre de nos familles françaises.

Donc, mes amis, ensemble montons à l'assaut des préjugés. Nous pouvons marcher de l'avant, parce que derrière, pour nous appuyer, vient le bataillon des grands docteurs qui se sont fait un nom illustre dans la médecine.

Ces grands médecins jugent que, pour conserver la santé des jeunes gens, point n'est besoin de drogues et de pilules.

Sur leur conseil, nous userons des moyens qui se trouvent autour de nous, et que nous savons si mal employer.

Ces moyens sont simplement ceux dont se sert un cultivateur pour faire pousser ses plantes : l'air, l'eau, le soleil. Et, cela va s'en dire, nous y ajouterons *le mouvement*, puisque c'est là le but même de l'homme actif, et aussi du soldat destiné à courir sus à l'ennemi.

Si vous voulez bien y réfléchir, mes amis, cette comparaison, empruntée à la culture des champs, s'applique admirablement à la culture physique.

En effet, que font nos braves cultivateurs lorsqu'ils entreprennent de mettre la terre en valeur, d'y semer, afin d'obtenir des plantes vigoureuses ? Ils préparent le terrain, ils le défoncent et le labourent afin d'y laisser pénétrer L'AIR, L'EAU, LE SOLEIL. Puis, ils arrachent les mauvaises herbes, détruisent sans pitié la vermine. Enfin, ils rendent à la terre ce qui lui manque, en la fumant, en l'engraissant.

Ce qui convient au végétal convient également à la plante humaine.

L'AIR. — L'air est, par excellence, notre aliment de vie. Nous vivons à l'air comme le poisson vit dans l'eau. La preuve en est que, si l'on nous prive d'air, nous mourons par asphyxie comme le poisson jeté par le pêcheur sur le rivage. Et pour nous convaincre que ce n'est pas seulement une forme courante de langage, je vous citerai cet incident tragique emprunté à la guerre d'Espagne de 1809. Cent soixante-dix prisonniers français avaient été enfermés un soir par les Espagnols dans un cachot ne présentant sur le dehors qu'une étroite fenêtre grillagée. Le lendemain, les prisonniers furent trouvés morts. L'air du cachot, insuffisamment renouvelé, était devenu irrespirable, et les malheureux avaient succombé à l'asphyxie.

Eh bien, sans nous en douter, parce que le drame n'est pas poussé jusqu'au bout, nous nous enfermons volontairement dans le cachot des Espagnols.

D'abord, nous savons mal respirer, nous profitons insuffisamment de l'air qui nous entoure. Il est, en effet, démontré que la plupart des hommes n'utilisent qu'aux deux tiers ou aux trois quarts la capacité de leurs poumons, parce qu'ils ne font pas agir d'une façon complète le *soufflet respiratoire*. Ce soufflet respiratoire est mû par certains muscles dont la culture physique se chargera précisément de faire l'éducation. De ces muscles, nous dirons un mot un peu plus loin.

Pour le moment, contentons-nous de signaler les effets pernicieux de cette respiration incomplète. Et puisque nous avons prononcé le mot « soufflet respiratoire », invitons l'un de vous à prendre, un jour d'hiver, le soufflet de l'âtre destiné à raviver le bon feu de bois.

D'ici, nous voyons notre impétueux camarade actionner le soufflet à coups précipités. Il produit un nuage de cendres, mais ranime mal les braises demi-éteintes, car il ne donne pas au mouvement du soufflet toute son ampleur. Il ne fait pas entrer, puis sortir *tout l'air* que ce soufflet pourrait contenir.

Si, au contraire, le camarade ouvre et referme posément, complètement le dit soufflet, alors la braise rougeoie, la flamme brille.

Dans nos poumons (*fig.* 1), il en est de même. En nous servant incomplètement de notre soufflet respi-

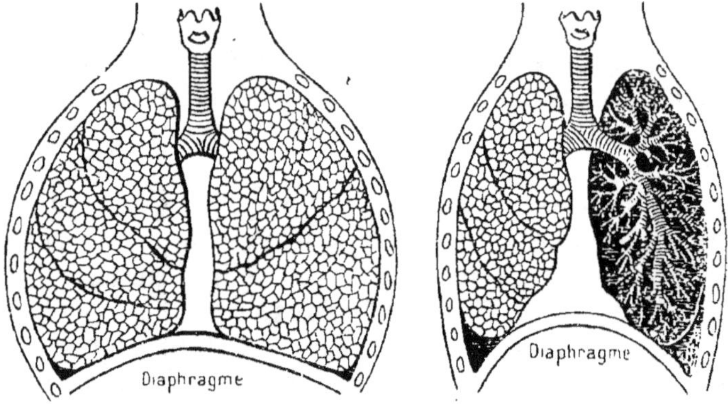

Fig. 1. — Poumons : Inspiration et expiration.

ratoire, nous diminuons l'intensité de notre foyer vital, nous n'assurons pas, comme nous pourrions et devrions le faire, l'oxygénation de notre sang.

Bref nous nous mettons dans la même posture que le poêle qui tire mal, ou la lampe qui fume, quand l'air n'arrive pas dans les conditions les plus favorables, *quand le tirage est mal réglé.*

Donc, servons-nous des moyens admirables dont nous disposons et réglons notre tirage en prenant l'habitude de respirer complètement, profondément, largement, sans jamais retenir notre souffle.

Il est vrai que, parfois, l'afflux de l'air dans nos poumons est entravé par l'étroitesse du passage, c'est-à-dire de l'orifice nasal ; car, on ne saurait trop le rappeler, on *respire normalement avec son nez,* et non avec sa bouche. On peut remédier, dans bien des cas, à cette insuffisance, surtout chez les jeunes enfants : c'est l'affaire des médecins. Mais « avoir le nez creux » expression populaire qui signifie la finesse, pourrait tout aussi bien signifier la force. C'est pourquoi, dans la fiche physiologique dont nous parlerons plus loin, entre la *perméabilité nasale,* c'est-à-dire la faculté plus ou moins grande d'inspiration par le nez, laquelle se trouve en rapport étroit avec le souffle.

Autre chose. Pour aider l'air à venir à nous, il ne faut pas commencer par lui barrer la route. Le moyen radical consisterait à vivre au dehors.

Comme les conditions normales de notre existence nous obligent à en passer une bonne partie dans les habitations, il est au moins indispensable d'aérer les locaux divers, autant qu'on le pourra, par tous les temps, par toutes les saisons.

L'air, pénétrant directement, n'enrhume jamais. Seuls les courants d'air sont nuisibles. Plus nuisible encore est de vivre dans les appartements clos.

Tous les hygiénistes s'accordent aujourd'hui pour conseiller, *ordonner* de dormir les fenêtres ouvertes, ou tout au moins entr'ouvertes. C'est un acclimatement très facile, à condition de le réaliser progressivement. On n'y risque ni maux de gorge, ni angines, comme les timorés le colportent à tort. Ne voit-on pas aujourd'hui les médecins soigner et guérir les malades atteints des plus graves affections de la poitrine par le régime des fenêtres grandes ouvertes !

Ne constate-t-on pas, sur les statistiques, que dans la tranchée, en plein hiver, les rhumes, les bronchites, les fluxions de poitrine furent moins nombreux et moins graves que dans les casernes !

Par les temps froids, qu'on augmente les couvertures du lit. Mais laissons pénétrer à flot l'air pur du dehors qui viendra remplacer à mesure l'air vicié de nos appartements.

Cependant, la physiologie nous apprend que la respiration ne s'opère pas seulement par les poumons. Nous respirons aussi par notre peau ; l'air pénètre, baigne notre organisme à la faveur des mille et mille pores qui tapissent notre enveloppe extérieure.

Là encore, il s'agit de ne pas amonceler les obstacles devant cet air vivifiant.

Ceci nous conduit à dire un mot de l'hygiène des vêtements.

La civilisation, unie à la mode, nous a créé des habitudes et des exigences. Il nous faut bien les subir ; au moins, tirons-en le meilleur parti.

Or, nous avons tendance à trop nous couvrir. Trop de tricots, trop de cache-nez, trop de foulards ! Ainsi nuit-on à la respiration cutanée et provoque-t-on une sensibilité au froid, cause de beaucoup de maux !

Heureusement, le goût des sports a-t-il réagi par lui-même contre les vêtements étriqués ou ajustés, et contre les exagérations du snobisme. Pourtant, nous voyons avec peine certains jeunes gens enserrer leur cou dans des faux-cols d'une hauteur démesurée. Qu'ils sachent à quel point ils contrarient la circulation du sang ! D'autres, ennemis des bretelles, se coupent en deux par des ceintures de cuir rigides, inextensibles.

En discourant sur le vêtement, nous nous plaçons ici dans la vie ordinaire.

Pour les exercices d'éducation physique, il est plus encore nécessaire d'avoir des vêtements légers, et sans en venir impérativement au torse nu en toute saison de la méthode Hébert, il est au moins nécessaire de mettre bas la veste pour travailler sans entrave.

L'EAU. — Après l'air, l'auxiliaire le plus précieux de notre santé est peut-être l'eau.

Le bon entretien de notre peau, organe respiratoire de première importance ainsi que nous l'avons vu, dépend essentiellement de son état de propreté.

Toutes les races fortes, c'est un fait historique, ont professé le culte de la propreté corporelle. Dans les villes conquises, le premier édifice que construisaient les Romains, en même temps qu'un temple de Jupiter et une caserne pour leurs centurions, était des Thermes, un établissement de bains.

Or, il paraît bien que, pendant de longs siècles, nous avons perdu la leçon de nos ancêtres latins. Elle nous est revenue par nos amis les Anglais, qui, eux, surent la conserver.

Certes, nous sommes en progrès. Si le *tub* n'est pas encore chez nous une institution nationale, les moyens de se laver, de se nettoyer commencent à se répandre, même dans les classes populaires.

Une baignoire a cessé d'être un objet de luxe ou de curiosité ; le monologue fameux de l'Auvergnat qui buvait son bain a perdu de sa saveur ; Mathurine elle-même, la servante bretonne, ne juge plus que ses maîtres l'insultent ou la croient malade lorsqu'ils l'invitent à fréquenter le « balnéum » voisin.

Nos casernes modernes possèdent leurs salles de douches, bien agencées.

Faut-il le dire, c'est peut-être vous, mes amis, qui participez le moins à ce mouvement général. Je parierais que plus d'un ne se lave pas les mains aussi souvent que l'exigeraient les occupations multiples auxquelles il se livre. S'il pouvait connaître ce que ses ongles endeuillés contiennent de millions de microbes et bactéries divers ! Et encore, que tel autre, dans la hâte du départ matinal pour le collège ou l'atelier, se débarbouille parfois à la va-vite et limite ses ablutions au bout de son nez !

Pourtant, si vous saviez comme il est simple, et facile, et rapide de se laver entièrement des pieds à la tête. Oh ! pas besoin de salle de bain, d'appareil à douche, d'hydrothérapie compliquée ! Pas même besoin d'un tub ! Avec votre cuvette, ayez seulement un carré imperméable, toile cirée ou linoléum, pour éviter de mouiller et de souiller le parquet ou le tapis. Une serviette un peu rude, en grosse toile (préférable à une serviette éponge, parce qu'elle séchera plus vite) que vous humecterez dans l'eau tiède ou froide, selon la saison. Puis, placé au centre de votre imperméable, vous vous frictionnerez de haut en bas avec votre serviette, tantôt repliée en bouchon, tantôt tenue par les deux bouts et actionnée comme une scie, de façon à atteindre et à frotter les parties les plus inaccessibles de votre dos.

Je mets en fait qu'en une minute, pas plus, vous avez fait le tour complet de votre individu. Je me porte garant que votre famille ne vous refusera pas le matériel simpliste qui peut suffire à tout : propreté parfaite, réaction salutaire du sang mis en mouvement, bien-être général.

Si vous êtes un sybarite, vous vous offrirez un gant de crin et, de temps à autre, vous compléterez vos ablutions par une lotion à l'eau de Cologne.

Mais, il y a un mais, il faut vous astreindre à prendre ces soins chaque jour, quels que soient le temps et les circonstances. Car, toujours et partout, ces soins élémentaires dépendront de votre volonté.

« Aïe ! » me direz-vous, « en plein hiver ? Le froid ? »

Le froid est précisément une sensation *relative* à

laquelle il convient de vous accoutumer, progressivement et sagement, cela va sans dire. Vous n'avez pas été sans lire les exploits de ces nageurs qui se disputent sur la Tamise la « Coupe de Noël ». Parfois, pour permettre cette épreuve traditionnelle, on est obligé de casser la glace. Depuis quelques années, les Parisiens assistent d'ailleurs des ponts de la Seine à une course identique le 25 décembre.

Il ne paraît pas que ces baigneurs du « Christmas » aient contracté des bronchites et des fluxions de poitrine !

Puisque nous voici aux bains froids, profitons-en pour dire bien vite que, toutes les fois qu'on en trouvera l'occasion, l'aspersion matinale sera heureusement complétée par un plongeon dans la piscine ou dans la rivière.

Quant aux massages, ils intéressent fort peu la jeunesse bien portante. Et cependant d'aucuns se montent l'imagination lorsqu'ils lisent les récits des grands matchs sportifs, car toujours ils voient après l'épreuve le vainqueur se livrer aux mains de ses « soigneurs » qui le massent, le frictionnent, l'éventent à qui mieux mieux.

Laissons précisément le massage à ces professionnels du sport. Ne l'employons, nous, que pour remettre en place une foulure ou un nerf froissé et, dans ce cas, adressons-nous à un infirmier, à un spécialiste. Un massage opéré à tort et à travers est susceptible de produire les plus fâcheux résultats, J'ai connu un camarade devenu littéralement estropié pour avoir commis l'imprudence de confier la guérison d'une entorse à un « rebouteux » d'occasion.

LA LUMIÈRE. — Avec l'air et l'eau, l'agent thérapeutique le plus puissant est la lumière, le soleil. « Où le soleil n'entre pas, entre souvent le médecin. »

Ce vieux proverbe semble plus vrai encore aujourd'hui. La science moderne n'a-t-elle pas démontré que les rayons du soleil constituent un des meilleurs désinfectants ?

Aussi bien, l'action des rayons solaires sur notre organisme se montre nettement sous forme du hâle. Sans grand effort de statistique, on a établi que tous les gens *hâlés*, ouvriers des champs, terrassiers, marins, etc., sont forts et bien portants, c'est-à-dire tous ceux qui par profession vivent au grand air et à la grande lumière.

La méthode Hébert tire une partie de son excellence de ce que tous les exercices s'effectuent jambes et torses nus. D'ailleurs les bains de soleil sont maintenant couramment ordonnés par les docteurs pour le traitement d'un grand nombre de maladies.

L'ALIMENTATION. — Ce rapide aperçu de l'hygiène demeurerait incomplet si nous ne disions un mot de l'alimentation.

Pour les jeunes, ce mot peut être court et décisif : *Ne pas avoir les yeux plus grands que le ventre.*

Assurément, mes amis, c'est votre droit d'avoir un bel et robuste appétit. Pleinement, satisfaites votre faim !

Mais, pas de superflu dans l'entretien de notre machine humaine : si vous y entonnez trop de combustible en mettant les bouchées doubles, elle s'encrassera très vite. Et alors vous connaîtrez tous les maux qui résultent d'un mauvais estomac : migraines, arthritisme, et aussi mauvaise humeur....

« Les gloutons creusent leur tombe avec leurs dents ! »

Autres défaut des jeunes : ils mangent trop vite, ils ne prennent ni le temps, ni la peine de mastiquer les aliments. Mais, pour mastiquer, me direz-vous, il faut des dents. Hé oui !

Dame nature donne 32 dents à tout le monde. A nous de les conserver.

Les jeunes peuvent et doivent y parvenir, d'abord par la propreté, ensuite par les soins de la bouche. Chaque jour, il faut vous brosser les dents et les gencives *au savon*. C'est le seul moyen de débarrasser les dents et leurs recoins, des mille impuretés qui fermentent dans l'humidité de la bouche et provoquent la carie et l'inflammation.

Si, malgré ces précautions, le mal de dent survient, il faut voir le dentiste, qui seul peut curer, gratter et boucher les trous.

Dans vos centres de préparation, il vous sera loisible de montrer vos dents aux médecins militaires : ils les examineront avec toute l'attention que comporte une question grave, réveillée par la guerre. Ils savent, en effet, qu'un grand nombre de soldats durent être évacués du front parce que, n'ayant plus de dents, ils ne digéraient plus. Ils feront tout pour la réparation des mâchoires, qui constitue une préparation *militaire* non négligeable.

Des valeurs nutritives de tel ou tel aliment, des régimes, des exclusions de certains mets je ne vous parlerai pas. Notre génération n'a que trop usé de la réglementation des chimies culinaires et des cuisines médicales.

Je vous rappellerai simplement cette vérité simpliste : l'homme est omnivore.

Pour s'alimenter, il doit absorber des végétaux pour les trois quarts, de la viande pour un quart, plus des sels minéraux en très petite quantité (les assaisonnements).

Dans la grosse cornue qu'est notre estomac, ces aliments doivent se transformer en *albuminoïdes*, en *graisses* et en *carbone* : ceux qui nous conviennent sont ceux que nous assimilons le mieux, ceux qui rendent à nos tempéraments divers l'élément faisant le plus défaut.

N'en déplaise aux végétariens, la vie active exigera de la viande : l'expérience a prouvé, dans l'armée par exemple, que la ration de viande doit être augmentée toutes les fois qu'on demande à l'homme des efforts énergiques. Cela ne veut pas dire qu'il faille en abuser : de la viande le matin ; du poisson, des pâtes, des légumes le soir, semblent être la base d'une alimentation raisonnable.

Notre boisson naturelle est l'eau. Sans crainte d'être pusillanime, l'on doit toujours se préoccuper de la qualité et de l'origine de l'eau de table. A la ville, chez soi, on sait d'où elle vient. Mais en excursion, en campagne, il en va autrement. Plus loin, j'attirerai votre attention toute particulière sur cette question de l'eau, sur les moyens de la rendre potable.

Le sujet en vaut la peine, car il est reconnu que l'eau de rivière non filtrée et non épurée est la cause de toutes les épidémies de fièvre typhoïde, la maladie des jeunes par excellence.

L'eau peut être coupée de vin sans inconvénient.

Ici, nous nous refusons absolument à suivre ce sectarisme spécial et outrancier, auquel cèdent certains *tempérants* par trop convaincus.

Pourchasser l'alcoolisme est nécessaire. Mais ne dépassons pas le but ! Nous sommes en France, dans le pays de la vigne. Il serait tout simplement absurde de considérer notre vin comme un poison abominable et de vouer aux gémonies ceux qui, de temps à autre, sans abus, prennent un doigt de bordeaux ou une coupe de champagne.

Cette déclaration nous permettra d'autant mieux de dénoncer l'action pernicieuse de l'alcool, un des plus graves dangers qui menacent l'avenir de notre race. Par alcool, entendons non seulement les spiritueux, *mais tous les apéritifs*, d'autant plus dangereux qu'ils renferment des essences nocives. Mais c'est là moins une question d'hygiène qu'une question sociale qui sera traitée devant vous, au grand jour.

Il est réconfortant de le constater, les goûts actuels d'activité de notre jeunesse l'éloignent automatiquement des cafés, des cabarets, des bars. Cependant, il faut qu'elle soit très avertie, pour le jour où les mauvais exemples risqueraient de l'entraîner sur la pente.

Plus loin, nous reviendrons avec quelques détails sur ces fléaux destructeurs de la force et de la santé qui s'appellent : l'alcoolisme, la syphilis et la tuberculose (1).

Avec le vin, la bière et le cidre paraissent parfaitement recommandables. Egalement, le thé, le café sont des stimulants utiles, à condition de n'en pas abuser ; ils perdraient toute leur vertu d'excitants de l'organisme si l'on s'y habituait.

Un mot encore pour dénoncer cette tentation toujours inutile, parfois nuisible qui, la première, se présente aux jeunes : fumer !

Griller une cigarette, c'est d'abord une gaminerie à laquelle nous avons cédé. Mais, attention ! si l'on n'y prend garde, cela devient vite une habitude, plus tard un besoin tyrannique. Donc, mes camarades, contractez d'autant moins cette habitude que, dans la vie active, fumer constitue une gêne et une infériorité. L'usage du tabac dessèche les voies respiratoires, neutralise l'effet salutaire de la salivation : il diminue par conséquent l'endurance dans la marche, la course, les jeux.

Faites mieux encore, n'essayez pas de fumer ! votre

---

(1) Voir Appendice, page 277.

énergie, votre mémoire, votre santé se trouveront bien de ce conseil.... Votre bourse aussi !

Et maintenant que vous êtes mis suffisamment en garde contre tout ce qui peut compromettre votre santé, détériorer votre organisme et vos forces, nous allons pouvoir rechercher les moyens propres à développer, à accroître ces forces.

Un rapide examen de notre machine humaine, muscles et organes, va nous révéler dans ses principes cet art vraiment nouveau pour notre siècle, l'art de cultiver le corps humain.

III. — LA MACHINE HUMAINE.

> *Comparons notre corps à une lampe : le sang en est comme l'huile et le cœur comme la mèche.* GALIEN.

Au cours du premier chapitre je vous ai laissé entrevoir qu'il existe des *méthodes* pour la culture physique. C'est logique. Car, dans une branche quelconque de l'activité humaine, lorsqu'il n'y a pas de méthode, ou, ce qui revient au même, lorsqu'on agit sans méthode, l'on voit apparaître à coup sûr le mauvais travail, le désordre, l'absence des résultats.

Imaginez, par exemple, l'architecte qui prétendrait bâtir une maison sans s'astreindre aux règles de son art, règles imposées par la nature des choses ou fondées sur la science.

Le voyez-vous appuyant de grosses et lourdes pierres sur des solives de bois, et inclinant ses murs en deçà de la verticale ? Cette construction bizarre tiendrait peut-être l'espace d'un instant, puis s'écroulerait comme un château de cartes.

Précisément, les architectes qui ne possèdent pas les

méthodes scientifiques du bâtiment n'élèvent pas de maisons : ils se bornent à des huttes ; ils travaillent pour des sauvages.

Or, pendant de longues années et jusqu'à une époque très voisine du commencement de ce siècle, les architectes de la culture physique nous ont traités en sauvages, car ils mirent à notre disposition de pauvres huttes, de misérables cabanes. La « gymnastique » telle qu'ils l'entendaient, celle qu'ont pratiquée vos pères et vos grands-pères, mes amis, n'était basée sur aucune méthode rationnelle ; elle se bornait à quelques mouvements dits « d'assouplissements », raides, saccadés, exécutés en cadence, et surtout à des exercices aux appareils, anneaux, trapèzes, barres fixes, etc....

Les maîtres de cette école passaient donc à côté du but poursuivi par la culture physique, c'est-à-dire le perfectionnement général de l'individu, précisément parce qu'ils méconnaissaient complètement l'organisme humain et les lois de son développement.

Or, les seules méthodes qui peuvent se dire rationnelles, naturelles, sont celles basées sur les conditions propres à notre machine humaine. Voilà pourquoi la gymnastique aux agrès est justement considérée aujourd'hui comme une application sportive, certes intéressante, mais non comme un moyen *d'éducation*.

Pour comprendre le mécanisme et l'effet utile de ces mouvements, il est donc indispensable de posséder au préalable quelques notions élémentaires d'anatomie et de physiologie.

Les os. — La charpente de notre corps est constituée par des os qui forment le squelette (*fig. 2*).

Ces os déterminent notre structure générale, prêtent une solidité aux membres, forment des cages résistantes dans lesquelles les organes importants trouvent un abri.

Sans eux, nous serions tels que des poupées de son.

Pour les amateurs de statistique, nous dirons que les os du squelette humain sont au nombre de 198.

Au début de la vie, chez les tout petits bébés, les os sont encore sans consistance, à l'état de *cartilages*. Des cartilages, vous en possédez encore sous la chair du bout de votre nez, et ce sont encore des cartilages qui vous rendirent jadis le service de résister à la traction qu'opérait parfois votre papa sur vos oreilles !

A mesure que les années viennent, les os se durcissent, mais lentement, puisque l'ossification n'est complète qu'aux environs de vingt-cinq ans.

Les jeunes gens de vos âges ont donc les os plus ou moins en *caoutchouc*. Or, il est très dangereux de troubler ce travail lent et progressif de l'os.

Les efforts trop accentués tendent encore à hâter l'ossification. C'est un fait remarquable que tous les enfants surmenés physiquement, par exemple les petits acrobates, demeurent au-dessous de la taille normale.

Chez le jeune garçon, la colonne vertébrale doit être l'objet d'une attention particulière. Les jeunes ont une tendance naturelle à se courber sur la table d'école, à mal se tenir sur leur chaise par laisser-aller. Certains cyclistes, croyant être très « sportifs », se donnent le détestable genre de se coucher en deux contre le guidon de leur machine. Vous ferez donc de l'éducation physique au premier degré en réagissant contre ces fâcheuses habitudes, en veillant vous-mêmes à conserver une bonne tenue. Ainsi, en dehors de toute gymnastique, vous vous prémunirez contre les déviations plus ou moins prononcées de la colonne vertébrale.

La culture physique permettra bien de corriger certaines de ces déviations, mais ne vaut-il pas mieux prévenir que guérir ?

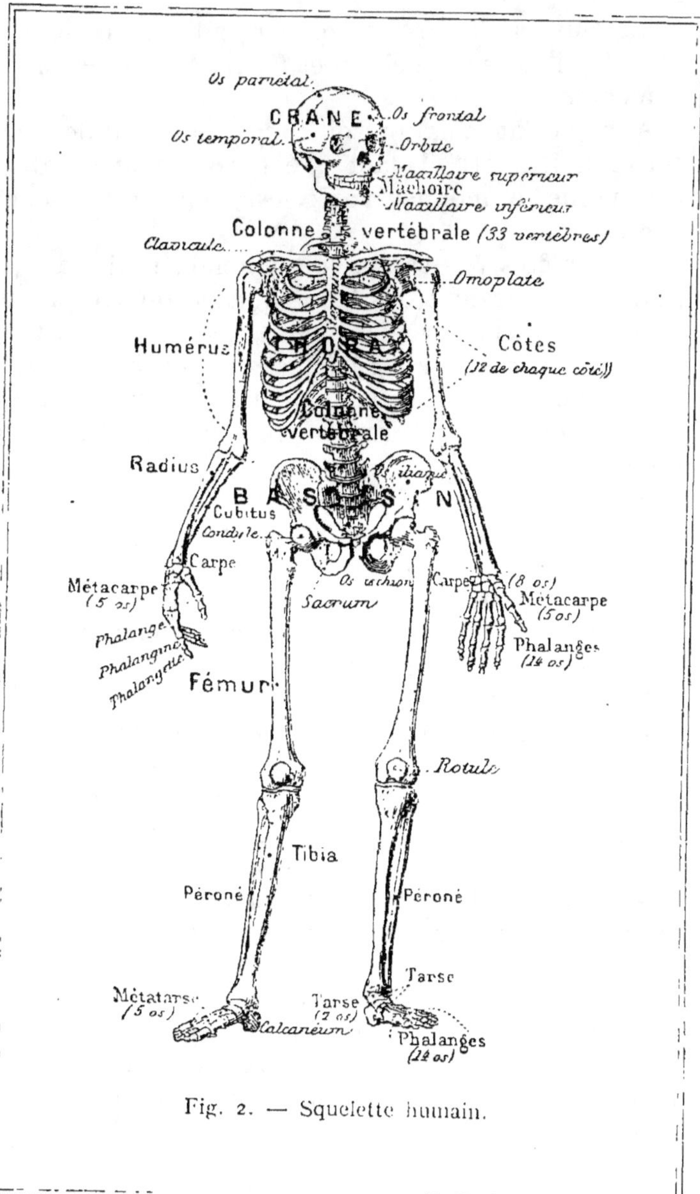

Fig. 2. — Squelette humain.

La plupart de nos os sont articulés pour donner de l'élasticité au squelette et lui permettre les mouvements.

Afin que l'articulation soit toujours en état de jouer convenablement, il faut l'exercer. L'articulation maintenue immobile s'ankylose, elle est comme *rouillée*.

Vous n'êtes pas sans avoir entendu parler de ces pratiques effarantes des fakirs qui, par mortification, se font attacher pendant des années, l'avant-bras contre le bras. Les ongles poussent comme des griffes, pénètrent dans la chair, tandis que l'articulation, maintenue rigoureusement immobile, se soude pour jamais.

Sans aller jusqu'à l'aberration de ces misérables estropiés volontaires, nous aurions tendance à réduire l'ampleur du mouvement de nos articulations, nous arriverions à la raideur articulaire, si l'éducation physique n'intervenait pour nous obliger à faire des mouvements complets.

Une comparaison, pour mieux faire saisir. Voici une porte par laquelle vous passez chaque jour ; d'habitude, vous ouvrez le battant tout juste pour permettre votre passage. Le jour où vous voudrez ouvrir la porte toute grande, elle grincera sur ses gonds, elle frottera. Par la culture physique, vous mettrez l'*huile* qui facilitera en tout temps, jusqu'à un âge avancé, le jeu complet de votre porte....

LES MUSCLES. — Malgré la rigidité des os, notre squelette s'effondrerait comme un pantin non soutenu par des ficelles, si les muscles n'intervenaient pour le rembourrer, pour l'envelopper de toutes parts dans leurs faisceaux multiples, pour le raidir.

Les muscles jouent précisément le rôle de ces *ficelles* qui font tenir et mouvoir les marionnettes.

Comprenons que les ficelles seront plus ou moins grosses, doublées, triplées selon le rôle à remplir, la résistance à vaincre, le poids à soutenir.

En somme, c'est bien *un poids* que nos muscles doivent être en état de supporter, poids imposé par la loi de la pesanteur terrestre (*fig.* 3). Si les muscles n'étaient pas assez forts pour contrebalancer l'action de la pesanteur, nous serions collés au sol, incapables de nous mouvoir et de nous soutenir.

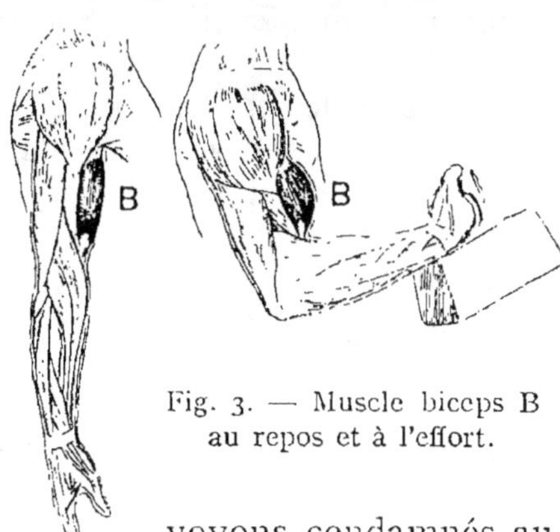

Fig. 3. — Muscle biceps B au repos et à l'effort.

C'est le cas des morts et des paralysés ! Et quand nos muscles fatigués cessent leur activité, nous nous voyons condamnés au repos, au sommeil.

Nous pouvons nettement saisir ce fait physiologique de « l'envie de dormir ».

Les muscles intéressés, ceux qui obligent la tête à se tenir droite et les yeux à demeurer ouverts, cèdent, et littéralement nous *tombons* de sommeil.

Mais éveillons-nous pour concevoir une définition du muscle, simple, connue, qui écarte toute idée fausse. Un muscle, c'est de la viande.

Le bifteck apporté par le boucher représente un morceau de muscle.

Mais nous serions désolés, pour vos dents comme pour votre estomac, mes amis, de vous offrir en grillade le muscle fort, nourri, que nous envisageons.

Précisément les animaux de boucherie nous donnent l'exemple du muscle reposé, engraissé, qui, par destination, a été soustrait à tout effort.

5

Sans plus d'explication, vous saisissez la différence qui peut existor entre le muscle d'un bœuf placide, mis à l'engrais dans un plantureux herbage, et celui d'un cheval de pur sang, entraîné chaque jour par de longues foulées de galop.

Revenons aux muscles humains. Nous ne pouvons songer à en faire ici l'énumération : ce serait ouvrir un cours d'anatomie.

Les muscles sont, par excellence, les agents de l'activité ; en effet, c'est leur contraction, réflexe (c'est-à-dire créée par l'habitude) ou volontaire, qui engendre le mouvement.

Les muscles sont attachés sur les os soit directement, soit par l'intermédiaire d'un tendon.

Il y a trois sortes de muscles :

1º Les muscles longs, représentés par les muscles des membres. Ils produisent les mouvements vites et étendus, par exemple la marche ;

2º Les muscles larges, susceptibles de plus grands efforts, mais de mouvements plus limités, par exemple les muscles du tronc ;

3º Les muscles courts, qui recouvrent les extrémités, visages, mains, pieds.

Or, l'exercice provoque une influence très certaine et très visible sur le muscle. L'exercice, en effet, nourrit le muscle en l'arrosant davantage, c'est-à-dire en entraînant une circulation plus intense dans les milliers de petites veines qui le traversent. Cette activité du muscle a encore pour effet de brûler l'excès de graisse qui menacerait de l'alourdir. En répétant l'exercice de contraction, le muscle augmente son volume et conserve sa souplesse.

Mais justement, et ceci est très important, la connaissance de la physiologie doit permettre de limiter ce développement, d'après les conditions de l'équilibre général et le rôle normal attribué à tel ou tel muscle.

En dépassant cette limite, ce muscle exigerait pour son seul entretien une suractivité qui risquerait d'user à son profit la résistance des grands organes, cœur, poumons, appareil digestif.

C'est absolument ce qui se passe sur le torpilleur qui force sa vitesse : cet excès de travail ne s'obtient qu'en usant les générateurs, foyers et chaudières, lesquels sont rapidement mis hors service.

Un exemple vivant de ce fait nous est offert par la plupart de ces pauvres diables qui, en bordure des fêtes foraines, font des poids pour quêter quelques sous : ils possèdent une musculature formidable et ils sont tuberculeux !

De ceci, une indication pratique se dégage : ne nous laissons jamais prendre au trompe-l'œil de ces « professeurs » ou de ces marchands d'appareils plus ou moins compliqués, qui, à titre de réclame, exhibent un gaillard doté de biceps phénoménaux. Phénomène, en effet, qui a été obtenu par un excès de travail artificiel, nuisible à l'harmonie générale. On gave le muscle comme on peut gaver une volaille, pour l'ébahissement des badauds.

Le muscle sain, parfait, devra posséder la propriété du caoutchouc de très bonne qualité, c'est-à-dire s'étendre et se raccourcir entièrement, avec facilité et rapidité, *être élastique.*

Le muscle s'abîme, il se rompt même lorsqu'on lui impose des contractions trop violentes ou trop brusques. Mais la nature, prévoyante en tout, a doté chaque muscle d'un autre muscle dit *antagoniste,* qui lui sert d'amortisseur, de frein, pour prévenir, entraver la détente trop brutale, et l'aide à revenir en place. L'antagoniste fonctionne donc vis-à-vis du muscle intéressé comme un ressort ou comme un contre poids.

Pourtant ce bon serviteur qu'est l'antagoniste ne saurait suffire à tout.

Aussi, en cas de contractions trop brusques, provoquées par la colère, l'amour-propre, l'excitation en cours d'un matche, le faux mouvement, il peut se produire dans le muscle de petites ruptures, ou des arrachements des parties attachées à l'os. Ce qui cause les douloureux coups de fouet, les entorses, les foulures. Dans les cas de chocs plus rudes encore, d'une chute par exemple, les muscles peuvent échapper complètement à leur antagoniste, forcer les ligaments qui attachent les os entre eux, entraîner ces os hors de leur articulation. En ce cas il se produit une luxation.

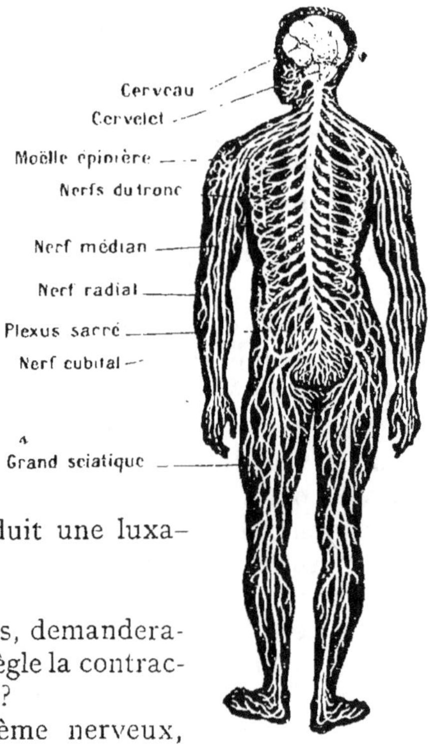

LES NERFS. — Mais, demandera-t-on, qu'est-ce qui règle la contraction de nos muscles?

C'est notre système nerveux, dont le centre principal est placé dans le cerveau, avec une annexe dans la moelle épinière. Du cerveau et de la moelle épinière partent des cordons blanchâtres, qu'on appelle les nerfs et qui se ramifient dans toutes les parties du corps (*fig.* 4).

Fig. 4.
Système nerveux
de l'homme.

Ces nerfs sont de deux espèces :

1º *Les nerfs sensitifs*, qui sont chargés de récolter et de transporter aux centres nerveux les sensations diverses. Ils président à nos sens : vue, ouïe, toucher, odorat, goût.

Ils intéressent notre sujet en ce qu'ils réagissent directement sur les muscles pour les contracter *en dehors de notre volonté*. Par exemple, un coup, une brûlure, une détonation brusque qui fait sursauter, etc., etc.

Et précisément, l'éducation physique interviendra pour limiter ces contractions involontaires, pour nous rendre les maîtres et non les esclaves de nos sensations nerveuses, en nous aidant à acquérir l'endurance, le calme, le sang-froid.

2º *Les nerfs moteurs*, que commande notre volonté pour agir sur les muscles, pour les contracter.

Par là, vous voyez clairement que l'éducation du muscle marche étroitement d'accord avec l'éducation de la volonté.

Les muscles, et les mouvements qu'ils font naître, ne doivent donc jamais échapper à notre volonté. Cela ne saurait arriver que dans des cas anormaux : par exemple, l'ivrogne, qui a perdu le contrôle de ces gestes en perdant momentanément l'usage de sa volonté. Ou encore, les malades, ceux dont le système nerveux et les nerfs moteurs sont en mauvais état, les ataxiques, les épileptiques, les fous.

Notons aussi ces mouvements dits *réflexes* qui se font d'accord avec notre volonté, mais où la volonté n'intervient pas, par suite d'une longue accoutumance de notre organisme. Ces mouvements automatiques ont leur siège dans la moelle épinière.

Parmi eux, citons la marche, l'écriture ; dans un autre ordre d'idées, chez les jeunes, tous les tics, les gestes inutiles qui tournent à la mauvaise habitude, si l'attention des éducateurs n'intervient pas pour y couper court.

Quelques muscles intéressants. — D'abord, deux muscles de la plus haute importance soumis aux mouvements réflexes :

Le cœur, car, on l'oublie souvent, le cœur, cette pompe aspirante et foulante qui envoie le sang

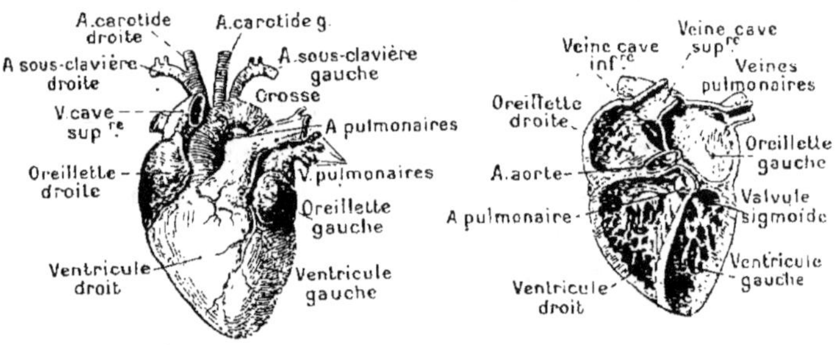

Fig. 5. — Cœur humain ; ensemble et coupe.

vivifiant à travers notre organisme, est un muscle (*fig.* 5).

Or les contractions musculaires générales, c'est-à-dire les exercices, le mouvement, appellent le sang dans les coins et les recoins les plus reculés ; elles favorisent donc la circulation, et, par suite, elles allègent le travail du cœur. La pompe fonctionne plus régulièrement, plus facilement. Chacun sait que, chez les sédentaires, la circulation est souvent inégale, défectueuse.

Les sédentaires s'essoufflent très vite, ont froid aux extrémités.

Nous verrons qu'il y a aussi des exercices spéciaux qui sont de nature à augmenter la force du muscle-cœur, par exemple les courses. Mais là encore, il y a une sévère limite des efforts à ne jamais dépasser, si l'on ne veut pas que le cœur se fatigue, perde son pouvoir de contraction.

Un autre muscle, moins connu, moins considéré, est le diaphragme (*fig.* 1).

Le diaphragme est une cloison épaisse qui sépare la cavité abdominale, abri des intestins.

Ce muscle est d'une extrême importance, car il préside aux mouvements de la respiration et aide puissamment à la digestion (*fig.* 1, page 50).

C'est en s'abaissant et en se relevant qu'il assure la respiration correcte, complète dont nous avons déjà établi la nécessité. Dans ce mouvement de va-et-vient, le diaphragme doit encore produire sur l'estomac une pression alternative, laquelle provoque un pétrissage nécessaire des aliments au cours de la digestion. Ainsi, la respiration incorrecte, celle qui laisse le diaphragme au repos ou à peu près, se complique-t-elle d'une mauvaise digestion. Perte d'air d'un côté, perte de substance alimentaire, de sang, d'un autre !

Attirons, pour finir, l'attention sur des muscles, en général négligés, **les muscles abdominaux**. Ce sont ceux qui, superposés, entourent le ventre, forment ce qu'on appelle *la sangle abdominale*. La culture physique leur accorde une grande importance. Non seulement, ils s'associent aux mouvements des membres inférieurs, pour les favoriser, mais encore ils facilitent la digestion intestinale, protègent les intestins contre les chocs, s'opposent aux hernies. Enfin, mieux que les eaux et les régimes d'amaigrissement, mieux que les ceintures, ils barrent naturellement la route à la graisse, à l'obésité.

Maintenant, nous voici arrivés au terme de cette étude préliminaire. Certes, durant cet exposé, d'allure parfois sévère, il dut vous arriver de « piaffer », mes amis. Et je ne serais nullement surpris, si quelques-uns ont tenu un propos de ce genre : « En voilà des histoires ! Qu'*il* nous explique donc comment on fait les mouvements, comment on saute, comment on court ! »

Mais je suis non moins sûr que ces raisonneurs sont désormais convaincus de l'absolue nécessité de cette entrée en matière. Puisque la force se fabrique avec de l'hygiène, des organes et des muscles, il fallait, n'est-il pas vrai, poser les bases mêmes de notre sujet.

C'est fait.

Nous allons pouvoir passer à l'exécution, car nous comprendrons le bien fondé de tel ou tel mouvement, ses résultats bons ou mauvais sur notre organisme.

Cette application, nous la diviserons en deux parties :

1º *La pratique volontaire.* — C'est celle que nous vous demandons d'accomplir de vous-mêmes, par goût ou par bonne volonté, en dehors des séances collectives. Oh ! ne récriminez pas, mes amis, et comprenez-moi : c'est un tout petit effort de volonté et d'habitude que je vous demande de consentir.

En effet, la Préparation au service militaire instituée dans l'intérêt de l'armée et de la Patrie ne saurait guère vous enlever à vos occupations plus d'une fois par semaine. D'autre part, elle inscrit en tête de son programme l'éducation physique, créatrice de la force. Or, précisément, l'éducation physique rationnelle proclame la nécessité d'un exercice quotidien. Voyez l'antinomie !

C'est cet exercice quotidien, que nous vous demandons de pratiquer, seulement quelques minutes chaque jour, faute de mieux, *à la maison*, d'après les principes que nous allons énoncer, lesquels, bien entendu, sont les mêmes que ceux destinés à régler la grande leçon donnée au groupe.

2º *La pratique obligatoire.* — Celle-ci nous est expressément indiquée par le Règlement ministériel établi en vue de la Préparation au service militaire. Elle vous entraînera au grand air, sur les stades, les terrains de jeux, en plein champ. Plus loin, nous vous en expliquerons la méthode.

Pour le moment, retenez bien que la pratique volontaire, c'est-à-dire journalière, facilitera grandement l'exécution des divers exercices de la pratique obligatoire.

IV. — LA PRATIQUE VOLONTAIRE.

Le jour où la France s'appliquera sérieusement à l'éducation physique, de grandes choses se verront dans le monde.

Colonel Ling, l'instaurateur de la gymnastique suédoise.

LA GYMNASTIQUE A LA MAISON.

Appelons gymnastique *à la maison*, celle qui, sans espace et sans appareils, permet à chacun de nous de procéder quotidiennement aux exercices pouvant se dénommer d'un mot : « la toilette du muscle ».

Ce mot, retenons-le un instant, car, par une comparaison, il va nous laisser apercevoir une vérité fondamentale. De même que la toilette matinale ne saurait dispenser de prendre un bain, le plus souvent possible, et doit être considérée comme un *minimum* de soins, de même l'exercice en chambre sera considéré comme le moyen le plus fruste et le plus pauvre dont nous disposons pour dégourdir nos muscles, moyen tout à fait insuffisant pour les éduquer complètement. Telle quelle, cette gymnastique de chambre apparaît devant nous comme une astreinte rendue indispensable par l'état actuel de notre système pédagogique et de nos habitudes de citadins modernes, entassés les uns sur les autres. Prenons-la donc, *en attendant mieux*, comme un expédient de petite vertu. Pour vous, mes amis, cette gymnastique d'intérieur se défend et s'impose seulement parce que « un peu » est encore préférable à « rien », et aussi parce que les intempéries obligeront parfois à tenir des séances dans des salles closes, sous des hangars exigus.

Mais ce « peu », il faudra le fournir avec conscience et régularité jusqu'au jour proche, espérons-le, où vous aurez près de vos logis, dans vos collèges, des espaces vraiment libres, avec la permission de vous en servir pour pratiquer la gymnastique du dehors, selon la formule vivante, que nous trouverons plus loin en examinant la méthode obligatoire, méthode qui, du même coup, nous ouvrira les sports.

En attendant, mangeons courageusement le pain sec de la gymnastique éducative, puisqu'aussi bien c'est le seul pain quotidien qui puisse vous être assuré !

Et ces mouvements étant plus ou moins empruntés à la gymnastique suédoise, nous trouverons ainsi l'occasion de dire un mot de cette méthode.

Il n'entre pas dans ma pensée de décrier ici la méthode *dite* suédoise. Ce serait une sottise et une injustice, car la méthode suédoise a précisément marqué une évolution, un réveil de la culture physique dont la France profita au même titre que tous les autres pays.

La première, la méthode suédoise a basé ses exercices sur la connaissance et la constatation des effets physiologiques qu'ils provoquaient.

Elle peut donc se dire *scientifique*.

Notons d'ailleurs qu'elle n'a pas été établie par de vieux savants plus ou moins impotents, claustrés dans leurs cabinets d'étude.

Elle est l'aboutissement de l'expérience personnelle

et fort dure d'un colonel suédois nommé Ling. Fait prisonnier par les Anglais au cours d'une guerre du début du xixᵉ siècle, blessé au bras, Ling reconnut que ses muscles dépérissaient au cours de sa captivité, qu'il risquait de demeurer estropié et infirme pour le reste de sa vie. Sa volonté énergique s'acharna à réagir contre cette éventualité ; il étudia, il combina à son usage une série de mouvements, de ceux qu'il était à même de faire dans sa cellule. Il constata que ces mouvements appropriés avaient rendu à son bras, et plus généralement à son corps, souplesse et force.

De retour en Suède, Ling perfectionna sa méthode, jusqu'alors médicale, en y faisant entrer la marche, les sauts, les courses, les escalades en plein air, le patinage et les glissades, bref tout le complément *nécessaire* d'activité physique dont la privation l'avait tant fait souffrir. Il y ajouta le travail manuel dans les écoles et, pour les filles, l'éducation ménagère.

Ainsi les idées de Ling prirent corps et donnèrent naissance à une véritable institution nationale. De par les faits, la Suède devint une grande école de culture physique, renouvelée des Grecs. Car, il importe de le remarquer, en Suède, la gymnastique ne constitue pas un enseignement de luxe, un « à côté » placé en marge des études classiques et toléré à peine. La gymnastique est entrée de plain-pied à l'Université. Elle y possède une Faculté, avec ses maîtres, ses docteurs, ses chaires, au même titre que le Droit, la Médecine, les Lettres.

Et ce ne fut pas un emballement superficiel chez ces Suédois, peuple posé et grave par excellence ; ils purent constater que, depuis l'avènement de l'éducation physique, la mortalité accusait un recul, l'alcoolisme, une des plaies du pays, était jugulé, et qu'enfin la taille moyenne s'était accrue en trente ans de 1ᶜᵐ,06.

Au passage, mes amis, laissez-vous édifier une fois encore sur cette injustice *humaine*, qui, de siècle en siècle, semble s'acharner sur tous les inventeurs, tous les découvreurs d'idées nouvelles, qu'il s'agisse de Galilée, de Fulton ou de Louis Forest. D'après ce qui précède, vous pourriez croire que le programme du colonel Ling fut accueilli d'enthousiasme par ses compatriotes.

Il n'en a rien été. Pendant des années il connut toutes les déceptions et toutes les rebuffades. Un ministre répondit à ses offres de service en lui écrivant « qu'il y avait déjà assez de saltimbanques sans devoir en prendre à la charge de l'État !... »

Pour aboutir, il dut déployer une activité, une ténacité, une volonté extraordinaires. Depuis, la méthode Ling a rayonné à travers le monde.

En France, il paraît bien que nous en ayons retenu seulement la préface, c'est-à-dire les mouvements d'automatisme les plus arides, en leur attribuant des vertus qui appartiennent à l'ensemble. Ainsi, se sont formées certaines *écoles*, qui, soit à titre officiel, soit à titre privé, tendent à enfermer l'éducation physique dans des formules étroites et minutieuses, et arriveraient, comme l'a écrit un grand maître français, M. Georges Demeny, « à construire, sous le nom de science, un art de convention à côté de la nature ». Sans aucun parti pris de dénigrement contre la méthode suédoise, parce que étrangère, et contre ses dérivés, nous devons constater qu'elle n'a réussi en France ni à l'école, ni au régiment. Nous pouvons donc bien suivre la voie *française*, tracée par M. Demeny, élargie par Hébert et prolongée par les expériences poursuivies à l'École de Joinville, méthode admirablement adaptée à notre tempérament, qui prétend ne pas restreindre l'activité nécessaire à des attitudes conventionnelles et à des mouvements de tenue.

Considérez donc la méthode suédoise, ou du moins la forme limitée qu'on veut lui donner en France, comme un procédé gymnastique, mais non pas comme un mode complet et définitif de la culture physique.

Les exercices éducatifs, empruntés ou non à la méthode suédoise, sont d'ailleurs indispensables à connaître parce qu'ils constituent le fond de la gymnastique *à la maison* et trouvent encore leur place dans certaines phases de la gymnastique *du dehors*.

Les commentaires et les conseils qui accompagnent ici la description des exercices éducatifs ou correctifs n'appartiennent d'ailleurs en propre à aucune méthode déterminée : sans étiquette, ils dérivent du simple bon sens et des constatations physiologiques résultant de tout mouvement. Ils peuvent donc constituer des règles générales d'éducation physique à retenir et à observer en toute circonstance.

Ces exercices reposent sur trois principes :

1º *Avant tout mouvement, placer le corps dans une attitude* (position fondamentale ou position initiale).

Ces *positions de départ* sont nécessaires pour donner un point d'appui aussi fixe que possible aux régions à mettre en mouvement, tout en immobilisant les autres parties du corps.

Ainsi, s'il s'agit de *mouvoir la tête*, il est inutile, et et par conséquent nuisible, de bouger les épaules, et encore plus les bras ou les jambes. En tenant rigoureusement les positions de départ, on exerce l'indépendance des muscles les uns par rapport aux autres ; on travaille à supprimer les mouvements inutiles, le plus souvent disgracieux ; on crée donc l'harmonie du mouvement en localisant l'effort là seulement où il doit s'exercer !

Exemple : tel apprenti musard qui se rend à l'atelier poussant des cailloux, gesticulant des bras, dodelinant la tête, exécute des mouvements *parasites*, qui nuisent à la souplesse et à la grâce de sa démarche.

2° Exécuter tout exercice avec le maximum d'amplitude, sans hâte, sans saccade, en conduisant le mouvement, qui doit toujours être continu et arrondi.

Donner de l'amplitude au mouvement, c'est exiger du muscle tout l'allongement dont il est susceptible, c'est travailler à acquérir la vitesse, l'agilité, l'adresse, toutes qualités qui dépendent entièrement de l'élasticité du muscle.

Les mouvements incomplets, inachevés, heurtés, peuvent créer des muscles très gros, très résistants.

Mais ces muscles resteront courts et donneront cet aspect extérieur trapu, massif, d'un lutteur ou d'un porteur aux Halles. Les muscles longs, au contraire, détermineront un type fin, svelte, souple.

Entre ces deux types, je suis sûr d'avance que vous n'hésiterez pas, mes camarades. Au type « hercule » un peu lourd et lent dans ses gestes, vous préférerez le type « vif-argent ». Et vous avez raison, parce qu'en général, la vivacité et la souplesse du corps accompagnent la vivacité et la souplesse de l'esprit. Or, plus nous allons, plus la complication et l'intensité de nos existences modernes prêtent à la rapidité d'action, *au temps*, une valeur qu'on ne lui attribuait pas jadis. A la guerre, les attaques qui réussissent le mieux, avec le moins de pertes, sont celles qui, soigneusement préparées, sont lestement conduites.

Pour exécuter un mouvement à fond, la cadence doit être lente, d'autant plus que la partie du corps à déplacer est plus lourde. Ainsi, les flexions du tronc doivent être beaucoup plus lentes que les flexions des bras.

Les mouvements heurtés, saccadés, anguleux, fatigueraient le muscle, l'useraient sans le nourrir. Demandez aux bons chauffeurs, si, à moins de nécessité absolue, ils démarrent en vitesse et freinent brusquement !

Ceux qui procéderaient ainsi gripperaient vite leur moteur et raboteraient les pneus.

Enfin, le mouvement doit être *conduit*. Cela veut dire qu'il faut l'exécuter en y apportant toute la volonté possible. Entendons « la bonne volonté », l'application, l'énergie, le goût, et même la satisfaction, qui enlèveront aux exercices éducatifs leur caractère fastidieux. Si vous deviez les entreprendre comme un pensum, l'esprit absent et la volonté molle, autant vaudrait demeurer tranquille !

3° *Exercer, progressivement et successivement, toutes les régions du corps, chaque mouvement étant d'abord exécuté à gauche, puis répété à droite.*

Ces exercices doivent être poussés jusqu'à la sensation de l'effort, marquée par une très légère fatigue dans la région intéressée.

Il y a intérêt à exercer en premier le côté gauche de notre corps, lequel, par atavisme, semble moins adapté aux mouvements, plus négligé, un peu plus faible comme musculature.

Plus volontiers, nous nous servons de la main droite ; de même, les cordonniers nous le diront, les pieds gauches sont moins forts.

Inutile d'ajouter que les « gauchers » seraient tenus par le raisonnement inverse.

L'exercice sera *progressif*. Le bon sens exige qu'en tout l'on aille du simple au composé. La leçon bien comprise débutera donc par des mouvements doux, faciles. Puis, suivront d'autres mouvements plus compliqués, exigeant un effort plus grand. Enfin, pour terminer, on modérera l'exercice de manière à rétablir le calme dans l'organisme.

Progressif signifie encore qu'il faut graduer l'effort, non seulement pendant la durée d'une séance, mais au cours d'une période plus longue : mois, saison, année. Une progression dans l'effort sagement établie constitue l'*entraînement*, qu'il ne faut pas confondre avec *surmenage*. Car ce qu'on appelle *entraînement* est une façon de boîte de Pandore d'où sortent beaucoup de maux, si l'on n'y prend garde, et qu'il faut ouvrir avec prudence !

Remarquons que les mouvements de telle ou telle portion du corps ont pour effet d'attirer le sang dans la partie exercée. Si l'on se bornait à n'exercer que les muscles de la partie supérieure : tête, bras poitrine, on risquerait de congestionner l'organisme en faisant affluer le sang vers le cerveau.

En exerçant les muscles de l'abdomen, des jambes, on fait, au contraire. descendre le sang vers les extrémités inférieures, on décongestionne la tête dans des conditions analogues à celles produites par un bain de pieds à la moutarde. Donc, en règle générale, il vaut mieux exercer d'abord les régions hautes du corps, puis les extrémités inférieures. C'est d'après ce principe qu'est composée la leçon journalière indiquée comme type et dont les éléments ont été pris dans notre règlement militaire. Enfin, tout exercice impliquant l'effort a pour effet d'exciter l'organisme tout entier, la respiration, comme la circulation. Vous connaissez tous les conséquences extérieures de ce fait physiologique : le pouls bat plus vite, les mouvements du cœur étant plus rapides ; la température du corps monte, la sueur apparaît ; enfin, le soufflet respiratoire fonctionne à coups précipités ; plus ou moins, on halète.

Pour revenir à l'état normal, au calme, toute leçon se terminera par les exercices respiratoires.

Aussi bien, les exercices respiratoires doivent être

effectués *toutes les fois* que notre machine humaine paraît prête à s'emballer ou à se détraquer. Les exercices respiratoires prennent leur plein effet lorsqu'ils sont exécutés sur le dos.

En somme, l'on doit diriger le travail de l'organisme humain absolument comme un cavalier avisé dirige le travail de son cheval.

Or, comment procède le cavalier ?

Il sort son cheval au pas de l'écurie, l'échauffe peu à peu, puis passe au trot, alterne avec le pas, n'use du galop que modérément et seulement dans la deuxième partie de sa promenade, enfin la termine en mettant le cheval au pas, de façon que l'animal puisse rentrer sec et tranquille.

Au résumé, la gymnastique éducative d'intérieur comporte une infinité de mouvements ; les uns, plus spécialement « suédois », ont été décrits par Ling lui-même ; d'autres ont été inventés par ses disciples et ses imitateurs ; enfin, beaucoup encore furent dénaturés et compliqués à l'extrême par certains maîtres de culture physique, ou soi-disant tels, en mal de nouveauté.

Or, pour vous, mes amis, le maître le meilleur sera celui qui réduira la gymnastique d'intérieur à sa plus simple expression, et cherchera surtout à vous exercer au grand air.

Mais il demeure entendu, n'est-ce pas, qu'en dehors des maîtres il faut travailler seul, chaque jour, à l'assouplissement de vos muscles, en perfectionnant, par l'emploi de quelques mouvements éducatifs bien étudiés, le geste instinctif de l'animal, chien, chat, qui, dès l'éveil, s'étire, baille, se détend, bref, met son organisme musculaire en état de jouer.

Dans ce but, vous trouverez ici les tableaux d'une leçon d'entretien journalier, d'une durée de sept minutes, à répéter si possible matin et soir.

UN QUART D'HEURE DE GYMNASTIQUE
PAR JOUR

7 minutes le matin   *7 minutes le soir*

POUR FAIRE JOUER TOUS LES MUSCLES ET TOUS LES ORGANES

RÉPÉTER CHAQUE EXERCICE
DE 4 A 6 FOIS PAR MINUTE

EFFETS PRODUITS

1re minute.
POSITION FONDAMENTALE.
N°s 1 et 2.
MOUVEMENTS DE TÊTE.
N°s 3, 4, 5, 6.

Attitude normale de l'homme en station. Muscles du cou et de la tête assouplis. Port de tête fier et aisé.

2e minute.
MOUVEMENTS DES BRAS ET DES JAMBES. N°s 7, 8, 9, 10.

Assouplissement de toutes les articulations. Culture des muscles. Marche légère et aisée.

3e minute.
EXTENSION DORSALE.
N°s 11, 12, 13.

Redressement de la colonne vertébrale, développement de la poitrine.

4e minute.
ÉQUILIBRES.
N°s 14, 15, 16, 17.

Éducation du système nerveux. Coordination du mouvement, aisance de l'attitude générale et de la démarche.

5e minute.
EXERCICES DU TRONC.
N°s 18, 19, 20.

Assouplissement de la colonne vertébrale et des muscles du thorax. Force des épaules pour porter un poids.

6e minute.
EXERCICES DES MUSCLES ABDOMINAUX. N°s 21, 22, 23.

Augmentation de la force des muscles de l'abdomen. Obstacle à l'obésité, aux hernies.

7e minute.
EXERCICE RESPIRATOIRE.
N° 24.

Augmentation de la capacité des poumons; souplesse de la cage thoracique, oxygénation plus complète du sang.

Se coucher sur le dos, jambes allongées. Faire une inspiration profonde, bouche fermée, puis une expiration aussi complète que possible.

Doit terminer tous les exercices pour ramener le calme dans l'organisme.

Fig. 6, 7, 8, 9, 10. — Exercices divers.

Et je mets en fait qu'il vous sera toujours possible, si vous le voulez bien, de consacrer ce quart d'heure quotidien à la toilette de vos muscles.

Après les principes énoncés, les figures indiquent suffisamment la forme et les effets des mouvements, sans qu'il soit besoin de les décrire par le détail.

Pour leur exécution parfaite, il suffira de s'inspirer des quelques remarques suivantes :

1º *Position fondamentale* (nº 1). — Cette position de départ est la *station droite*, que le lieutenant de vaisseau Hébert dénomme à juste titre « la clé d'exécution de tous les mouvements ». La station droite est l'attitude correcte, forcée, si l'on veut, de l'homme debout.

C'est la position du soldat sans armes, et, plus généralement, la bonne, belle, et fière *tenue* à laquelle chacun de nous doit tendre, qui marque d'emblée les énergiques, les assouplis, les forts. L'antithèse de la station droite se constate chez ceux, hélas ! si nombreux encore, qui *se tiennent mal*. Tête basse ou portée en avant, épaules fortement avancées et inégalement tombantes, poitrine rentrée dans les épaules, ventre saillant, dos voûté, tels sont les stigmates apparents des faibles, des êtres sans force comme sans volonté, qui se relâchent au physique et souvent au moral.

2º Dans l'extension verticale du bras (nº 8), porter les bras en arrière le plus possible sans avancer le ventre, les paumes des mains se faisant face ;

3º Dans l'élévation ou la flexion sur la pointe des pieds (nᵒˢ 8, 9, 10), garder le corps droit et écarter les genoux.

4º Dans les extensions dorsales (nᵒˢ 11, 12, 13), les genoux demeurent tendus, le dos n'est pas creusé.

5º Dans les exercices du tronc (nᵒˢ 18, 19 et 20), maintenir les jambes droites, le bassin immobile.

6° La respiration doit s'accorder avec le mouvement en suivant sa cadence. Elle ne sera jamais rete-
nue au cours de l'effort; au contraire, elle s'en ai-
dera pour être plus profonde. Ainsi, l'inspiration se
fera longue, la poitrine est soulevée par le mouvement qu'on exécute (élévation verticale des bras, extension du tronc en arrière, etc.)

Veut-on accentuer davantage l'énergie de notre
leçon ? On exécutera ces divers mouvements en partant d'une autre position fondamentale, « mains à la
nuque », « mains aux épaules », « mains à la poitrine ».

Enfin indiquons pour les « forts » seulement quelques exercices plus durs :

I. Se placer sur le ventre, les mains placées comme
dans les principales positions fondamentales, et
chercher à soulever le tronc au-dessus du sol, en
étendant fortement la tête en arrière. Exercice excellent pour reculer les épaules et dégager la poitrine.

II. S'étendre, sur le parquet, les pieds pris sous un
meuble lourd, chercher à soulever le tronc, en tenant les jambes tendues.

Cet exercice « masse » le ventre et les intestins :
il remplacera avantageusement tous les laxatifs qui
ruinent la santé.

III. Rotation du tronc sur le bassin. Cet exercice
assouplit et allonge tous les muscles du tronc et donne
de l'élasticité à la colonne vertébrale.

IV. Les exercices de suspension accentuent en vigueur les effets des mouvements des bras. Ils peuvent être pratiqués en appartement à l'aide d'une
installation très simple et peu coûteuse : Un bout de
bois, ou un bout de grosse corde à fixer, entre le
chambranle d'une porte ouverte, à l'aide de crochets
très solides.

V. Les sautillements peuvent produire des effets

analogues à ceux de la course. Employez-les en cas de trop mauvais temps, si toutefois la solidité des planchers et la patience des voisins les autorisent.

Ils s'exécutent « les mains aux hanches » soit sur place, soit en avançant, soit en écartant les pieds et en croisant les jambes, ou bien les jambes fléchies, ou encore à cloche-pied.

Terminons le chapitre de la gymnastique de chambre en disant un mot des haltères, des exerciseurs, sans parler d'appareils plus compliqués, bicyclettes suspendues sur cadres fixes, machines à ramer, manivelles à ressort, etc., qui forment l'impressionnant décor de certains gymnases. Malgré les réclames dont ils s'entourent, en général, ces divers appareils sont peu recommandables dans la pratique courante. Leur rôle est en somme de contrarier artificiellement l'effort des muscles, de les obliger à vaincre une résistance. C'est ce qu'on pourrait appeler de la « culture forcée ». De fait, les muscles soumis à ce régime croissent avec une rapidité anormale, au détriment d'autres organes. Tous les maîtres sérieux considèrent aujourd'hui ces divers moyens comme un trompe-l'œil lorsqu'on prétend les associer à la gymnastique éducative. Leur rôle utile se place seulement dans les entraînements spéciaux entrepris par les adultes. Haltères et exerciseurs n'ont jamais constitué une méthode. Ne rééditons pas à leur profit l'erreur qui cantonna les générations précédentes dans la gymnastique aux agrès.

Pour accentuer vos exercices éducatifs en force, en souplesse et en vigueur, vous n'avez que faire de ces mécaniques. Allons en plein air, en plein champ, mes amis. C'est là que vous deviendrez vraiment forts et résistants. Donc, quittons l'obscurité des maisons. Désormais, nous allons travailler à la lumière du soleil...

V. — LA PRATIQUE OBLIGATOIRE.

> *Notre nature est dans le mou-*
> *vement; le repos entier est la*
> *mort...*　　　PASCAL.

LA GYMNASTIQUE DE L'ÉLÈVE-SOLDAT.

A. — Les fondements de la méthode. — La méthode instituée a pour but de vous préparer au dur et extraordinaire labeur auquel doit satisfaire le fantassin moderne. Aussi bien, elle n'a pas été conçue spécialement à votre intention : c'est la méthode de l'armée.

Marcher, courir, sauter, grimper, porter et lever des poids, lancer, tels sont les gestes du soldat en campagne.

A ces gestes, il s'agit de vous amener progressivement et selon vos forces, cela va sans dire, car la préparation au service militaire ne saurait être qu'un enseignement au premier degré, destiné à vous mettre en forme pour le jour où vous arriverez au régiment. Mais cette *forme* sera perfectionnée, à la caserne ou dans les camps, par des exercices plus intensifs après lesquels vous serez *au point*.

Entendue de cette façon, la gymnastique à l'usage de la Préparation au service militaire devait donc être une gymnastique modérée, bien adaptée aux sujets qu'elle se propose de remonter en forces.

Or ces sujets sont d'âge et de valeur physique très différents. Il fallait donc doser, pour chacun, l'aliment de force.

La méthode instituée à l'école de Joinville s'y emploie. Elle ne saurait évidemment atteindre l'idéal, combiner pour chaque individu *la leçon* qui répond aux conditions particulières de son organisme : tel, par exemple, trouvera intérêt à développer les muscles de ses jambes ; tel autre à accroître sa largeur de poitrine, etc.

Mais, du moins, elle partage les jeunes gens en trois catégories : forts, moyens, faibles, dans lesquelles seront demandés des efforts correspondant seulement à la capacité physique des exécutants.

Et dans chaque catégorie elle prévoit des *séries* d'individus auxquels l'on appliquera des « leçons » susceptibles de produire un résultat déterminé : pour les uns, le renforcement des muscles des bras ; pour les autres, l'élargissement de la poitrine, etc.

Au besoin même elle formera une catégorie de *très faibles* dans laquelle sera pratiquée une gymnastique purement médicale.

Car les Elèves-soldats, comme les instructeurs qui nous lisent, doivent bien se pénétrer de ceci :

L'éducation physique doit s'attacher tout spécialement aux faibles pour les rendre forts.

Dans les collèges, on a vu parfois de mauvais professeurs qui s'occupent seulement des premiers de leur classe et laissent les cancres faire des cocottes en papier. Ces maîtres sont indignes d'enseigner ; mais plus criminels encore seraient les instructeurs d'éducation physique se désintéressant des faibles.

Ils feraient perdre des soldats à la France en contribuant à augmenter la théorie déjà trop longue des exemptés, des réformés, des ajournés, des auxiliaires.

Et c'est à vous, mes camarades, de seconder le dévouement, la patience, le savoir de vos instructeurs pour tirer le parti le meilleur des leçons et mettre toute votre conscience, tout votre amour-propre, toute votre application à élever le niveau de votre force en visant toujours la catégorie supérieure à celle dans laquelle vous serez primitivement placés.

Comment va-t-on répartir les Elèves-soldats dans telle ou telle catégorie ?

Par deux moyens simultanés, qui vont constituer un renseignement sur l'état physique et le degré de force de chacun : la fiche physiologique et la fiche d'entraînement.

1º *Fiche physiologique.*

Le point de départ de toutes les cultures physiques conduites d'après les méthodes rationnelles repose sur une « fiche » établie pour chaque individu.

La constatation de l'état physique permet de suivre les progrès et de contrôler les résultats, et aussi de rectifier les exercices en connaissance de cause, de modifier la nature des efforts, ou même de les suspendre complètement et temporairement s'il y a lieu.

Cette appréciation première de la robustesse d'un sujet, on est parvenu à la rendre extrêmement précise, à la traduire en chiffres.

Elle est basée sur des mesures très simples auxquelles sont soumis les Élèves-soldats dès la première séance d'arrivée au Centre d'instruction.

Ces mesures, chacun de nous peut les prendre d'avance, sans appareil compliqué, à l'aide d'un simple centimètre et d'une bascule. Ces mesures cherchent à établir pour chacun : *le poids, la taille, le périmètre thoracique* (c'est-à-dire le tour de poitrine).

Notre poids, nous pouvons l'obtenir pour deux sous, à peu près exactement, en utilisant les balances médicales que possèdent la plupart des pharmaciens, ou même les balances automatiques qu'on rencontre partout.

Mais, attention, seul le poids du corps nous intéresse, non celui des vêtements. De retour à la maison, ayons donc soin de peser ces vêtements, avec le contenu des poches, sur une balance de cuisine, puis de déduire ce poids du chiffre indiqué par la pesée première. Si nous voulons plus de minutie encore, pesons-nous à jeun pour ne pas faire intervenir le poids des aliments portés par l'estomac après le repas.

A lui seul, le poids et ses variations demeurent un indice très sûr de l'état de santé.

La taille se mesure au moyen de la toise, cette règle graduée, qui constitue le mobilier classique des salles du conseil de revision. A défaut de toise, il est facile de mesurer la taille d'une personne en la faisant appliquer contre un mur, les pieds joints, la tête bien droite, puis en marquant le point où une règle, un livre cartonné, placés horizontalement sur la tête, viennent rencontrer le mur.

Bien entendu, pour ne pas tricher, il faut mesurer la taille sans souliers à talons.

Le périmètre thoracique est un peu plus délicat à déterminer. La mesure de la poitrine doit être prise *au-dessus* des seins, les bras de l'Elève-soldat tombant naturellement.

Ce dernier fait une profonde inspiration, après laquelle on note un chiffre (par exemple 70 centimètres) ; puis il opère une expiration complète, après laquelle on mesurera une deuxième fois le tour de poitrine (par exemple 64 centimètres). La moyenne entre les deux chiffres exprimera le périmètre thoracique (soit $70 + 64 = 134 : 2 = 0^m,67$).

Notons que l'écart entre les deux mesures donne une indication précieuse sur l'amplitude respiratoire: plus cet écart sera considérable, plus complète, meilleure sera la respiration.

A force d'observations et d'études, un grand savant, Pignet, est parvenu à déterminer le rapport moyen qui doit exister entre ces trois facteurs, à créer un *indice numérique* de la valeur physique d'un individu.

L'indice numérique s'obtient en additionnant le poids et le périmètre thoracique, puis en retranchant cette somme de la taille.

Exemple :

Un jeune garçon a $1^m,64$ de taille, $0^m,77$ de périmètre thoracique ; il pèse 62 kilos.

Son indice de valeur physique sera : $1^m,64$ — $(77 + 62) = 25$.

Pour interpréter ce chiffre, il est nécessaire de connaître la table dressée par Pignet :

Au-dessous de 10.. constitution très forte.
11 à 15 . . . .   —   forte.
16 à 20 . . . .   —   bonne.
20 à 25 . . . .   —   moyenne.
25 à 30 . . . .   —   faible.
30 à 35 . . . .   —   très faible.

Pour les adultes, l'appréciation est très sensiblement exacte.

Pour les adolescents il y a lieu dans la plupart des cas de *forcer* en prenant la constitution de l'étage immédiatement supérieur.

Pour eux, en effet, le périmètre thoracique ne s'augmente pas exactement en rapport moyen avec la taille.

Chez l'adulte, ce périmètre doit être égal à la moitié de la taille $+$ 2.

Chez l'adolescent, il atteint très rarement la moitié de la taille.

Ainsi, dans l'exemple choisi, notre garçon à l'indice 25 peut être considéré comme d'une constitution bonne.

En dehors de ces mensurations essentielles, le centimètre s'attache encore à donner le tour de la ceinture (périmètre abdominal), du bras, de la cuisse, du mollet, autant d'indications de départ précieuses pour constater ultérieurement les progrès ou les besoins des divers muscles.

Maître de la cérémonie, le médecin complète la fiche en notant l'état du cœur, des poumons, le degré de la vue, l'ouïe, la dentition.

La guerre actuelle, nous l'avons vu, a révélé la singulière importance des dents chez le soldat.

Enfin, le médecin note ses observations particulières sur chaque individu. L'ensemble de la fiche physiologique permettra donc de classer chacun selon ses forces, de traiter chacun selon son tempérament.

2° *Fiche d'entraînement.*

Indispensable, la fiche physiologique ne saurait suffire pour régler le travail d'un sujet. Il faut encore connaître quelle est sa capacité physique comme exécutant. A forces physiques égales, en effet, deux jeunes garçons pourront être de rendement différent lorsqu'il s'agit d'exercer ces forces : l'un, gauche, lourdaud, ne saura pas en faire usage ; l'autre, au contraire, assoupli, adroit, profitera de tous ses moyens. Il est bien évident, n'est-ce pas, que l'éducation physique ne pourra être appliquée au premier comme au second.

Le moyen de les différencier, puis de les classer, c'est de les mettre à l'épreuve, et ces épreuves seront celles-là mêmes par lesquelles nous prétendons lui donner la force.

Donc, nous le ferons sauter, courir, grimper, lever un poids, lancer une pierre, pour voir comment il s'y prendra.

Mais cette première manifestation de la valeur physique ne s'opérera pas au hasard.

Il exécutera d'emblée la série type des exercices qui servira par la suite de terme de comparaison :

1. Saut en hauteur sans élan.
2. Saut en hauteur avec élan.
3. Saut en longueur sans élan.
4. Saut en longueur avec élan.
5. Course de 60 mètres (demi-fond).
6. Course de 400 mètres.
7. Course de 800 mètres.
8. Grimper arbre ou mât à 1^m20 du sol.
9. Lancement de la grenade (ou d'une pierre) de 650 gr.
10. Lever du sac à terre (18 kilos à deux mains).

Retenons bien que nous ne demandons pas à notre débutant d'être brillant, mais simplement de montrer *ce qu'il sait faire*. A moins d'être estropié ou manchot, il pourra toujours sauter 25 centimètres en hauteur ou largeur, mettre une demi-heure à faire sa course de 800 mètres, lancer la grenade à ses pieds, etc.

Nous lui dirons simplement que son épreuve est nulle, ou lamentablement faible, et nous coterons en chiffre le degré de sa faiblesse.

Si la performance de notre jeune garçon est inférieure à la moyenne, il paraît illogique de lui accorder des points. Aussi a-t-on été amené à adopter la notation suivante. Le zéro représente la *limite moyenne* de force physique appliquée que doit dépasser normalement l'Élève-soldat. Au dessous, il sera considéré comme faible et coté *en moins ;* au-dessus, il sera considéré comme fort et coté *en plus*.

Quant à la cote elle-même, attribuée à chacun, elle résulte, non du sentiment de l'examinateur, mais d'une table, d'un barème des performances établi à la suite d'une longue, très longue expérience. Jamais auparavant on n'avait traduit, avec une pareille exactitude, non seulement la mesure de la force, mais surtout sa valeur pratique. Un tel système donne à tous les moments de l'éducation physique un élément chiffré, pour ainsi dire mécanique, de comparaison. On parcourt tant de mètres en tant de minutes, on saute telle hauteur, ou bien on ne saute pas !

En notre siècle épris d'égalité et de justice, il n'était pas indifférent de posséder ce genre d'appréciation rigoureuse.

Ainsi, pourra-t-on désormais noter la force, comme on note un problème de science pure, en dehors de toute illusion, de toute supercherie, de tout favoritisme.

« Avant tout — nous empruntons ces sages paroles au lieutenant de vaisseau Hébert — il faut bien se rendre compte que les épreuves servent de *moyen de constatation* de la valeur des aptitudes et ne constituent pas du tout un *concours* où l'amour-propre, entrant en jeu, peut faire dépasser la limite des forces et par suite amener des accidents organiques graves. Faire subir une de ces épreuves à un jeune garçon ne signifie pas qu'il faut le forcer à accomplir coûte que coûte un parcours déterminé dans un temps donné.

Il faut au contraire lui laisser accomplir ce parcours comme il le peut, même s'il doit mettre le double du temps indiqué aux tableaux d'épreuves. Il y a lieu en effet de tenir compte des constitutions et des aptitudes de chacun. *Telle performance, facile pour l'un, constitue pour l'autre un effort surhumain.* »

Au résumé, mes camarades, si vous vous trouvez au-dessous de la barre marquée par le zéro, n'en soyez pas vexés, ne vous découragez pas.

D'abord, parce qu'il est démontré qu'à cette première épreuve qui accompagne l'établissement de la fiche d'entraînement, vous êtes généralement émus, timides, bref, inférieurs à vous-mêmes. Ensuite, parce que véritablement, s'il ne vous restait rien à gagner ni à apprendre, ce ne serait pas la peine de vous exercer !

Fiche physiologique et Fiche d'entraînement

(Extrait du *Guide pratique de Joinville*.)

FICHE INDIVIDUELLE

PREMIÈRE PARTIE

.................ᵉ RÉGION   ....ᵉ GROUPE

Nom et Prénoms..

Profession..

Age..

Date du 1ᵉʳ Examen médical...

Constitution...

Tempérament...

Vue..

Dentition..

Perméabilité nasale..

Ouïe..

Natation { 1° *à l'arrivée* (¹)..

{ 2° *à l'examen final* (¹)..

Défectuosités physiques..

Antécédents personnels..

....

Antécédents héréditaires...

....

Ménagements à prendre..

....

Accidents, maladies, etc., survenus en cours d'entraînement............

....

....

LE MÉDECIN DU GROUPE :

(1) Indiquer si l'Élève-soldat sait nager ou non.

FICHE INDIVIDUELLE
DEUXIÈME PARTIE

..............e Région   ....e Groupe

Nom et Prénoms..

1° EXAMEN MÉDICAL	1er Examen Date	2e Examen Date	3e Examen Date	4e Examen Date	Indispo-nibilités
Poids nu............					
Taille.............					
Périmètre thoracique { Inspiration.					
Périmètre thoracique { Expiration.					
Différence..........					
Périmètre abdominal...					

2° ÉPREUVE	Perf.	Points	Perf.	Points	Perf.	Points	Indispo-nibilités
Saut en hauteur avec élan.	faible	— 1					
— — sans élan.	nulle	— 4					
Saut en long. avec élan.	tr. faible	— 3					
— — sans élan.	faible	— 2					
Course de 60 m.......	moyenne	+ 1					
— 400 m.(1/2 fond).	faible	— 2					
— 800 m.(—).	moyenne	+ 2					
Grimper arbre ou mât, de 20 à 30 c/m de diamètre, à 1 m. 20 du sol.....	forte	+ 4					
Lancement de grenade (650 grammes) (1)....	moyenne	+ 3					
Lever du sac à terre (18 k.) ou de la gueuse (18 k.) à 2 mains....	moyenne	+ 2					
TOTAL DES POINTS..							

$$\left\{ \begin{array}{c} -\ 13 \\ +\ 8 \end{array} \right\} = -\ 5 : 10 = 0,5$$

(Sujet légèrement au-dessous de la moyenne.)

(1) Bras droit, bras gauche, moyenne.
NOTA. — Le médecin peut dispenser de certaines épreuves, soit à l'origine, soit au cours de l'entraînement. — Toute épreuve non subie a la note minimum : — 5.

LE CHEF DE GROUPE :

Barème des performances.

(Jeunes gens de 16 à 20 ans.)

VALEUR DES PERFORMANCES ET CATÉGORIES.	POINTS	SAUTS EN HAUTEUR		SAUTS EN LONGUEUR		COURSES			GRIMPER	LANCER	LEVER
		sans élan.	avec élan.	sans élan.	avec élan.	60^m	400^m	800^m			
Performances nulles, insuffisantes ou faibles.	— 5	0^{m}40	0^{m}50	1^{m}25	1^{m}80	15″	2′	6′	1^m	12	2
	— 4	0 45	0 60	1 45	2 15	14″50	1′58	5′45	1^{m}25	13	6
	— 3	0 50	0 70	1 60	2 25	14″	1′55	5′30	1^{m}50	14	12
	— 2	0 55	0 75	1 65	2 35	13″50	1′50	5′15	1^{m}75	15	18
	— 1	0 60	0 80	1 70	2 50	13″	1′45	5′	2^m	16	24
Performances moyennes.	+ 1	0 65	0 85	1 75	2 65	12″50	1′40	4′45	2^{m}35	17	30
	+ 2	0 70	0 90	1 80	2 80	12″	1′35	4′30	2^{m}50	18	38
	+ 3	0 75	0 95	1 95	3 00	11″50	1′30	4′15	2^{m}75	19	46
Performances fortes.	+ 4	0 80	1 00	2 10	3 10	11″	1′25	4′	3^{m}00	20	54
	+ 5	0 90	1 10	2 20	3 25	10″50	1′20	3′45	3^{m}25	22	64
	+ 6	1 00	1 15	2 30	3 75	10″	1′15	3′30	3^{m}50	24	74
Performances très fortes.	+ 7	1 05	1 20	2 40	4 00	9″	1′10	3′	4^{m}00	26	88
	+ 8	1 10	1 25	2 50	4 25	8″50	1′08	2′45	4^{m}50	28	98
	+ 9	1 15	1 30	2 60	4 50	8″	1′05	2′30	4^{m}75	30	108
	+10	1 20	1 35	2 70	4 75	7″50	1′03	2′15	5^{m}00	35	150

ÉLÉMENTS DE LA LEÇON DES FAIBLES (Extrait du *Guide pratique de Joinville.*)

Groupe des faibles.

LEÇON-TYPE POUR TOUT LE GROUPE Durée : 30 m. Intensité : Forte	LEÇON-TYPE (Série : FAIBLES DES BRAS) Durée minima : 30 m. — Intensité : Moyenne	LEÇON-TYPE (Série : FAIBLES DES JAMBES) Durée minima : 30 m. — Intensité : Forte
Marche. Mise en train : Marche avec chants et marche corrective. — Le quadrupède (mache à quatre pattes). Course. E. E. : Mains aux hanches, flexion des jambes. — *Jeux :* Pile ou face (vitesse). — Le loup et l'agneau (résistance). Porter. E. E. : Grande station écartée : grandes flexions du tronc (en avant, latéralement, circumduction). — *Jeux :* La balle cavalière. Sauter. E. E. : Sautillements sur place avec mouvements des bras. — *Jeux :* Le coupe-jarrets (hauteurs sans élan). Le pas de géant (longueur avec élan). Grimper. E. E. : Appui avant, flexion des bras. — *Jeux :* Chat-perché, pieds et mains (perches, cordes, échelles, etc.). Lancer. E. E. : Circumduction des bras. — *Jeux :* Le massacre. Le passe-passe. Défense. E. E. : Sur le dos. Élévation des jambes. — *Jeux :* Manchot est maître chez lui, ou les prisonniers. Exercices d'ordre : Marche corrective. Marche lente avec inspiration rythmée. E. E. = *Exercice éducatif.*	Mise en train : Marche avec chant et marche allongée. — Les crabes. — Marche corrective. Bras : Porter. La quille saoûle. — La bascule dorsale. Jambes : Marcher. Les canards. Bras : Grimper. Le chat perché à l'aide des pieds et mains. — La brouette. — Jambes : Courir. Les 4, 6, 8 coins. Bras. Lancer : La balle au pot. — Le massacre. Jambes : Sauter. Le saute-mouton à la poursuite. Bras. Défense : Les deux camps. — Lutte d'opposition. — Boxe (coup de poing). — Exercices d'ordre : Marche corrective. — Marche lente et exercices respiratoires. — Evolutions diverses.	Mise en train : Marche corrective et marche sur la pointe des pieds. — L'homme-serpent ou marche rampante. Bras : Lancer. La passe à deux mains. Jambes : Marcher. Mains aux hanches, flexion des jambes. — De plus en plus grand. Bras. Grimper. La quille saoûle. Jambes : Courir : L'épervier. — Le chat coupé. Bras : Porter. La bascule dorsale. Jambes. Sauter : Sautillements avec mouvements de bras et jambes. — La course à cloche-pieds. Bras : Défense. Lutte d'opposition. Jambes : Marche. Le quadrupède. — Saut. Le saute-mouton au but (avant et arrière). Exercices d'ordre : Marche corrective. — Evolutions à allure lente avec exercices respiratoires.

NOTA. — Ces trois leçons sont en même temps des leçons-types pour série thoracique. Il est fait autant d'exercices respiratoires que l'instructeur le juge utile.

Groupes de faibles.

1. PRÉPARATION A LA MARCHE	2. PRÉPARATION A LA COURSE	3. PRÉPARATION AU PORTER	4. PRÉPARATION AU SAUT
Marche corrective. Marche avec chants. Marche allongée et marche à cadence vive. Marche sur la pointe des pieds. Jeux : De plus en plus grand. Les canards. Le quadrupède. L'homme-serpent. La boule humaine. Les crabes.	Pas gymnastique (faibles parcours). Flexion des jambes. Jeux : Pile ou face. Le loup et l'agneau. Le chat coupé. La mère Garuche. Les coins. L'épervier. Le chat et la souris. Voleurs, gendarmes, volés.	Mouvements du tronc (extensions et flexions, circumductions). Jeux : La bascule dorsale. La chaîne. La chaîne étagée. La balle cavalière. La culbute à la poursuite. La chaise à porteurs. Chacun son tour d'être porté. L'ours. Le cheval fondu. Bébé et sa nourrice.	Sautillements avec ou sans mouvements de bras. Jeux : Les jarcotons. Le coupe-jarret en cercle (hauteur sans élan). Les grenouilles. Le pas de géant (longueur). Le cloche-pied. Le saute-mouton à la poursuite. Le saute-borne à la poursuite. Le saute-mouton au but (avant et arrière).

5. PRÉPARATION AU GRIMPER	6. PRÉPARATION AU LANCER	7. PRÉPARATION A L'ATTAQUE ET A LA DÉFENSE INDIVIDUELLE	
Appui avant : flexion des bras. Suspensions allongées ou fléchies. Jeux : Le passe-rivière. Chat perché en suspension (bras, jambes). L'écureuil ou de plus en plus haut. La quille saoûle. La brouette. Le pendu (mains, avant-bras). Lutte de traction avec cordes. Lutte de répulsion avec perches.	Circumduction des bras. Jeux : La balle aux pots ou aux képis. Le massacre. La balle au mur (pelote basque à main nue). La balle aux chasseurs. Le passe-passe à une ou deux mains. La balle au terrain. La petite guerre.	Exercices préparatoires à la lutte. Boxe et jiu-jitsu. Luttes d'opposition. Jeux : Manchot maître chez soi. Le combat de coqs. Les deux camps. Les prisonniers. Le tournoi.	Observation. — Pour la composition des leçons, l'instructeur n'a pas à suivre strictement cet ordre. Il applique surtout le principe d'alternance et les directions données dans le Guide pour le travail des groupes. Cette observation s'applique aux deux tableaux ci-après.

Donc, bas les vestes, et haut les bras... Travaillons à améliorer la fiche !

Afin de vous y aider, voyons comment il faut s'y prendre pour courir, sauter et accomplir les autres exercices de la série avec toute l'intensité et le profit désirables.

La course. — La course peut être considérée comme l'exercice primordial du développement physique. Ne tend-elle pas à nous permettre le déplacement facile et rapide d'un point à un autre, c'est-à-dire la bonne utilisation de la prérogative la plus précieuse donnée à l'homme, après la pensée : le mouvement ?

L'exercice de course réglée n'a pas seulement pour résultat de nous apprendre à courir ; il nous apprend aussi à marcher, en vertu de cet axiome : qui peut le plus, peut le moins. La course est, si l'on veut, l'exagération de la marche.

Mais, à titre éducatif, elle doit être précédée par des exercices de marche opérés dans les attitudes correctes, dans ces « positions fondamentales » déjà décrites, accompagnés par des mouvements de respiration rythmée.

On exécutera ainsi toute la variété des marches correctives : sur la pointe des pieds, sur les talons, à l'indienne, fléchi, avec mouvements divers des bras et des jambes, avec chants.

Maintenant, prenons un marcheur. Il opère une succession de pas, au cours desquels il a toujours un pied, et quelquefois les deux, appuyés sur le sol. Pour avancer plus vite, il précipite ses pas, mais au delà d'une certaine vitesse, le pas rapide se transforme en course : il se met à courir, c'est-à-dire qu'il exécute des bonds en avant d'un pied sur l'autre. Alors, il n'a plus qu'un pied en contact avec le sol, et à certains moments, ses deux pieds sont en l'air : un temps très court, entre deux bonds, il vole.

On comprendra sans peine que cette allure de la course exige un effort beaucoup plus intense que la marche simple. Elle met en jeu non seulement les muscles des jambes, mais aussi le souffle des poumons et les battements du cœur.

Réfléchissez un peu à ce qui vous arrête dans une course. Est-ce la fatigue des jambes ? Non. C'est soit l'essoufflement qui provient d'une respiration incomplète et trop hâtive, soit le point de côté, qui coïncide avec un battement du cœur tellement précipité qu'il en devient douloureux.

D'après ceci, constatons l'effet puissant et direct de la course sur deux de nos organes vitaux, les poumons et le cœur. Cet effet, très favorable si la course est sagement mesurée et conduite, menace de devenir pernicieux, mortel même, lorsqu'il y a abus dans l'effort.

La course peut donner lieu à deux sortes d'efforts : la *vitesse* et le *fond*.

Dans la course de vitesse, il s'agit de se lancer éperdûment, à toutes jambes, comme vous le faites, par exemple, dans les phases les plus aiguës d'une partie de barres, la délivrance d'un prisonnier ou la protection d'un partenaire en danger d'être rejoint.

Cet effort, très violent, sera donc très court. C'est pourquoi il s'exerce au maximum sur la distance de 60 mètres et, au début, de moins encore, 30 mètres, par exemple.

Étant donnée la limite étroite de l'espace à parcourir, le perfectionnement s'obtiendra par la réduction du temps employé.

La course de fond permet de régler la dépense d'effort. Elle peut aller jusqu'à 800 mètres. Mais, là encore, cette distance représente un maximum : au début, vous devez vous exercer sur des parcours moindres, 200 mètres, 400 mètres, etc., de manière à atteindre progressivement les 800 mètres de l'épreuve.

Au départ, la course de fond sera très lente ; l'allure sera accentuée sans à coup, sans vitesse forcée, pour s'éteindre vers la fin du trajet. C'est là qu'il faut méditer l'histoire du Lièvre et de la Tortue.

Le corps sera légèrement penché en avant, ce qui facilite la respiration régulière en favorisant l'entrée de l'air dans les poumons. La course de fond permet, en effet, de régler la respiration sur la cadence, ce qui demeure impossible dans la course de vitesse, en raison de sa brièveté. Ce rythme associé du mouvement des jambes et du mouvement respiratoire est de la plus haute importance pour éviter l'essoufflement.

D'autre part, tout est mis en œuvre pour faciliter le mouvement en avant : le pied se pose bien à plat afin d'avoir une large prise, la jambe reste fléchie afin d'amortir les chocs. Il faut donc éviter de courir soit sur la pointe des pieds, soit sur le talon, comme beaucoup ont tendance à le faire. Les bras servent de balancier si on leur laisse le mouvement d'oscillation naturelle qu'ils ont tendance à prendre d'après l'allure de la course ; ils ne doivent donc pas être maintenus collés au corps, selon la règle désuète du « pas gymnastique ».

Enfin, l'effort est employé au mieux à couvrir du terrain, à abattre de la distance, grâce à une foulée allongée, rasant le sol, qui ne se dépense pas inutilement à bondir démesurément.

Sauts. — Les sauts ont sur l'organisme, respiration et circulation, les mêmes effets que les courses.

Ils donnent, en outre, l'assurance et développent l'adresse. Le bon sauteur est sûr de ses mouvements. Dans la vie ordinaire, il possédera une aisance et une maîtrise bien précieuses en diverses occasions.

Pour retirer tous bénéfices de cette éducation, il ne faut pas de sauts « truqués », opérés sur parquets élastiques et sur tremplins, décors habituels des gymnases en chambre. Les premiers exercices s'exécuteront plus sûrement et plus commodément sur terrain plat, gazon, sable dur, macadam. Mais nous passerons vite au saut des obstacles tels qu'on les trouve dans la campagne, et nous ne nous attacherons pas exclusivement aux obstacles artificiels des pistes.

Le saut implique une détente brusque, très énergique, violente même des muscles et de l'organisme tout entier. Il doit viser, non à un effet académique, mais à un but utilitaire : franchir un obstacle.

Le moyen est de lever les jambes le plus haut possible pour ne pas accrocher l'obstacle, ou de les porter le plus loin possible pour le passer : question d'effort, mais aussi d'adresse. Saut latéral ou saut parallèle, il n'importe, pourvu qu'on franchisse. Il importe encore moins de chercher des gestes classiques à l'arrivée : qu'on se reçoive sur les mains, ou même sur les épaules, c'est licite. Cette souplesse à l'arrivée vaut mieux qu'une entorse causée par une contraction volontaire.

Notons quelques remarques particulières à chaque genre de saut :

Saut en hauteur sans élan. — Au départ, pencher le corps légèrement, afin que l'impulsion l'enlève dans une position plus ou moins oblique ; remonter les jambes et les cuisses le plus possible sous le corps. La force d'impulsion serait dépensée en pure perte, si les jambes s'attardaient près du sol au moment de franchir.

Saut en hauteur avec élan. — Course de 5 à 10 mètres pour prendre l'élan. Vigoureux appel du pied au moment du départ et projection des bras en hauteur pour donner l'impulsion. Dans ce saut, il est préférable de détendre les jambes *en avant*, l'une après l'autre, au lieu de les ployer. Les obstacles élevés sont ainsi plus facilement franchis.

Saut en longueur sans élan. — Incliner très fortement le corps en avant au départ.

Saut en longueur avec élan. — La longueur franchie dépend essentiellement de la rapidité de la course qui précède le saut. En effet, le corps agit en quelque sorte comme un projectile ; plus il aura de vitesse, plus loin il ira.

L'impulsion s'exercera parallèlement au sol, en s'élevant en l'air le moins possible. Ce qui est gagné en hauteur est perdu en longueur, le bon sens l'indique.

Saut en profondeur. — Il s'agit de se placer au bord de la coupure et de réduire le plus possible la hauteur de la chute en fléchissant le corps sur les jambes. Puis, abandonner le bord sans brusquerie et se tenir prêt à bien fléchir sur les jambes à la rencontre des pieds avec le sol pour éviter le choc dur, pour le rendre moelleux.

Grimper. — Grimper, escalader, est un acte à ce point naturel que les enfants s'y essayent pour ainsi dire chaque jour. On grimpe avec ses mains, ses bras et ses pieds. Les exercices élémentaires qui faciliteront les grimpers consistent dans les suspensions par les bras soit à la terre, soit à une corde, dans les appuis sur les mains et les pieds. Parmi ces appuis, il en est un, excellent comme exercice, et fort difficile à réaliser convenablement, malgré son caractère presque comique : la course à quatre pattes. Puis, progressivement, l'on entreprendra les rétablissements sur la planche, pour en arriver à se hisser aux échelles, aux perches, à la corde lisse, avec ou sans l'aide des pieds ; enfin, on pratiquera l'exercice du grimper le plus naturel de tous, le grimper aux arbres.

Les exercices du grimper sont complétés par la traversée de divers passages où l'on s'habitue à la sensation du vide, au vertige. Le passage d'un portique de gymnase est le type de ce genre d'éducation à réaliser avec lenteur et prudence, si l'on veut atteindre le but poursuivi, à savoir vaincre le manque d'assurance et l'effroi du vide.

Lever. — On commence par lever des poids très légers, en graduant les efforts, en se servant de l'une et l'autre main, puis des deux mains réunies.

Ensuite, on soulève et on porte des objets d'usage courant, un sac rempli de terre, auquel on peut donner des poids différents et gradués. Non seulement il entre de la force, mais aussi beaucoup d'adresse dans la façon de manier, de placer les divers fardeaux. Également, il est désirable de s'habituer à porter une personne. C'est la conséquence et la condition quasi obligatoire des sauvetages.

Lancer. — Voici encore un exercice où se développent à la fois la force et l'adresse. Il est à ce point *naturel*, que vous vous y êtes livrés tous plus ou moins dès l'enfance, en jouant à la balle, en faisant des ricochets dans l'eau, etc.

L'éducation préparatoire du lancer comprendra toutes les flexions et les rotations du tronc.

Ensuite, on s'exercera à jongler de l'une et l'autre main, puis des deux mains avec des poids très légers au début, une balle, un ballon, une boule en bois, pour en arriver au lancement du boulet. Enfin, le lancer comprendra encore le jet d'objets légers sur une cible, à des distances variables.

De tous ces objets, le plus intéressant pour les futurs soldats est la grenade de 650 grammes. Bien entendu, pour vous, il ne peut s'agir que de la grenade d'exercice non chargée, ou de tout objet de forme et de poids analogue, galet, morceau de fonte, etc.

Le lancement de la grenade doit être pratiqué dans toutes les positions, debout, à genoux, accroupi, de pied ferme, en marchant, et alternativement de la main droite et de la main gauche pour assurer le développement symétrique des muscles et doubler les moyens du lancer. La distance moyenne de projection doit atteindre 25 mètres. Enfin, pour le grenadier, l'adresse consiste à placer ses grenades dans un trou représentant une tranchée.

B — L'esprit de la méthode. — Nous venons d'étudier les éléments de la méthode d'instruction physique de l'Élève-soldat. Nous avons vu qu'elle tend à développer l'organisme et les muscles par la pratique des gestes utilitaires : sauter, courir, grimper, lancer, lever.

Mais l'enseignement de cette pratique est réalisé, le plus souvent, sous la forme indirecte de jeux élémentaires. Il a été reconnu, en effet, que ces jeux bien simplistes, les barres, la balle cavalière, la mère Garuche, etc., auxquels tous les enfants s'adonnent, possédaient des vertus physiologiques jusqu'alors méconnues, sans doute parce que personne n'avait encore songé à y regarder de près. C'est l'histoire de l'œuf de Christophe Colomb !

Les barres obligent à courir, l'ours à porter, le saute-mouton à sauter, les divers jeux de balles à lancer, etc.

Il s'agissait de sérier, de doser, de diriger ces jeux au cours d'une séance pour produire les résultats voulus.

On y est parvenu par une patiente étude et une expérience qui fait chaque jour ses preuves à tous les échelons de l'armée.

Car, répétons-le, cette méthode n'a pas été seulement instaurée pour l'usage de la Préparation de la jeunesse : elle est employée à l'instruction physique des jeunes classes, des récupérés, des blessés.

Elle affirme sa valeur toute spéciale vis-à-vis des faibles.

Les forts mêmes ne sauraient lui reprocher d'être trop enfantine pour leurs moyens, car, essentiellement éclectique, elle prévoit pour eux l'usage des grands sports.

C'est pourquoi il est permis d'affirmer que cette méthode est à la fois *naturelle* et *sportive*.

Elle constitue, si l'on veut, l'A. B. C. du sport.

Et pour qui sait qu'à l'heure actuelle le dixième à peine des jeunes Français d'une même classe, soit 30 000 sur 300 000, sont affiliés à des sociétés où se pratique sous une forme quelconque la culture physique, et *que les neuf autres dixièmes échappent à toute gymnastique*, il est légitime d'affirmer l'excellence d'un procédé qui rend des hommes forts par un exercice facile et attrayant.

Les faits sont là : interrogez plutôt les instructeurs d'âge, R. A. T. de 45 ans et au-dessus, qui furent dressés dans les Centres d'instruction physique créés dans toutes les régions de la France ; demandez aux jeunes garçons des écoles de la Ville de Paris qui furent admis à suivre les leçons de Joinville. L'opinion est unanime.

Vieux et jeunes se sont sentis au bout de très peu de temps plus alertes et plus vigoureux.

Les gros perdent du ventre et prennent du muscle ; les essouflés respirent librement, les rhumatisants ne connaissent plus les gênes articulaires.

Mais pour obtenir ces résultats, il est indispensable que les différents exercices composant la leçon soient *dosés* comme une médecine, enfermés dans le temps indiqué. Un supplément d'effort exigé, même dans les jeux que certains estiment bons pour des marmots, entraîneraient la fatigue et le surmenage.

Aussi bien, les instructeurs comme les élèves trouveront toutes les indications nécessaires dans le *Guide pratique d'Éducation physique*, publié par le ministère de la Guerre.

Nous les renvoyons donc à ce document, conseillant aux uns et aux autres de le suivre à la lettre. Chaque jour, cette méthode, bien appliquée, nous *rend* des soldats : il est donc logique d'espérer que, selon le mot du général Chanzy, elle contribuera à nous en *faire*.

C — L'application de la méthode. — La leçon d'instruction physique dont on vient d'énoncer les principes et qui se trouve détaillée dans le Guide, constitue la partie technique et régulière de la méthode. Elle ne prend qu'un temps minime qui ne saurait être dépassé, une demi-heure en moyenne.

Pour porter tous ses fruits, elle doit donc être complétée d'applications diverses, grands sports pour les forts, jeux sportifs pour les moyens, exercices élémentaires de défense, boxe, lutte, escrime, entraînement à la marche ; enfin, natation, à laquelle il s'agit de porter, nous le verrons, un intérêt de plus en plus immédiat.

Nous remarquerons d'ailleurs que *tous les exercices* retenus par l'instruction préparatoire, même le tir, même l'éducation sur le terrain, peuvent être considérés comme des développements de l'instruction physique.

Selon l'esprit de la méthode, tout le talent et les efforts des instructeurs s'attacheront donc à traduire en « jeux » la plupart des enseignements destinés aux Élèves-soldats. En eux-mêmes, les jeux passionnent la jeunesse. Mais, en dehors de l'amusement qu'ils procurent, ils exercent une action incontestable au physique et au moral.

Ils concourent à augmenter la vigueur du corps, la force de résistance, l'agilité, la souplesse, et aussi à développer l'intelligence, l'adresse, l'initiative. Au point de vue moral, ils créent l'esprit de solidarité, de discipline, exercent la volonté, font appel à la loyauté par la franche observation des règles, donnent le sentiment de la responsabilité, chacun des joueurs contribuant pour sa part au gain ou à la perte de la partie ; enfin, ils soutiennent l'entrain et la gaieté.

Mais, pour demeurer attachants, profitables, sans danger, les jeux exigent un apprentissage méthodique. Surtout quand ce sont des jeunes gens qui s'y livrent, ils doivent être déterminés, dirigés, surveillés par les instructeurs. Les jeux seront donc pratiqués en suivant une sage progression dans la durée et dans l'intensité des efforts ; ils restent soumis à des règles d'entraînement et d'opportunité.

Il serait dangereux de traiter de la même manière les *petits jeux*, faciles, de courte durée, n'exigeant pas une grosse somme d'efforts, et les *grands jeux*, demandant du temps, de la dépense de forces, des précautions spéciales.

Les instructeurs auront donc à régler les jeux, non seulement d'après les désirs et les goûts des Élèves-soldats, mais encore d'après l'état de fatigue de leur troupe, les conditions offertes par le terrain, les circonstances atmosphériques, le nombre des joueurs. Pour certains de ces jeux, le terrain doit être uni, débarrassé des pierres, des morceaux de verre, nivelé là où il existe des trous peu visibles et dangereux. Pour plusieurs d'entre eux, une pelouse douce aux chutes, un sol élastique sont indispensables. C'est pourquoi on s'efforcera partout de créer des stades en demandant des *terrains* aux municipalités, aux sociétés, aux particuliers. Quand chaque commune de France aura son terrain de jeux, une grande date sera marquée dans l'histoire de notre pays.

D'ailleurs, les jeux en comprennent un certain nombre qui entraînent moins la fatigue des muscles que la mise en œuvre de l'adresse, de l'observation, de l'imagination.

Les instructeurs sauront choisir parmi les jeux divers celui qui convient le mieux au moment actuel.

S'ils déterminent à juste titre l'amour-propre et l'émulation, les jeux ne doivent pas provoquer les rivalités, les jalousies, les querelles entre les adversaires, non plus revêtir une forme brutale ou discourtoise.

La loyauté la plus absolue s'impose à tous : toute supercherie, ou toute tricherie, paraîtrait d'ailleurs en opposition flagrante avec le caractère des Élèves-soldats !

Et puis, en dehors du manque de franchise, le jeu où l'on triche, où l'on gagne par des moyens frauduleux, ne cesse-t-il pas d'être intéressant? est-il fait pour flatter l'amour-propre ?

Les instructeurs sont les arbitres tout désignés pour juger des coups contestés, pour veiller à la stricte application des règles, devant lesquelles tous doivent s'incliner.

A cet effet, les règles sportives, telles qu'elles ont été établies par les codes des grandes associations, seront strictement suivies. Les instructeurs s'appliqueront aussi à ce que les bons joueurs soient également répartis entre les deux camps, de manière à ce que, par avance, un des partis ne puisse se croire sacrifié et destiné à la défaite. Un bon procédé, propre à tarir toute source de récrimination, sera de faire classer les joueurs par les Élèves-soldats eux-mêmes, puis de les partager entre les camps, un par un, en tirant au sort.

Dans les chapitres suivants, nous jetterons un coup d'œil sur les applications plus spéciales de l'instruction physique de jeux et de sports, défense, tir, natation, marche.

VI. — LA DÉFENSE.

Il est dans la nature de l'homme d'endurer patiemment la nécessité des choses, mais non la mauvaise volonté d'autrui. J. J. ROUSSEAU.

On se défendit comme des vainqueurs se défendent, en attaquant. SÉGUR. Histoire de Napoléon.

Malgré tous les pronostics auxquels pouvait inciter l'emploi des armes modernes, fusils et canons à tir rapide, mitrailleuses, explosifs de plus en plus puissants, portées de plus en plus étendues, les faits ont démontré que les combattants ne se bornaient pas à échanger des projectiles meurtriers tout en demeurant invisibles les uns aux autres. Bien au contraire, souvent les soldats s'abordent à la baïonnette, en viennent au corps à corps, ressuscitant la sauvagerie ancestrale des luttes primitives à coups de poing, à coups de bâton et de massue, à coups de couteau....

Le futur soldat est donc tenu d'apprendre à se défendre, et nous ajouterons, le futur citoyen. En effet, notre civilisation n'est pas encore assez affinée pour nous offrir l'exemple de la bergerie rêvée par Florian et les poètes. Ni l'adoucissement des mœurs, ni la rigueur des lois, ni même la police ne suffisent à nous protéger contre les insolents, les brutes ou les malandrins, séquelle toujours prête à abuser de la faiblesse ; car il est à remarquer que cette catégorie peu recommandable ne se heurte pas volontiers aux forts. Apprenons donc à nous faire respecter et à nous défendre : ce qui nous sera utile contre les apaches, pourra nous servir ensuite contre les Boches. C'est dans l'ordre !

Les sports de défense forment une catégorie spéciale. Les uns se relient directement à l'éducation physique, comme la boxe. D'autres relèvent de procédés particuliers, comme la lutte, le jiu-jitsu. D'autres impliquent l'emploi d'armes qu'il faut apprendre à manier, l'épée, le pistolet, le revolver, le fusil, et conduisent à la connaissance de l'escrime et du tir.

La boxe. — Commençons par examiner le moyen de défense le plus simple, et véritablement à la portée de tous, la boxe.

A cet usage, la nature nous a donné deux poings et deux pieds : ce sont là des armes naturelles qu'on est sûr de ne pas oublier à la maison.

Mais ces moyens naturels demeureraient précaires si l'apprentissage de la boxe n'intervenait pas pour les accroître. En elle-même, la pratique de la boxe est un exercice sain et utile, qui développe les muscles, donne la souplesse et l'assurance, à condition de ne jamais aller jusqu'à la brutalité. Toutes nos préférences vont à la *boxe française* qui, réunissant l'emploi des bras et des jambes, allie harmonieusement l'adresse à la vigueur et constitue un exercice physique des plus complets. La boxe anglaise, de son côté, confère des qualités d'endurance et de sang-froid : celui qui s'habitue à « encaisser » sans broncher apprend à souffrir. Mais si la boxe augmente la combativité de l'individu, elle ne doit pas diminuer la patience ni les sentiments généreux. Le coup de poing méthodique d'un bon boxeur ne saurait être un geste de colère. Appliquons-nous donc à une méthode.

Pour nous défendre contre un brutal ou un escarpe, supposons d'abord qu'ennemis des sottes querelles, nous n'attaquerons pas. Il convient donc d'étudier un ou deux *coups d'arrêt* permettant d'enrayer l'attaque de l'agresseur, mais aussi une *riposte* immédiate, vigoureuse, sur laquelle très souvent le quidam se déclarera satisfait. Se contenter de parer et de rompre serait encourager l'adversaire à multiplier ses attaques : les hostilités étant ouvertes, comme à la guerre, l'offensive est de règle et seule peut donner la victoire.

Bien regarder l'adversaire *dans les yeux*, bien protéger les points sensibles, tels que le nez, la bouche, le creux de l'estomac.

Un coup droit, appliqué au creux de l'estomac, a des chances de mettre « knock-out » un adversaire, même plus fort. Pareillement, le coup frappé sur la mâchoire inférieure produit un ébranlement général qui favorise une attaque décisive.

La théorie et surtout la pratique de la boxe devront être développées par des instructeurs qualifiés, en usant des plus grands ménagements, avec interdiction absolue des coups brutaux et arrêt du combat au premier symptôme d'ardeur excessive.

Lorsque les élèves exécutent correctement les coups dans le vide, ils sont exercés à frapper sur un mannequin, sur des sacs de sable ou des ballons suspendus à différentes hauteurs.

Ils sont toujours munis de gants rembourrés confectionnés avec des effets hors service.

Jiu-jitsu. — Le jiu-jitsu des Japonais est particulièrement précieux pour les personnes de musculature moyenne ou faible, de poids léger, comme les adolescents.

Dans son essence, le jiu-jitsu est l'art du combat corps à corps et *à terre*. Il est en effet à remarquer que tout combat à coups de poing se termine en général par une lutte corps à corps où le plus fort et le plus lourd des combattants *roule* le plus faible. Or, c'est précisément *à terre* que le plus faible trouve un point d'appui qui peut lui permettre de reprendre avantage et même de mettre l'adversaire hors de combat, grâce à la connaissance de certains coups.

Ces coups de jiu-jitsu consistent, d'abord, à entraîner l'adversaire à terre par un croc-en-jambe : il y a une infinité de crocs-en-jambe, tous basés sur une action simultanée du pied qui frappe la jambe de l'adversaire, et de la main qui tire dans le sens opposé, de manière à provoquer une rupture de l'équilibre et à entraîner la chute violente. La règle la meilleure est de donner le coup de pied aussi bas que possible et de saisir, aussi haut que possible, *la manche* de l'habit de l'adversaire. Le vêtement offre une meilleure prise que le bras lui-même.

Une fois à terre, il s'agit de se servir *simultanément* de ses jambes pour avoir un point d'appui et de ses mains pour passer une prise à l'adversaire, *un lock*, comme on dit en terme de jiu-jitsu. Les locks, ou clés, ont pour but de placer un membre, une articulation en porte-à-faux, ou de permettre une torsion : en dehors d'une douleur très vive, l'action du lock continué jusqu'au bout produirait infailliblement la dislocation ou la fracture du membre.

Ou bien encore, le choc brusque ou la pression des doigts sur certains points du corps, par exemple, la carotide, la pomme d'Adam, peuvent déterminer la paralysie soudaine d'un muscle, couper la respiration.

Le jiu-jitsu est un art extrêmement compliqué, précis, difficile, dangereux. Si l'on ne veut pas se contenter d'à peu près, il est indispensable de recevoir des leçons d'un bon, d'un vrai professeur formé à la méthode japonaise.

A moins de guides expérimentés, on risquerait d'instituer seulement une parodie de la méthode japonaise, parodie qui ne se prêterait à aucune application sérieuse en gardant seulement le côté dangereux et brutal du jiu-jitsu.

Que les Elèves-soldats retiennent de ce court aperçu l'importance extrême de l'emploi des jambes dans la lutte à terre.

Le corps à corps. — Nous réunissons ici un certain nombre de « coups », classiques ou non, empruntés aux méthodes existantes d'attaque ou de défense susceptibles de suppléer à la force par la science du combat : ce résumé a d'ailleurs été rédigé par un maître en la matière, le Dr Belan du Coteau, actuellement chef des exercices d'instruction physique au centre des aspirants de Saint-Cyr.

I. Attaque. — 1° *Direct du gauche.* Le poing solidement fermé, pouce replié sur les doigts, la main dans le prolongement de l'avant-bras. Ongles en dessous. Le coup doit être porté avec l'épaule en avançant de 20 centimètres environ la jambe gauche, la jambe droite allongée.

Viser la pointe du menton.

2° *Crochet du gauche ou du droit.* Ce coup doit être porté le bras « en crochet » à angle de 45° environ. Accompagner d'une torsion du tronc.

3° *Coup de tête.* Porter le coup latéralement de droite à gauche. Viser la mâchoire ou la face.

4° *Tour de hanche en tête combiné avec désarticulation du bras.* « Hancher l'adversaire » après une prise du poignet droit avec la main gauche, le bras droit passé autour du cou.

Basculer en faisant une torsion du bras droit de l'adversaire maintenu allongé. Exagérer en même temps la torsion et l'extension pendant la chute en prenant appui sur sa cuisse.

5° *Ceinture avant*, en essayant de prendre les bras.

6° *Croc en jambe* combiné avec poussée à la face. Passer sur le côté, caler le jarret de l'adversaire par la jambe tendue. Le déséquilibrer par une poussée à la face, si possible à la mâchoire.

7° *Coup de pied de pointe*. A porter dans le bas-ventre la jambe bien allongée.

8° *Coup de pied chassé bas*. Sauter sur la jambe postérieure, descendre la jambe antérieure fléchie. Viser la jambe de l'adversaire au-dessous du genou. Donner le coup de pied avec le talon.

9° *Etranglement*. Loger la main très haut, très profondément. Exercer la pression avec l'extrémité des doigts.

10° *Cravate*. Avec le bras droit encercler la tête de l'adversaire en passant par le côté gauche. Exagérer la torsion par la main gauche accrochant le menton.

II. Défense. — 1° *Passer derrière l'adversaire*. Saisir le poignet droit de l'adversaire avec la main gauche. Accrocher le coude. Tirer à soi en tournant légèrement.

2° *Faire lâcher une prise de poignet*. Tirer sur la prise en faisant décrire à son poignet un demi-cercle.

3° *Faire lâcher une prise au collet*. Joindre les mains. Elever les bras à l'intérieur de la prise ou choc alternatif sur la face interne des poignets.

4° *Etant à terre, faire tomber l'adversaire*. Caler les jambes de l'adversaire avec la jambe qui est au sol. Faire avec l'autre jambe une pression d'avant en arrière au-dessous des genoux.

5° *Etant pris en ceinture arrière*, se baisser, saisir entre ses jambes une jambe de l'adversaire. Se relever, faire une torsion du pied.

6° *Sur une prise, dislocation du poignet*. Frapper un

coup sec sur la saignée du bras. Amener à soi par une pression sur le coude.

7º *Surplombé par l'adversaire*, fixer le talon et frapper avec la paume sur la face interne du genou.

8º *Surplombé par l'adversaire*, torsion de tête fixée en arrière par une main, la torsion étant exécutée par l'autre main prenant appui sur le menton.

9º *Sur un coup de pied*, saisir la jambe qui frappe et déséquilibrer l'adversaire par un coup sur la face interne de la jambe donné avec le mollet et accompagné d'une poussée.

Escrime à la canne. — Nous nous sommes placés jusqu'à présent dans les conditions les plus défavorables, sans autres armes que nos poings et nos pieds. Or, le plus souvent, au dehors, les hommes portent une canne. La canne peut donner lieu à une véritable escrime, comportant attaques et parades : sa théorie est d'ailleurs celle du *bâton* et fait partie de l'enseignement gymnastique de défense. Notons quelques remarques spéciales à la canne de ville. Point n'est besoin de gourdin, une badine légère peut devenir une arme redoutable, pourvu qu'elle soit assez flexible pour ne pas casser. Aussi, le geste instinctif qui pousse à se servir de la canne comme d'un assommoir n'est-il pas le meilleur, à moins qu'il ne s'agisse d'une canne plombée. Mieux vaut réserver la tranche de la canne pour la parade et agir, comme avec le sabre, par le talon ou la pointe, en lançant *le coup de talon* dans la figure de l'agresseur. Un tel choc agis·sant par inertie sur toute la longueur de la canne, dans le sens des fibres du bois, aucune rupture à craindre et multiplication de la force de projection.

Les coups sur les doigts de l'adversaire produisent une douleur et une paralysie locale qui peuvent suffire à mettre fin au combat.

L'escrime. — L'escrime à l'épée est un art noble, fin, qui exalte les sentiments chevaleresques. Sa pratique confirme la vigueur de tous les muscles mis à la fois en jeu, la netteté du coup-d'œil, le sang-froid.

L'escrimeur travaille avec sa tête et son cœur autant qu'avec ses bras, ses jambes et ses poumons. A ce titre, les armes constituent un sport complet, et nous engageons très vivement les Elèves-soldats à s'y consacrer, lorsqu'ils en trouveront l'occasion. Nous engageons aussi les instructeurs à faire naître cette occasion.

Mais, comme le jiu–jitsu, l'escrime ne saurait être pratiquée avec fantaisie. Elle doit être enseignée par un maître d'armes, et dans les règles.

Les Élèves-soldats éviteront donc absolument de se livrer à cette dangereuse pratique qui consiste soit à s'escrimer, avec des baguettes, des cannes, soit à ferrailler avec des fleurets. L'escrime sans masques *ad hoc*, sans veste rembourrée, sans *guides* professionnels, peut entraîner les accidents les plus graves, même mortels. Au résumé, l'escrime ne doit pas sortir de la salle d'armes, pas plus que le tir ne saurait sortir du stand.

Quant à l'escrime de combat à la baïonnette, c'est là un exercice *militaire*, exigeant un matériel spécial. et qui saurait être enseigné utilement ailleurs qu'au régiment.

Cependant les Elèves-soldats peuvent sans danger être exercés à un certain nombre de parades et de ripostes qui les prépareront à l'escrime de combat. A cet effet, il suffira de disposer d'un matériel très facile à réaliser : 1º Un bâton ayant la longueur du fusil avec baïonnette ($1^m,80$ environ); 2º Un bâton plus court terminé par un anneau (fil de fer, jonc, etc.) ayant de 10 à 15 centimètres de diamètre.

L'élève exécute tous les mouvements de l'escrime à la baïonnette avec le bâton et pointe sur l'anneau présenté à des hauteurs et distances variables par l'instructeur, qui simulera ainsi l'emplacement d'un ennemi à atteindre à la poitrine, au ventre, à la gorge, exercices excellents pour l'adresse et l'agilité.

VII. — LE TIR.

Un garçon devrait toujours apprendre à tirer et à obéir à des commandements, sinon, en cas de guerre, il n'est pas plus utile qu'une vieille femme; il se fera tuer comme un lapin, sans être capable de se défendre.

Général Baden-Powell, l'instaurateur des Boy-Scouts.

Le tir constitue une partie très importante de l'instruction pré-militaire.

Le soldat qui n'a pas confiance en son arme, c'est-à-dire en la valeur de son tir, n'a pas confiance en lui : au combat, il est destiné à faire piètre figure, car très naturellement, il se croira en état d'infériorité vis-à-vis de l'ennemi.

Donc la pratique du tir confère le sang-froid, en étant, par excellence, l'école qui maîtrise la prédominance nerveuse de l'individu.

Ces considérations ne tiennent pas seulement par les mots, elles s'affirment chaque jour dans les faits de la guerre !

Un exemple entre mille.

Dans un de ces combats furieux qui marquèrent la ruée allemande sur Verdun, une compagnie du ... bataillon de chasseurs avait été disloquée, aux trois quarts anéantie, par un « marmitage » intensif. Deux chasseurs assourdis, aveuglés, se jettent dans un trou d'obus. La première heure, ils se terrent dans ce gîte autour duquel pleuvent de monstrueux projectiles : ils se croient bien perdus ! Ils voient s'avancer la première ligne des éclaireurs ennemis, précédant une vague d'assaut. Alors la rage et la vaillance de ces deux Français reprennent le dessus : ils vendront chèrement leur vie !

Ils se souviennent qu'ils sont excellents tireurs, l'un lauréat de maints concours, l'autre, émérite chasseur de sangliers. Ils ont des munitions, ils tirent dans le tas, à coup sûr. Les Boches tombent et s'arrêtent à deux cents mètres du trou : ils croient que les balles viennent de beaucoup plus loin et entament un feu d'enfer à quinze cents mètres, qui passe par-dessus la tête des deux poilus. Ceux-ci sont maintenant très à leur aise. Ils choisissent leur tête, à droite, à gauche, au milieu de la ligne. Les Boches s'effondrent comme des capucins de carte, la vague d'assaut s'est terrée.

Cependant, les deux braves ont été rejoints dans leur trou par cinq compagnons, perdus et rampant sur le terrain fauché.

A eux sept, ils continuent le tir aux Boches, puis quatre d'entre eux empoignent leur outil, élargissent le trou à droite et à gauche, amorcent une tranchée.

La nuit arrive, et les Allemands n'ont plus osé bouger tant ils ont eu d'hommes atteints un à un. A la faveur de l'obscurité, d'autres errants rallient le groupe, ils creusent et prolongent le trou à mesure. Ils sont maintenant 60. Au petit jour, la troupe, exaltée par la confiance du succès obtenu, veut faire mieux encore : elle saute sur l'avant-ligne allemande qui occupe un élément de tranchée abandonnée la veille, à 150 mètres en avant, fait 35 prisonniers, en tue le double. Des renforts arrivent à la rescousse.

Et ainsi, grâce à l'audace et au sang-froid de DEUX bons tireurs, le Mort-Homme fut sauvé !

Après cela, nous pouvons bien ranger le Tir dans le chapitre de la *Défense*.

Sport de défense, si l'on veut, mais supérieur à

tous les autres, puisque le Tir conduit à envisager et à préparer LA DÉFENSE la plus haute qui existe, celle de la Patrie.

C'est pourquoi, il est non seulement désirable, mais indispensable que les jeunes gens s'adonnent passionnément à la pratique du tir, avant d'entrer au régiment. A défaut de stands organisés, ils pourront à tout le moins s'adonner aux exercices préparatoires de tir, excellente éducation de l'œil et de l'attention.

Nous donnons ici un aperçu de ces notions, sans prétendre ouvrir un cours de tir. Nous y ajouterons quelques jeux extrêmement utiles pour développer le coup d'œil et l'observation vive, indispensables aux bons tireurs.

Pour le reste, il s'agira de passer à la pratique. Les pouvoirs publics, les autorités militaires, les sociétés de tir, y aideront de toutes leur forces. Ils le doivent !

Contrairement à une conception fausse trop répandue, l'adresse au tir n'est nullement un don de naissance ; elle s'acquiert par la méthode et la pratique. On apprend à tirer comme on apprend à lire.

Le bon tir est donc avant tout un acte de bonne volonté.

Tirer un coup de fusil, en visant un but, c'est réunir en une seule trois opérations distinctes : 1º Pointer l'arme : 2º la maintenir dans la direction du but ; 3º agir sur la détente pour faire partir le coup sans déranger le pointage.

Pour apprendre à viser. — Pointer l'arme signifie d'abord prendre la ligne de mire, la diriger ensuite sur le but visé. La ligne de mire est une ligne idéale qui part de l'œil du tireur, passe par le fond du cran de mire et par le sommet du guidon. La ligne de mire est correctement prise lorque l'œil du tireur voit le sommet du guidon se projeter *au milieu* du cran de mire : si l'on place le but sur ce prolongement, l'arme sera pointée (*fig.* 11). Pour arriver à la perfection du pointage, de longs et nombreux exercices au chevalet sont indispensables, par lesquels on apprend à pointer régulièrement, puis à corriger un pointage exact, mais troublé par certaines circonstances, de manière à ramener les balles sur le but.

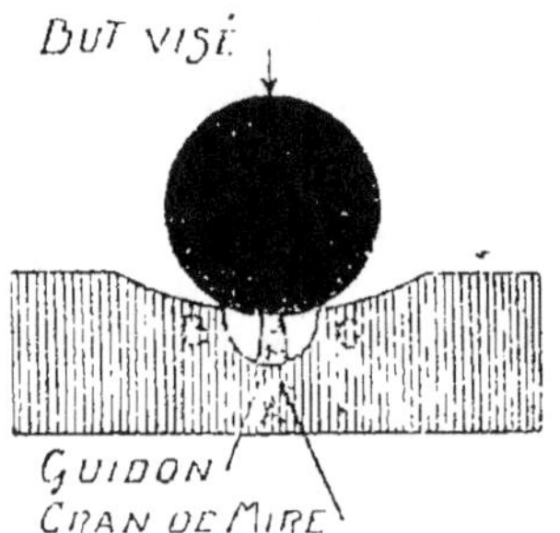

Fig. 11. — Pointage.

La figure montre comment doit apparaître le cran de mire, le guidon et le but dans l'œil du tireur pour que l'arme soit correctement pointée.

Pour maintenir l'arme dans la direction du but. — Mais le fusil ne repose pas sur un affût inerte, il s'appuie à l'épaule de l'homme. Le tireur doit réaliser la position la plus convenable pour immobiliser, à l'aide de ses bras, l'arme pointée, pour conserver l'œil lié à la ligne de mire, enfin pour réduire l'amplitude des oscillations nécessaires qui amèneront et maintiendront la ligne de mire sur le but visé.

Les positions qui réalisent le plus parfaitement l'immobilité de l'affût *vivant*, sont, par l'ordre, la position couchée, la position à genou, la position debout. Dans toutes, il s'agit de placer et maintenir fortement la crosse dans le creux de l'épaule, à l'aide d'une traction des bras. Mieux la crosse sera liée à l'épaule, moins se feront sentir les effets du recul. Il n'y a pas lieu d'ailleurs de s'impressionner à l'avance du choc du recul, *très faible* avec les poudres actuellement employées dans les armes de stand, de guerre ou de chasse. Le recul ne serait douloureux que si l'on épaulait mal, la crosse appuyant sur les os de l'épaule au lieu de reposer sur le coussin naturel des muscles situés au-dessous de l'omoplate ; ou encore, la crosse placée trop au-dessus de l'épaule, ce qui lui permettrait de s'échapper au départ du coup vers la joue du tireur. La position convenable doit encore tendre à élever la ligne de mire à hauteur de l'œil du tireur, sans obliger à baisser la tête vers l'arme, ce qui nuirait au pointage correct.

Pour faire partir le coup. — L'arme étant bien en joue, il reste à faire partir le coup, c'est-à-dire à presser le doigt sur la détente. On comprendra sans peine que ce mouvement du doigt sur la détente doit être conduit avec un calme lent et un sang-froid averti, sans quoi le départ du coup (recul et détonation) surprendrait le tireur, le pointage serait dérangé, et la balle s'en irait hors du but. Il s'agit en somme d'un exercice destiné à assurer l'indépendance du doigt actionnant la détente, le médius, et concurremment d'une éducation des nerfs et de la volonté.

Pour assurer l'indépendance du doigt, donnons à la main une prise solide en serrant fortement l'arme à la poignée : dans cette position, s'exercer à mouvoir *seul* le doigt et à faire jouer l'articulation des phalanges. Pour maîtriser ses nerfs le meilleur moyen est d'apprendre à retenir sa respiration, ce qui place l'organisme au calme. Par ce double exercice, répété cent et cent fois, on devient maître de son coup de fusil, c'est-à-dire qu'ayant préparé la détente en fermant lentement le doigt, en retenant la respiration, on achève le mouvement *sans saccade*, juste au moment où la ligne de mire passe par le point visé.

Les tireurs novices, un peu émus, donnent le *coup d'épaule* ou le *coup de doigt* en agissant brusquement sur la détente : d'aucuns ferment les yeux !

Il suffira encore une fois du raisonnement et de la volonté pour vaincre cette appréhension qui rend vain le plus rigoureux pointage en le dérangeant au moment opportun.

Constatation de la régularité du pointage. — Au lieu de diriger la visée sur le *fond* A du cran de mire, l'œil a tendance à se poser sur les côtés B et C, ce qui rend le pointage irrégulier, et tend à porter le coup soit à droite, soit à gauche.

Pour se rendre compte de ce défaut et le corriger, faire trois visées successives, l'arme étant au chevalet, sur un rond noir mobile placé sur un panneau blanc à 10 mètres et manœuvré par un aide (*fig.* 12). A chaque visée, le tireur indique à l'aide (*plus haut, plus bas, à droite, à gauche*), les déplacements à faire pour que la mouche arrive exactement dans le prolongement de la ligne de mire, comme l'indique la figure. L'aide marque, d'un point de crayon, la position de la mouche percée au centre d'un petit trou.

Après les trois visées, trois points sont ainsi obtenus, d'autant plus rapprochés que le pointage est

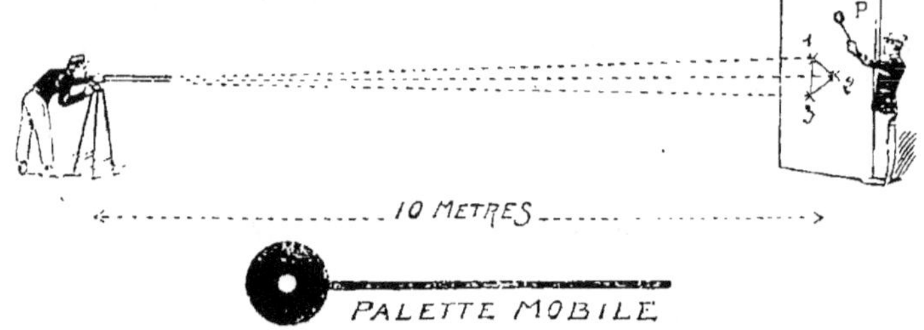

Fig. 12. — Régularité du pointage.

plus régulier. L'expérience prouve que le pointage est acceptable si le triangle formé par la réunion des trois points offre des côtés de moins de 1 centimètre à 10 mètres, de 5 centimètres à 50 mètres, etc.

Correction de pointage. — Dans le tir, il arrive que pour de nombreuses raisons (défaut particulier au tireur, déviation propre au fusil, nature de la cartouche, vent, etc.) les coups se groupent, hors du but visé, mais d'une façon régulière, dans la zone A, par exemple (*fig.* 13). Un raisonnement instinctif indique qu'on ramènera les coups sur le but O, si l'on corrige son tir en visant un point B placé symétriquement au point A par rapport au but O. Puisque les mêmes déviations des balles continueront à s'opérer, toute balle dirigée vers B touchera vers O, c'est-à-dire au but.

Trajectoire et hausse. — Pour obéir aux lois de la pesanteur, la balle dans l'air ne parcourt pas une ligne droite, mais une courbe appelée *trajectoire*, analogue comme forme au jet d'eau lancé par une pompe (*fig.* 14). La balle ira d'autant *plus loin* qu'elle sera lancée *plus haut* en l'air, et par suite qu'on relèvera le canon du fusil, de même que pour faire arriver plus loin un jet de pompe, il faut relever la lance. La hausse permet précisément de relever le canon du fusil automatiquement, d'après la distance désirée (*fig.* 15), distance marquée par les graduations de l'appareil de hausse auxquelles on place un cran de mire mobile. Pour les tirs aux grandes distances, il y a donc autant de lignes de mire qu'il y a de distances différentes.

A mesure que la distance devient plus grande, pour pouvoir viser, il est nécessaire d'abaisser la crosse ; ainsi, la crosse ne peut plus être maintenue à l'épaule, elle est serrée entre le corps et le gras du bras.

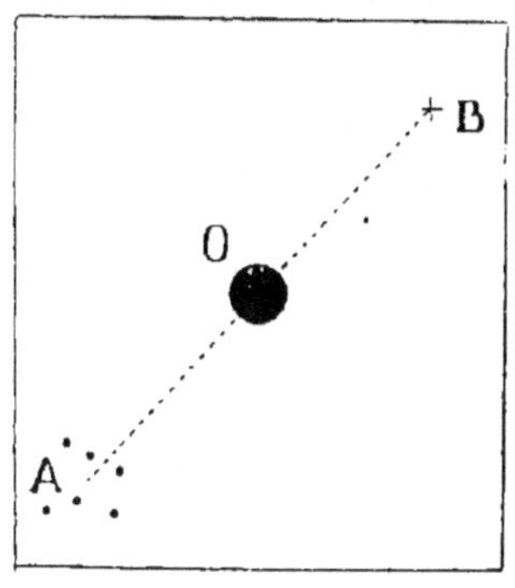

Fig. 13.
Correction du pointage.

Il faut tirer beaucoup. — Mais qu'on le sache bien, tous les exercices préparatoires et théoriques, indispensables pour former le tireur, ne sauraient sup-

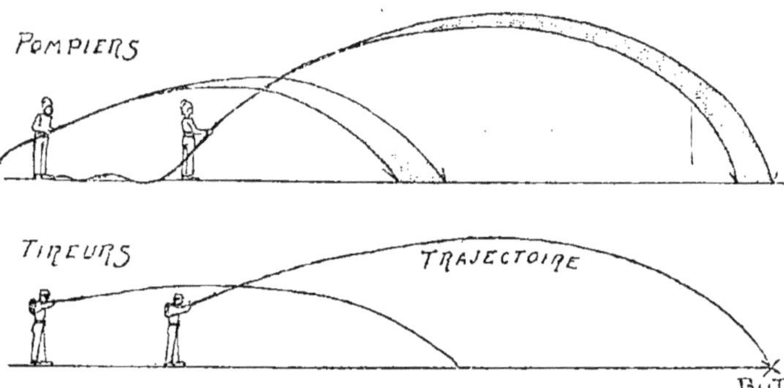

Fig. 14. — Trajectoires de l'eau d'une pompe
et de la balle d'un fusil.

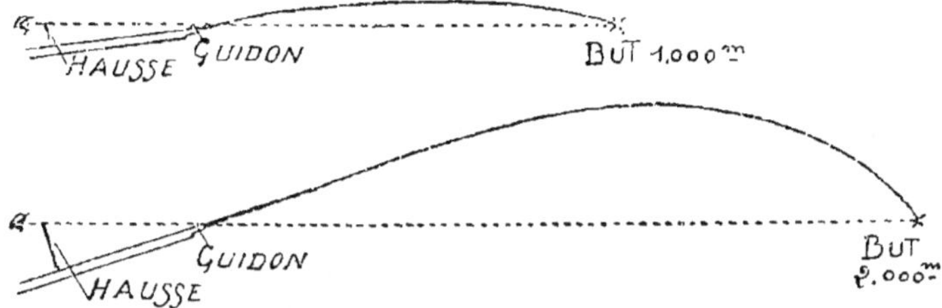

Fig. 15. — Emploi de la hausse pour les grandes distances.

pléer à la pratique régulière et fréquente du tir. Il faut tirer beaucoup pour être bon tireur ; là gît le secret de l'excellence et de la supériorité des Suisses. Ils s'exercent continuellement. On voit de pauvres bergers, qui le dimanche font une longue course pour descendre de leur montagne jusqu'au stand le plus proche, achètent sur leur maigre salaire des cartouches en supplément de celles (500 par an dans certains cantons) qui leur sont allouées gratuitement. N'est-ce pas là un admirable exemple ? .

Comment entretenir son fusil. — Un bon tireur n'abandonne à personne le soin d'entretenir son arme. Il la démonte et la remonte lui-même, en retenant que *tout démontage inutile est nuisible à l'arme,* car cette opération provoque à la longue l'usure des pas de vis et le jeu des pièces ajustées.

Le fusil ne doit jamais être lavé à l'eau. N'employez ni émeri, ni brique sèche, ni grès, ni compositions graisseuses contenant, même en poudres très fines, ces corps qui mordent le métal. Pour nettoyer les pièces en acier, frotter légèrement avec un morceau de drap sec, enlever la rouille superficielle avec un linge huilé ; la rouille plus profonde avec un linge imbibé de pétrole, après le nettoyage qui ne doit laisser après lui aucun grain de sable ni aucune poussière dans le canon et sur les parties frottantes du mécanisme, graisser très légèrement les pièces, mettre une goutte d'huile sur les filets de vis, les ressorts et les parties frottantes. Pour entretenir le bois du fusil, le frotter avec un chiffon légèrement enduit d'huile de lin. Tous les nettoyages s'opèrent à l'aide de chiffons, de curettes en bois, jamais avec des curettes en métal.

Tir au pistolet. — Le tir au pistolet, comme celui au revolver, demande un entraînement spécial, mais l'éducation préalable et nécessaire est d'être devenu bon tireur au fusil, de savoir prendre vite la ligne de mire, de la maintenir en direction jusqu'au lâcher du coup.

Avec le revolver, ou le pistolet automatique, on peut être tenter d'user de la rapidité du tir et de lancer des balles dans le moindre temps. C'est là une grave erreur. Le tir au revolver exige le calme, le sang-froid, l'absence de nerfs encore plus que le tir au fusil. La plupart des balles qu'on tire précipitamment, même de tout près, manquent leur but.

A preuve, cette tragique et émouvante aventure qui advint au général de Chabot, jeune lieutenant de chasseurs à cheval au début de la guerre de 1870.

Envoyé en reconnaissance, il se trouva nez à nez dans une salle d'auberge en face d'un officier prussien. Les deux ennemis sautèrent sur leur arme. Le Prussien avait un revolver à six coups : le lieutenant français ne possédait qu'un pistolet à un coup. Le Prussien tira à la hâte cinq des balles contenues dans le barillet de son revolver; il ne put tirer la sixième car le lieutenant de Chabot, sans se laisser impressionner par la rafale qui ne l'atteignit d'ailleurs pas, visa tranquillement son ennemi et l'étendit à terre d'un coup unique de son pistolet.

Au sujet du revolver. — Le revolver est, si l'on ose dire, une arme à *deux tranchants,* aussi dangereuse souvent pour celui qui l'emploie et son entourage, que contre ceux auxquels on la destine. Pour ces raisons, le port du revolver doit être rigoureusement interdit à toutes les séances de Préparation.

Et chez nous, enfermons sévèrement sous clé les revolvers chargés, à l'abri des enfants, des domestiques, des imprudents; renonçons une fois pour toutes à cette déplorable manie de *montrer* et *d'expliquer* le revolver à un ami. En donnant ces avis simplistes, nous ne craignons pas d'être taxé de radotage. Chaque jour, les journaux relatent les mêmes accidents stupides, mais mortels, causés par le maniement du revolver *qu'on croyait non chargé !*

Exercice pour s'habituer à voir vite. — Prenez deux planchettes d'environ 0^m,30 de côté, divisées chacune en vingt-cinq cases; dix billes et dix petits cailloux (*fig.* 16). Donnez à chaque joueur une planchette, cinq billes et cinq petits cailloux. L'un d'entre eux

les dispose à son gré sur sa planchette et la montre
à son adversaire pendant cinq secondes, puis la cache.
L'adversaire doit alors placer sur sa planchette les

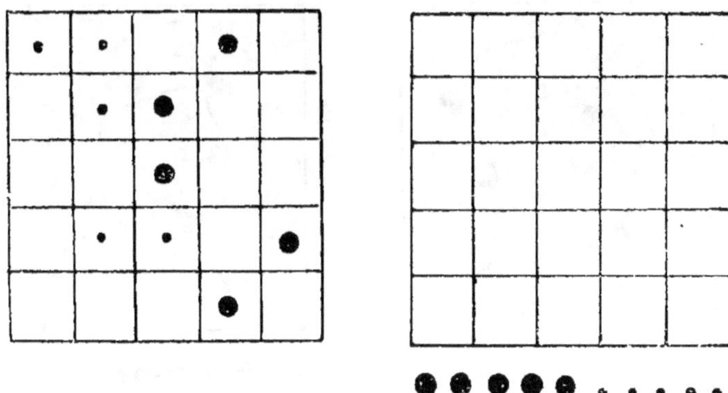

Fig. 16. — Exercice pour s'habituer à voir vite.

billes et les cailloux dans le même ordre que son
adversaire ; chaque erreur lui fait perdre un point.
C'est ensuite au tour du partenaire de chercher à voir
plus vite la planchette disposée par l'autre.

Le Boche dans sa tranchée. (EXERCICE POUR S'HA-
BITUER A VOIR DE LOIN.) — Prenez deux morceaux de
carton de 0^m,25 de côté et calquez sur les deux la
même silhouette de Boche (*fig.* 17) ; découpez vingt
rondelles de papier noir gommé d'environ 0^m,015 de
diamètre. Que l'un des joueurs en colle alors cinq ou
six rondelles sur son carton et l'expose bien en pleine
lumière. L'autre joueur, éloigné de 100 mètres, se rapproche jusqu'à ce qu'il puisse distinguer assez nettement les rondelles pour en coller de semblables placées
sur son carton. S'il peut le faire à plus de 75 mètres,
c'est qu'il a de très bons yeux : il marquera 15 points.
Entre 75 et 60 mètres, il marquera des points en

moins, diminués en raison de la distance. Jusqu'à 10 le résultat est très satisfaisant. On ne marque pas de points pour les distances plus rapprochées. Il est

Fig. 17. — Exercice pour s'habituer à voir de loin.

possible de varier à l'infini les conditions de visibilité s'appliquant à d'autres objectifs et d'avoir des concours variés du même genre.

Jeu des couleurs. — Le chef représente l'ennemi : il ne cherche pas à se cacher mais les Élèves-soldats doivent se cacher le plus possible. Si le chef aperçoit l'un d'eux, celui-ci est pris et doit demeurer à l'endroit où il a été vu pour la première fois. Le gagnant est celui qui a réussi à s'approcher le plus près.

Ce jeu permettra à l'Instructeur de faire ressortir l'importance des couleurs en matière d'uniforme : un Élève-soldat vêtu d'étoffe très sombre pourra être nettement distingué au milieu d'un pré : dans l'embrasure d'une fenêtre donnant sur une pièce sombre, il sera à peu près invisible, etc.

La cour de la ferme. — Cet exercice est excellent pour développer la mémoire visuelle.

Le chef donnera à chaque Élève-soldat une feuille de papier et un crayon, puis il les fera défiler rapidement à travers une cour de ferme et leur fera consigner par écrit les objets qu'ils auront pu voir. Celui dont la fiche portera le plus d'indications correctes sera classé premier ; le deuxième sera matché avec le troisième et le gagnant du match avec le quatrième, etc.

VIII. — LA NATATION.

> *Qui ne sçait nager, il n'est pas en péril pour* (à cause de) *son ennemi seulement, mais pour le péril de l'eaue ; et pour tout, il est convenable d'apprendre soy et son cheval à noer (nager).* RABELAIS.

Il est stupéfiant de constater que, dans notre pays, les deux tiers *au moins* des personnes ne savent pas nager. Il y a même nombre de marins qui ne savent pas nager !

Ainsi, en cas d'accident sur l'eau ou au bord de l'eau, deux sur trois de nos concitoyens en seraient réduits à couler au fond, comme des cailloux !

On ne peut être qu'humilié d'un tel état de chose, surtout si l'on constate que tous les primitifs, nègres, indiens, lapons, etc., savent nager, que tous les animaux sans exception savent nager ! Tout homme nagerait naturellement si l'appréhension, les gesticulations désordonnées, l'eau avalée ne lui faisaient perdre l'équilibre normal qui assure sa flottaison. Des mouvements très réduits lui suffisent pour se maintenir sur l'eau et y progresser.

En vain nous objectera-t-on qu'il n'y a pas partout des rivières et des fleuves et que, pour apprendre à nager, la condition première est d'avoir de l'eau. A cela nous répondrons que, dans un pays comme la France, il sera *toujours* possible de trouver, à proximité d'une ville ou d'une localité, un ruisseau, un canal, un étang, une mare, offrant, sur quelques mètres de superficie, une profondeur d'eau de 1 mètre à 1^m,50. C'est tout ce qu'il faut pour apprendre à nager.

Pour les Élèves-soldats, la natation ne doit pas être considérée comme une forme d'agrément, un sport de luxe, mais comme une branche très importante de l'éducation physique.

En conséquence, les Instructeurs s'efforceront de rechercher, dans leur localité ou aux environs immédiats, une étendue d'eau où, à défaut d'établissement de bains et de piscines organisés, il sera possible d'apprendre pratiquement à nager. Cette école de natation devra être choisie, cela va sans dire, d'accord avec les propriétaires riverains, ou les municipalités. A la rigueur, nous le répétons, une fosse profonde de 1^m,50, de 20 mètres carrés de superficie pourrait suffire.

Mais, avant de décider son choix, l'Instructeur devra s'entourer des avis des personnes compétentes. Ne jamais se baigner dans des eaux marécageuses ou souillées par les usines.

Sur une rivière, éviter les endroits à fonds vaseux, ou envahis par les herbes ; se rendre bien compte de la rapidité et de la direction des courants ; sur l'étendue de la baignade, sonder les fonds, repérer les diverses profondeurs, faire nettoyer le fond des débris de verre, de porcelaine, etc. Limiter l'emplacement de la baignade par des cordes que les élèves ne devront franchir sous aucun prétexte ; limiter par une autre corde l'enclave dans laquelle *le plus petit* des Élèves-soldats aura toujours pied.

Dans les rivières larges et profondes, les fleuves, avoir une barque en permanence pendant l'École ; garder sous la main la boîte de secours médicaux, une bouée de sauvetage, ou flotteur quelconque à lancer au bout d'une cordelette. Un fagot de roseaux forme un excellent flotteur, facile à improviser.

A l'aide de trois bâtons plantés à terre et de deux peignoirs, les Élèves-soldats édifieront *une cabine* de bain très suffisante, leur permettant de se sécher et de se frictionner, sans être tenus à ces rhabillages trop rapides et *trop humides*, auxquels sont obligés, par convenance, les baigneurs du plein vent.

Nous n'avons pas besoin d'attirer la scrupuleuse attention des instructeurs sur les précautions d'hygiène et de sécurité qui s'imposent à tous les moments de la baignade.

La méthode. — La *leçon* de natation doit se borner à des conseils très généraux : il s'agit d'encourager les novices à se confier, sans raideur, aux moyens naturels dont chacun de nous dispose. Laissons aux maîtres nageurs *vieux jeu* les enseignements compassés qui ne font que retarder l'essor du débutant.

Il y a beaucoup de méthodes pour apprendre à nager, comme il y a plusieurs procédés de nage (la brasse, la coupe, la marinière, l'indienne, etc.). D'aucuns proclament l'utilité des exercices préparatoires *à sec*, sur le chevalet; d'autres prétendent qu'il faut aider le nageur à ses débuts par des cordes, des brassières, des flotteurs à liège ou à cellules d'air. Nous estimons que le nageur peut apprendre lui-même, *tout seul*, en s'exerçant immédiatement dans l'eau, sans le secours d'aucun appareil (*fig.* 18). La seule prudence à laquelle il doive s'astreindre est d'aller progressivement, et de ne pas chercher à perdre pied avant d'être pleinement confirmé.

Le plongeon. — Lorsqu'on sait nager normalement et faire la planche, il faut apprendre à plonger. L'habitude du plongeon est une garantie contre la surprise d'une chute inopinée dans l'eau. Ne jamais plonger sans connaître la profondeur de l'eau. S'habituer à

nager entre deux eaux, *les yeux ouverts ;* au début, les
yeux brûlent, se congestionnent ; avec quelque habitude, ces inconvénients disparaissent et l'on parvient

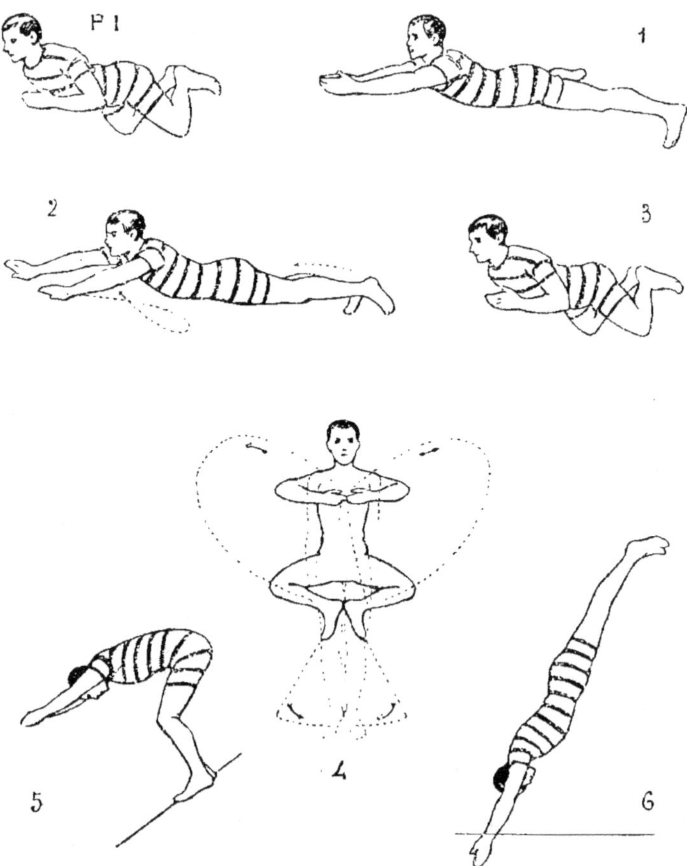

Fig. 18. — Natation et plongeon.

P. I. Position initiale du nageur. — 1. Mouvement, tendre les bras devant
la poitrine, les mains réunies. Allonger les jambes en les écartant le plus possible, la pointe des pieds en dehors et relevée vers le cou-de-pied. —
2. Écarter les mains, les paumes vers le bas, les côtés extérieurs relevés.
Réunir les jambes tendues. — 3. Faire décrire aux mains un quart de cercle,
en écartant les bras tendus, les fléchir au moment où ils passent à la position
latérale, fléchir les jambes et reprendre la position initiale. — 4. Les deux
mouvements de la nage sur le dos. — 5. et 6. Les deux temps de la plongée.

à y voir clair *sous l'eau.* C'est ajouter une chance sérieuse aux tentatives de sauvetage de noyés ayant coulé. Dans le même ordre d'idées, il est nécessaire de s'exercer à nager et à plonger tout habillé, avec ses vêtements ordinaires.

C'est une question d'entraînement progressif.

L'hygiène des bains. — Les bains, surtout les bains de mer, sont excellents pour la santé. Mais, pour en tirer tout profit et éviter des dangers parfois mortels, quelques précautions s'imposent : 1º ne jamais entrer dans l'eau, *au-dessus des cuisses*, que trois à quatre heures après les repas ; 2º même pour les meilleurs nageurs, se défier des courants et ne pas s'aventurer au loin sans l'assistance d'une barque ; 3º rentrer dès le premier frisson ; 4º ne pas prolonger le bain au delà de 15 à 20 minutes ; 5º après le bain de mer, se laisser sécher en évitant de s'essuyer ; 6º faire suivre le bain d'une promenade ou d'un exercice gymnastique pour assurer la réaction.

Enfin, attirons encore l'attention sur le danger sérieux qu'on court en se baignant *isolément* à un endroit non reconnu, soit d'une rivière, soit d'une plage de mer. De l'inconnu, tout est à craindre : les trous d'eau, les herbes, la vase, les courants, les filets et les lignes de pêcheurs aux hameçons malsains. Bien nager ne garantit nullement contre tous ces aléas.

Sauvetage d'un noyé. — Pour intervenir utilement, une suite d'actes et de réflexions très rapides doit précéder l'élan : si le sauveteur est habillé, qu'il se débarrasse vivement de sa veste, de son gilet et *de ses bretelles*, si possible de ses chaussures. Si le noyé flotte à peu de distance, chercher autour de soi un objet qu'on puisse lui lancer pour lui servir d'appui, morceau de bois, canne, ombrelle, chapeau même ;

car il s'agit moins de fournir au noyé un *flotteur* qu'une *prise* où il accrochera ses mains, garantie de réussite et de sécurité pour le sauveteur, ainsi qu'on le verra dans un instant. En outre, si le noyé coule, l'objet auquel il se cramponne peut servir à déterminer sa situation. Si le noyé a disparu, se faire une idée de la direction et de la vitesse du courant qui a pu l'entraîner. Des bulles d'air montant à la surface de l'eau peuvent aussi donner une impression de l'endroit où gît la victime.

Ceci fait, le sauveteur se jette à l'eau ; inutile de plonger. Réserver le plongeon s'il y a lieu de rechercher le noyé au fond. Se diriger vers le noyé et l'aborder *par derrière* ; le saisir par l'épaule près de l'emmanchure. Le pousser devant soi, en le remontant toujours vers la surface pour lui maintenir la tête hors de l'eau.

Le sauveteur ne doit jamais aborder le noyé par devant, car ce dernier aurait tendance naturelle à se cramponner et à paralyser les mouvements ; c'est pourquoi il est utile de lui fournir par avance un point de prise pour ses mains. Si le noyé se cramponne, par suite d'un faux mouvement, le sauveteur ne doit pas hésiter à se dégager et à abandonner un instant le noyé pour le ressaisir en arrière ; il y va du salut de deux personnes ! Si le noyé est évanoui et si la distance à parcourir est longue, le saisir par les cheveux, en le tournant sur le dos, la face hors de l'eau ; faire soi-même la planche et amener la tête du noyé contre la poitrine, qui lui servira en quelque sorte d'oreiller. Nager ensuite avec les jambes, lentement. Dans cette position, le sauveteur peut se soutenir sur l'eau avec le noyé pendant un temps assez long pour permettre l'arrivée d'un secours.

Sur une rivière ou un fleuve profond, si l'on opère en barque et s'il y a lieu de faire des plongées, prendre la précaution de se faire attacher par un cordage qui sera tenu par une autre personne demeurant dans la barque.

IX. — LA MARCHE

L'empereur gagne des victoires avec nos jambes.
Les Grognards, (campagne de 1805, Ulm, Austerlitz).

L'aptitude à la marche est une qualité essentielle pour un soldat. « L'empereur gagne des victoires avec nos jambes ! » proclamaient les grognards de 1805. qui, par la vertu d'étapes foudroyantes à travers l'Allemagne, avaient pu encercler et faire capituler dans Ulm une armée autrichienne de 200 000 hommes.

Aujourd'hui, malgré les chemins de fer, les automobiles et la forme stagnante sous laquelle nous apparaissent les opérations de guerre, l'importance de la marche n'a pas beaucoup diminué.

Pour atteindre leur poste de combat, nos fantassins doivent toujours parcourir nombre de kilomètres en arrière du front, sur des terrains où les routes cessent d'exister, parmi d'incroyables obstacles, avec un chargement qui exige des épaules de coltineurs.

Mieux encore, nos cavaliers ont mis pied à terre, et, comme leurs camarades de l'infanterie, ils sont obligés de prendre le « train onze », tandis que leurs fougueuses montures piaffent dans les écuries des cantonnements lointains.

Voilà pour le rôle militaire de la marche, et pourquoi la Préparation inscrit à son programme tous les moyens de former de bons marcheurs.

Mais si nous revenons dans la vie civile, ce sera pour établir que la marche doit être considérée comme une branche importante de l'éducation physique, à coup sûr la plus utilitaire. En effet, la marche est bien *le premier* des sports, le seul qui soit vraiment à la portée de tous.

Beaucoup de gens ne disposent pas de bicyclette, moins encore ont automobile, cheval ou voiture, très peu vont en ballon ou en aéroplane, tandis que tout le monde possède deux jambes, avec le pouvoir de s'en servir. Mais il y a encore la manière. Essayons de définir la bonne.

Soins des pieds. — Pour faire un bon marcheur, il faut de bons pieds et de bonnes chaussures.

Un gars vigoureux demeurera assis au bord de la route si ses pieds meurtris refusent de le porter, absolument comme un auto de la plus fine marque restera en panne par suite d'une roue cassée ou d'un pneu crevé.

Le soin des pieds, qui *portent*, est donc l'indispensable prélude des marches, grandes ou petites.

Passons sur les inconvénients connus, du ressort du pédicure : cors, durillons, etc., qui naissent le plus souvent d'un désaccord entre le pied et la chaussure. Retenons seulement les soins que le marcheur peut et doit se donner lui-même.

Les ongles doivent être coupés court, transversalement sans être arrondis sur les côtés, afin de prévenir *les ongles incarnés*. Si, à la douleur ou même à la rougeur, l'on s'aperçoit qu'une partie du pied a été comprimée par la chaussure, il convient de frotter avec de la graisse (pommade additionnée d'alun, ou même simple suif) la partie irritée. En cas d'écorchure, entourer la plaie d'une bande de linge fin imbibée d'eau blanche et graissée *extérieurement ;* couper nettement les lambeaux de peaux formant bourrelet. Percer les ampoules au moyen d'une aiguille enfilée à un fil de soie bien graissé. Laisser le fil dans la plaie. *Ne jamais exciser l'ampoule.*

Avant la marche, si les pieds sont en bon état, il est préférable de ne pas les graisser à titre préventif. Les Élèves-soldats ayant les *pieds tendres* pourront les durcir en les plongeant pendant quelques minutes dans une solution de formol à cinq pour cent. (Répéter le traitement trois ou quatre jours de suite.)

Un autre moyen excellent consiste à placer dans la chaussette une pincée de tan ayant déjà servi et finement pulvérisée. (Il est facile de s'en procurer dans les tanneries.) Au bout de quelques jours, les pieds, surtout sous la plante, sont littéralement *tannés* et rebelles aux excoriations. Après la marche, nettoyer les pieds avec un linge légèrement humide ; jamais de bains de pieds prolongés qui rendraient l'épiderme sensible.

La chaussure de marche. — Les chaussures de marche doivent être parfaitement adaptées à la conformation du pied : ni étroites, ni trop larges. La semelle débordante, pas trop épaisse pour ne pas alourdir la chaussure. A l'intérieur, aucune aspérité, ni de couture mal arasée. Deux centimètres de longueur en plus du pied. Le laçage ne doit pas comprimer le coup de pied.

L'entretien de la chaussure est d'une importance extrême. Le cuir doit toujours être souple et onctueux. Pour cela, il faut graisser les chaussures tandis qu'elles sont encore légèrement humides, et faire pénétrer la graisse dans le cuir, à l'aide d'un bâtonnet, ou mieux *avec le pouce*. Ne jamais faire sécher les chaussures près du feu. C'est une erreur répandue de croire qu'il faut laisser sécher ses chaussures avant de les graisser ; le cuir doit renfermer *environ* 8 pour 100 *d'eau de composition ;* si cette eau disparaît, il faut la rendre au cuir en le mouillant.

Les semelles uniformément cloutées rendent la

chaussure lourde et fatiguent la plante des pieds. Il est préférable de se borner à deux rangées de clous fins suivant les contours de la semelle. Après une marche en terrain très sec, avoir soin de tremper la semelle dans l'eau : faute de cette précaution, les clous risqueraient de se détacher de la semelle.

A l'arrivée, l'on doit toujours changer de chaussures : pour reposer les pieds, mettre alors des chaussures légères, et même des espadrilles. User de chaussettes en laine fine, plutôt qu'en coton.

Tenue en marche. — Pour la marche, toutes les parties du vêtement doivent être aisées. Le costume-type serait le suivant : chemise sans col (un foulard pour la gorge en cas de besoin), la culotte large et courte, les jambes nues. Toutefois, pour les longues marches, l'on pourra entourer les jambes de bandes molletières, pas trop serrées. Sur la tête un feutre mou, dont les bords souples protègent aussi bien du soleil que de la pluie. *Les vêtements imperméables entravent la transpiration et sont détestables.* Mieux vaut subir la pluie et se changer en arrivant.

Régler sa marche. — Sous peine d'aboutir promptement à la fatigue, la marche doit être sévèrement réglée. En terrain moyen, la vitesse ne dépassera pas 5 kilomètres à l'heure. Par petits groupes, l'on pourra faire une halte régulière de 15 minutes toutes les deux heures. Lorsqu'on est en grande troupe, il convient de se rapprocher de la discipline de marche adoptée pour les soldats : vitesse de 4 kil. 500 à l'heure, halte de 10 minutes toutes les 50 minutes. En cas d'étape longue, au-dessus de 20 kilomètres, faire, après avoir parcouru au minimum les deux tiers de la route, une grande halte d'une heure au moins, avec léger repas.

Entraînement. — Un entraînement rationnel à la marche doit être *lent*, *progressif* et *continu*. On l'obtient moins par de très longues marches effectuées coup sur coup que par une marche modérée, 8 à 10 kilomètres, répétée journellement pendant 2 à 3 semaines. Des jeunes gens de 15 à 20 ans, convenablement entraînés, peuvent *sans fatigue* couvrir des étapes de 20 à 25 kilomètres pendant 5 jours de suite.

La conduite de l'entraînement est surtout l'affaire de vos instructeurs, mais comme il importe que vous secondiez leurs efforts, ils nous permettront de leur apporter ici, devant vous, quelques indications basées sur la pratique. Ainsi, les instructeurs devront-ils s'efforcer tout d'abord de donner à leur troupe *le goût* de la marche avant même que d'entreprendre l'entraînement. Pour y atteindre, ils persuaderont à leurs Élèves-soldats de toujours exécuter à pied, dans la vie coutumière, les mêmes trajets que ceux-ci sont souvent tentés d'accomplir en tramway, à bicyclette, etc., même lorsqu'ils ont le temps devant eux. En ne cédant pas à cette forme de paresse, si naturelle, parce qu'elle trouve son excuse dans la précipitation hâtive de notre vie moderne, les Élèves-soldats procéderont eux-mêmes, et d'une manière continue, à leur entraînement.

Cette bonne et courageuse habitude prise, les efforts à réaliser par la suite seront réduits d'autant.

Aussi bien, dans les campagnes, un grand nombre d'Élèves-soldats seront-ils tenus par les circonstances d'abattre plusieurs kilomètres sur route pour atteindre leur centre de Préparation et en revenir.

Quant à l'entraînement proprement dit, il devra être conduit par les instructeurs avec la plus grande sagesse, en se basant toujours sur les moins résistants. Avant d'entreprendre des randonnées à travers champs, les instructeurs feront bien de conduire quelques marches sur route : certes, la route est moins attrayante que l'imprévu de la pleine campagne, mais seule, la route permettra aux instructeurs d'acquérir une impression nette sur la résistance à la fatigue de leur troupe. C'est pourquoi l'on ne saurait trop leur recommander d'exécuter une marche d'épreuve au moins toutes les six semaines.

Les instructeurs passeront une revue minutieuse des chaussures et, au besoin, des pieds, *avant* le départ et *après* l'arrivée.

Pour régler l'allure de la marche, ils désigneront comme guides ceux des Élèves-soldats leur paraissant avoir le pas égal : ils vérifieront d'ailleurs souvent, à la montre, la distance couverte entre deux bornes kilométriques et apprécieront ainsi avec exactitude la vitesse et la régularité de la marche.

Pendant les haltes, ils veilleront à ce que les Élèves-soldats reposent réellement, sans jouer, ni courir.

Lorsque les Élèves-soldats seront munis d'un bagage de route, sac de modèle militaire, etc., les instructeurs porteront une attention particulière à la juste répartition des charges, les plus jeunes et les moins vigoureux devant naturellement porter le moindre poids. Également, ils vérifieront avec soin l'ajustage des sacs aux épaules. Aux Élèves-soldats ayant les omoplates saillantes, ils conseilleront d'interposer de petits coussinets d'étoffe ouatée entre la bretelle du sac et l'épaule, ce qui évitera gêne et douleur. En cours de route, ils encourageront la bonne camaraderie et la solidarité, en poussant les plus forts à aider et à soulager les plus faibles.

Sauf le cas d'un service à rendre à l'ensemble de la troupe, comme de préparer un logement, de chercher de l'eau, des vivres, ils ne souffriront pas que certains Élèves-soldats, lors d'une marche commune, utilisent la bicyclette, d'autres la voiture, d'autres le chemin de fer. Ils leur feront comprendre que la troupe forme un *tout* et doit rester unie, dans la fatigue, comme dans la distraction : là gît un des devoirs essentiels de bonne camaraderie et de solidarité.

D'ailleurs, aucun Élève-soldat ne doit s'écarter du rang, traîner en arrière, ou s'arrêter en route sans que l'instructeur en soit averti.

L'instructeur a en effet le droit et le devoir de connaître à tout instant où sont et ce que font les Élèves-soldats confiés à sa vigilance. Cette règle s'observera avec encore plus de rigueur au cantonnement ou dans les déplacements de longue durée.

Signalons enfin un moyen bien simple de donner à chaque section d'un même groupe, forts, moyens, faibles, l'entraînement mesuré sur la vigueur respective des individus : il consiste à fixer un itinéraire et un point d'arrivée commun calculé d'après les plus faibles, et à faire exécuter aux plus forts une boucle supplémentaire de 4 à 8 *kilomètres*.

L'entrain par la chanson. — La pratique de la route comporte aussi son hygiène morale, celle que savent si bien appliquer les soldats français. L'entrain, la gaîté permettent de réagir contre la première lassitude, le bercement rythmé de la chanson conduit, sans qu'on s'en doute, jusqu'au bout de l'étape.

Il ne convient pas toutefois d'entamer les chants dès le départ : il faut réserver ce secours pour la dernière partie de l'étape, alors que certains commencent à tirer la jambe !

Est-ce trop demander à nos Élèves-soldats de s'inspirer des belles chansons qu'entonnèrent leurs aînés au cours de tant d'étapes glorieuses à travers le monde, refrains gaulois, jamais obscènes, et de laisser à d'autres les ritournelles imbéciles, équivoques et grossières venues des cafés-concerts. Ils feront preuve de goût, qualité maîtresse des gens de France, qu'il ne faut pas laisser perdre.

Hygiène de la route.— Ne pas partir à jeun, mais non plus immédiatement après un des grands repas. Boire avec modération, lentement, jamais d'eau glacée. On calme très bien la soif en se gargarisant avec de l'eau fraîche qu'on a soin de ne pas avaler. *L'ingestion rapide d'une grande quantité d'eau peut entraîner des accidents très graves, et même la mort par congestion.* Emporter dans sa gourde de l'eau mélangée de café ou de thé : c'est la boisson la plus saine. Éviter les repos dans les endroits humides ou trop frais : ne jamais se coucher sur le ventre dans l'herbe. Éviter de dormir lors des haltes, un mauvais sommeil de quelques instants étant toujours suivi d'un affaissement de l'organisme. Sucer en route cinq ou six morceaux de sucre. Le sucre est l'élément d'épargne par excellence.

Précautions contre la chaleur. — Pendant les périodes de chaleur, partir de grand matin. Suspendre la marche entre 10 heures et 3 heures de l'après-midi. Éviter les routes qui suivent les bas-fonds, les vallées encaissées, où l'air ne circule pas ; prendre de préférence les routes des plateaux. Se protéger du soleil par un mouchoir ou un couvre-nuque.

L'insolation (vulgairement, coup de soleil) est une affection locale de la peau des mains ou du visage exposés au soleil. Incident peu grave et sans suite, qui s'atténue à l'aide de lotions froides sur la partie insolée, et mieux en y étendant une couche de vaseline.

Le coup de chaleur, au contraire, est un accident très sérieux, qui peut provoquer l'arrêt de la circulation et un véritable commencement d'asphyxie. Les symptômes du coup de chaleur sont : le manque d'entrain, la marche incertaine, la transpiration excessive, enfin la pâleur livide qui précède l'évanouissement. Au premier signe de faiblesse, arrêter le malade à l'ombre, dégager son cou et sa poitrine, le faire étendre, la *tête basse*, lui asperger le visage, ou mieux, lui flageller vigoureusement le visage, le cou, la poitrine avec un mouchoir trempé dans l'eau. En cas de faiblesse prolongée, employer les tractions rythmiques de la langue (voir page 266) et, si possible, mander d'urgence un médecin.

Bagage de route. — Le bagage à emporter en route doit être mesuré avec parcimonie. Il y a un intérêt majeur à ne pas se charger d'objets encombrants ou inutiles qui *font poids*. Le sac mou arrimé aux épaules à l'aide de larges bretelles est de beaucoup la façon la meilleure de porter un fardeau. On a ainsi les bras libres et la poitrine dégagée, à condition toutefois que le sac soit bien ajusté aux épaules, ni trop haut, ni trop bas. Rejeter, en tous cas, les sacoches à banderoles étroites qui compriment la poitrine, placent la charge en porte-à-faux sur un seul côté du corps et opèrent une traction fatigante sur une même épaule. Rejeter également les rouleaux passés en sautoir qui engoncent et étouffent.

Comme complément d'équipement, une gourde ou un bidon d'une contenance d'un demi-litre à un litre ; un bon couteau dans la poche.

Pour le matériel nécessaire à la confection des repas sur la route et les recettes de la cuisine du plein air, se reporter au chapitre IX de la troisième partie.

De quoi est faite une bonne route. — *A.* Chaussée empierrée ou macadamisée, légèrement bombée pour favoriser l'écoulement des eaux.

B. Bas-côtés ou accotements, terrain mou, simplement battu. — *F.* Fossés.

Jusqu'à l'ingénieur écossais Mac-Adam (commencement du XIXᵉ siècle), la chaussée des routes était chargée de grosses pierres, qui remontaient et se dé-

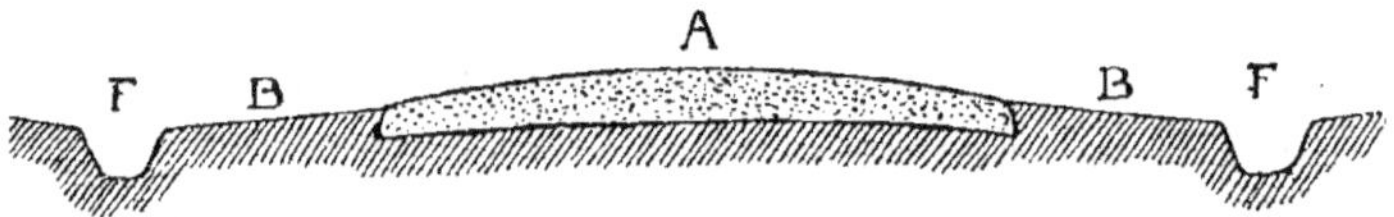

chaussaient : Mac-Adam employa les pierres concassées (couche de 0ᵐ,25 d'épaisseur), puis tassées avec un rouleau, enfin cimentées entre elles avec du calcaire en poudre, qui, arrosé, fait office de mortier.

POUR DEVINER LE TEMPS QU'IL FERA.

Il fera :	CIEL.	NUAGES.	VENTS.	ANIMAUX.
Beau...	Bleu éclatant; rose au coucher du soleil; gris clair le matin; brouillard léger; étoiles scintillantes.	Légers et élevés; contours vagues; couleur blanche transparente.	Du Nord ou de l'Est, faibles.	Les hirondelles volent très haut les cigales chantent; les grenouilles restent au fond des mares.
Pluie...	Rouge le matin; brouillard épais et haut, jaune le soir, étoiles laiteuses, halo autour de la lune.	Gros nuages noirs; bande uniforme montant sur l'horizon.	D'Ouest ou du Sud-Ouest.	Les hirondelles rasent la terre; les oiseaux crient et s'agitent; les grenouilles montent à la surface et coassent.
Vent...	Bleu, noir ou orange.	Lourds, bien formés.	Souffles violents et courts, par saccades, quelques heures avant le début d'un ouragan.	Le bétail au pré s'assemble dans les coins abrités.
Changement.	Bandes rouges et or au coucher du soleil.	Bandes de nuages étroites et brillantes; ciel pommelé.	Sautes de vent.	Agitation et énervement des animaux.

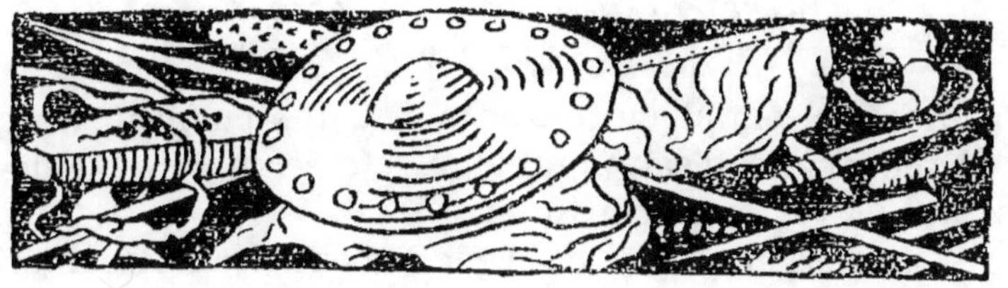

L'ENTRAINEMENT PHYSIQUE APPLIQUÉ

L'éducation physique donne à l'Elève-soldat des qualités de vigueur et de souplesse, condition nécessaire à son rôle futur, mais non tout à fait suffisante.

Sa préparation ne serait pas complète si elle ne tendait à adapter cette force au milieu où il est appelé à en faire usage.

Or, le soldat ne se bat que tout à fait exceptionnellement dans les villes. Son terrain d'action se situe en pleine campagne.

En bonne logique, l'Élève-soldat sera placé sur ce terrain dès le début de son instruction. Cette éducation en terrain varié l'habituera à s'y mouvoir en dépit des obstacles, à s'y diriger, à s'y reconnaître, non comme un simple promeneur, mais comme un individu en alerte, aux sens aiguisés, l'œil vif, l'oreille tendue, obligé de dissimuler sa marche, sous peine de recevoir un coup de fusil, tenu d'observer tous les indices afin de rapporter des renseignements précis.

Puis, pour être tout à fait libre de ses mouvements au dehors, il apprendra à se suffire à lui-même, à allumer du feu et cuire son « frichti » en plein vent, à reconnaître l'eau potable, à se créer un abri, à défaut de tente, pour camper.

Mais les nécessités de la guerre conduisent à fouiller, triturer, transformer le terrain naturel. Les tranchées défoncent les champs, les abattis fauchent les bois, les réseaux de fil de fer s'étendent comme une toile d'araignée sur d'immenses étendues pour former obstacle. De ces travaux perpétuels, gigantesques, qui échoient au combattant, l'Elève-soldat doit en connaître l'élément, et savoir le maniement des outils usuels.

Enfin, l'Elève-soldat apprendra à tirer. — Nous avons déjà insisté sur l'importance primordiale du tir (page 119).

Connaissance et emplois du terrain, maniement de l'outil, formation de bons tireurs, « débrouillage » de l'individu par toutes les pratiques de la vie au grand air, voici donc les matières simplistes auxquelles se réduira l'instruction technique pré-militaire.

Ajoutons-y les quelques mouvements d'ensemble nécessaires pour mettre les groupes en rang, les faire marcher en ordre, et ce sera tout.

Donc, pas de maniement d'armes, d'écoles de compagnie, de service en campagne avec théorie tactique. Ou du moins, que ces mouvements d'ensemble en armes n'appartiennent pas au domaine propre de l'instruction et demeurent cantonnés dans le cadre des réunions et fêtes, des revues et autres cérémonies par lesquelles il est tout à fait licite de voir les Sociétés de Préparation militaire affirmer leur existence et susciter l'attrait des jeunes.

Ces pratiques trouveront plus tard leur vraie place à la caserne. Prématurément elles n'aboutiraient *à rien*, sinon à amuser quelques-uns de nos jeunes gens qui cèdent au plaisir enfantin, fort naturel d'ailleurs, de « jouer aux soldats ».

Pour qu'ils ne se chagrinent pas de ces réserves, nous dirons ceci à ces jeunes gens : au régiment, lorsque les recrues arrivent, l'on commence par leur faire déposer pendant un mois, six semaines, le fusil au râtelier. Donc, les chefs militaires estiment qu'il y a d'autres instructions plus urgentes à instituer au début que celles du « portez arme ». Et puis, mes camarades, combien ces exercices de libre allure à travers champ, d'initiative, de finesse vous paraîtront plus attrayants que les mouvements compassés de la place d'armes !

Le mieux est l'ennemi du bien.

Bornez-vous donc au programme, déjà si complet, possédez-le bien, et plus tard vos officiers vous apprendront le reste.

En un tour de main, ils feront de vous de vrais soldats.

I. — L'ART DE SE DÉBROUILLER.

> *Le Français, né malin...*
> Boileau.

La Préparation au service militaire, telle que nous l'entendons, doit se confondre, nous ne saurions trop le répéter, avec l'éducation générale de la jeunesse. Elle sera la suite immédiate, ou l'accompagnement, de toutes les mesures ayant trait à la formation et au perfectionnement de nos garçons, enseignement post-scolaire, enseignement professionnel.

Nous, les militaires, nous prétendons armer nos enfants pour la Vie, au même titre que nous nous efforçons de les armer pour la défense de la Nation.

Vivre, n'est rien : la plante vit, le minéral vit. Toute la vie intelligente tient dans l'ACTION et le MOUVEMENT. Les jeunes gens doivent donc apprendre à agir bien, à agir vite, car en paix comme en guerre, la complication et l'intensité de plus en plus grandes de nos moyens modernes prêtent à la rapidité d'action, au *temps*, une valeur qu'on ne lui attribuait pas jadis. L'art d'épargner le *temps* peut s'appeler l'art de vivre double.

D'autre part, la *Vie active* revêt de plus en plus le caractère d'une lutte. L'homme vraiment énergique doit se préparer à surmonter les difficultés et les obstacles qui proviennent soit de ses propres impulsions, soit des autres hommes, soit des choses inertes qui l'entourent.

Or, à côté de l'éducation, de l'instruction et des connaissances professionnelles, existent des règles sûres, de saines et logiques habitudes, et aussi de menus artifices, propres à faciliter l'usage de l'énergie et du mouvement, qui, procurant l'épargne du temps, conduisent à l'économie des forces.

De même que toutes les choses très simples, ces règles pratiques nous échappent parce que nous n'y pensons pas, ou bien que nous les accomplissons inconsciemment. Mais comme nos efforts grands et petits deviendraient plus légers si nous nous y préparions par une adaptation de notre volonté et de notre énergie, par une éducation préalable! Donc, apprenons à nous débrouiller!

Se débrouiller! Voilà une expression sans doute peu académique, mais combien parlante! De suite, elle marque l'antithèse entre la personne lente, empruntée, maladroite, et l'autre, alerte, industrieuse, habile; elle oppose celui *qui se noie dans un verre d'eau* à celui qu'on ne *prend jamais sans vert*.

L'adresse vient du *cerveau* pour aboutir aux *mains*. Elle n'est pas autant qu'on le pense un don naturel: comme la force, elle se cultive par l'habitude de la réflexion prompte et par l'exercice.

L'Elève-soldat tendra à devenir *un débrouillard* dans la bonne acception du mot, et non le *débrouillard* tel qu'on l'entend parfois, sorte de luron, bon diable au demeurant, qui sait tirer son épingle du jeu, et au besoin du jeu des autres.

Manier les outils. — Quelle que soit sa condition sociale, un jeune homme doit apprendre à manier les outils. Interrogez un apprenti menuisier, il vous dira que le marteau, les tenailles, la scie, etc., sont de véritables *machines* qui demandent à être conduites avec précision pour fournir un bon travail, que l'art d'enfoncer un clou n'est pas quelconque. Il en est de même pour tous les autres métiers : sans prétendre devenir un maître-ouvrier, chacun de nous peut et doit connaître le rudiment des métiers usuels.

Un bon couteau dans la poche. — Cette éducation préalable de l'ingéniosité du cerveau et de l'adresse manuelle paraît indispensable à nos jeunes gens, s'ils ne veulent pas se voir arrêter, troubler, accabler par la moindre anicroche. Qu'on s'imagine le cycliste ou l'automobiliste incapables de réparer eux-mêmes les petites avaries de la route ! Encore cyclistes et chauffeurs ont-ils leur sacoche d'accessoires ou leur boîte d'outils. Voyons plus simple, et prenons le cas de l'Elève-soldat en route qui ne peut s'encombrer d'un bagage pesant et doit faire tenir dans sa poche tout son atelier de réparation. Un couteau solide, bien compris comme lames, peut suffire à tout, à la condition que dès leur jeune âge, à la maison, à l'école, nos garçons aient appris à manier les outils usuels. Un des modèles le plus parfait est le couteau réglementaire de l'armée suisse.

Avec le couteau, une demi-douzaine d'épingles ordinaires, autant d'épingles anglaises, une petite trousse de couture comprenant du fil, des aiguilles, quelques boutons et crochets.

Enfin des ficelles de force et de longueur variées, beaucoup de ficelles.

Hymne à la ficelle. — Au dehors, la ficelle joue un rôle universel et, pour en faire apprécier l'importance, retraçons le panégyrique que prononça un jour devant nous un vrai professionnel de la route, un vieux chemineau :

La ficelle ! monsieur, mais pour moi, elle est aussi nécessaire que le pain ! La ficelle nouée, c'est la *malle* dans laquelle j'emporte mes hardes ; tendue, c'est l'armoire sur laquelle j'étale mon linge ; c'est le ruban qui fait tenir mon chapeau sur la tête, c'est la cravate qui ferme le col de ma chemise, la ceinture qui soutient mon pantalon, la guêtre qui s'enroule autour de mes jambes. Elle remplace les boutons défaillants de mes habits et les lacets de mes souliers, quand, par aventure, il m'arrive d'en avoir. C'est encore l'arme de chasse grâce à laquelle je prends des lapins au collet, et la ligne qui me vaut des pêches miraculeuses. La ficelle, elle forme l'arête du toit de mes maisons de campagne en paille ou en branchages, la porte que j'entre-croise pour être chez moi dans les cavernes et les trous de rochers. Elle me permet de boire frais en descendant ma marmite jusqu'au fond des puits. Quand je n'ai pas de tabac, je la fume dans ma pipe pour tromper mon ennui, et quand j'ai faim, je la trouve pour me serrer le ventre. Par elle, je suis maître de ma destinée : n'ai-je pas toujours une corde pour me pendre ? La ficelle est l'inséparable amie et l'indispensable compagne du vagabond.

Apprendre à faire des nœuds. — Avec ce praticien de la route, reconnaissons que la ficelle nous rendra quelques-uns des services signalés, et d'autres encore. A une condition pourtant, c'est de savoir la *nouer* (*fig.* 19). La ficelle qui se détache n'est plus l'amie de toutes les circonstances, c'est le serpent qui glisse et qui trahit ! Il faut donc apprendre à faire des nœuds solides et indéfectibles : cette question, qui peut sembler badine, a été jugée assez importante pour

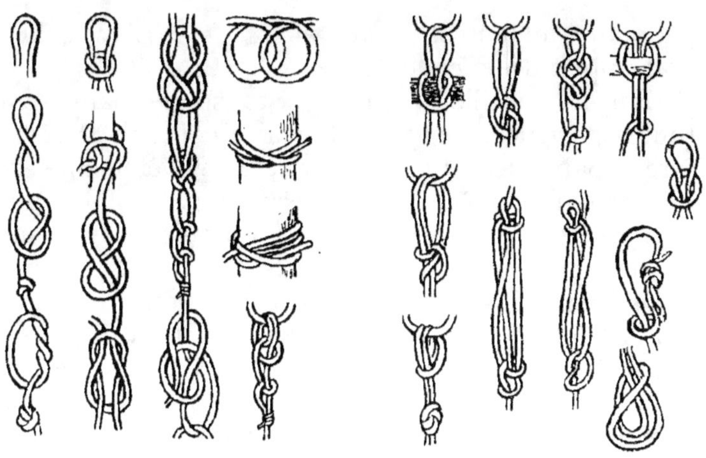

Fig. 19. — Différentes formes de nœuds.

faire l'objet d'une *école* indispensable aux marins et aux soldats. Sachant manier couteau et ficelle et faire des nœuds, nous pourrons *assembler des morceaux de bois*, c'est-à-dire dresser la carcasse de nos maisons de fortune, confectionner les sièges et les tables de nos campements, créer des passerelles solides sur les ruisseaux, et encore amarrer une barque sans qu'elle parte au fil du courant, attacher un cheval sans risque de le voir s'échapper, remplacer un trait cassé, etc.

Tresser. — Et pour posséder complètement l'art de la ficelle, apprenons à tresser. L'union fait la force ; avec trois ou quatre petites ficelles, il est possible de fabriquer la grande corde qui nous est nécessaire.

Munis de ces principes, ce sera un jeu plus tard de confectionner des tresses en paillasson, en jonc, qui seront d'un usage si utile pour servir de liens de fortune et pour l'aménagement de nos campements.

Couture et entretien des effets. — L'Élève-soldat doit apprendre à coudre.

Dans la famille, sa mère, ses sœurs paraissent toutes désignées pour l'initier à la couture. Il devra être capable de faire une reprise à ses vêtements, de remettre une pièce *de-dessous* pour consolider une place d'étoffe éraillée, de refaire un point d'arrêt aux poches, etc.

De même, il s'exercera à faire une couture dans le cuir à l'aide de l'alêne de cordonnier et du fil poissé. Ainsi, il sera en état, sinon d'opérer un ressemelage, du moins de consolider une semelle prête à se détacher. Il saura remettre des clous sous les chaussures.

L'art de faire son sac. — L'Élève-soldat devra apprendre à faire son sac de route. Mettre en bonne place les menus objets, plier le linge et les effets sous un volume minime, en utilisant l'espace parcimonieusement mesuré, sans bourrage excessif, c'est là une tâche plus ardue qu'on ne suppose !

En allant du petit au grand, l'Élève-soldat qui aura appris la bonne manière de faire un sac, ne se trouvera plus embarrassé pour faire une valise ou une malle.

Combien utile aux voyageurs sera cette connaissance qui leur permettra d'emporter l'indispensable en rejetant le superflu, de ranger effets et objets suivant leur fragilité et leur utilité première ; ainsi économiseront-ils l'espace, le poids, et par suite l'argent.

II. — SAVOIR SE DIRIGER.

C'était un vieux routier :
Il savait plus d'un tour...
La Fontaine.

L'homme est bien moins doué que les bêtes.
— Qu'on abandonne, au beau milieu d'une forêt, un
homme, un chien, un cheval et un pigeon, l'un et les
autres n'étant jamais venus dans le pays, mais ha-
bitant les environs, à quelques lieues : tout aussitôt,
l'on verra le pigeon regagner son pigeonnier à tire-
d'aile, le cheval prendre le chemin de son écurie, le
chien flairer la piste qui le ramènera vers son habitation. Seul, l'homme se trouvera dans l'embarras le
plus cruel et en sera réduit à errer au hasard, parce
que, seul de tous ces animaux, il ne possède pas
l'instinct de la direction. Et il lui faut bien suppléer à
cet instinct défaillant par une éducation spéciale.

Pour ne pas divaguer en aveugle sur le terrain,
qu'il apprenne d'abord à se diriger !

Demander son chemin est un art. — Pour savoir
où l'on va, le plus simple, dirait M. de la Palice,
c'est de demander sa route. Eh bien ! trop souvent,
par fausse honte, on hésite à le faire, ou l'on se con-
tente de renseignements trop vagues, trop imprécis
pour en tirer profit. En particulier, les gens de la
campagne parlent généralement pour *eux-mêmes* et
passent sous silence tel détail à eux familier, mais
qui seul est susceptible de frapper l'attention du
voyageur étranger. Il faut insister, leur demander de
parcourir *en imagination* la route qu'on souhaite prendre, leur faire décrire à mesure les points saillants,
une ferme isolée, un château, un carrefour avec un
arbre en boule, un pont de bois, etc. Il faut encore

contrôler le renseignement en interrogeant une autre personne. Il est classique de se méfier des temps et des distances indiqués : *un petit quart d'heure. C'est à deux pas... Au haut de la côte, on est rendu,* etc. Se

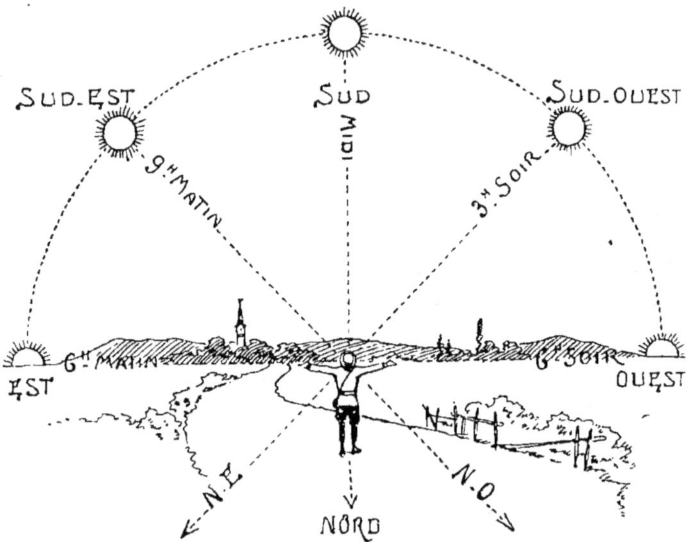

Fig. 20. — Orientation par le soleil.

méfier également des raccourcis et des traverses : le plus souvent c'est réunir toutes les chances pour se perdre et aller moins vite.

Orientation. —Parfois l'on se trouvera loin des habitations, en dehors des routes. Il faut donc pouvoir s'orienter et s'habituer à trouver seul son chemin, de jour comme de nuit.

Un premier moyen mécanique nous est offert par la boussole, qui donne sensiblement la direction nord-sud, la pointe bleue étant dirigée vers le nord. *Le pôle magnétique se place à 16° à l'ouest du pôle Nord, le Nord vrai se trouve donc à 16° à droite de la pointe bleue de l'aiguille*. Se plaçant dans la direction du Nord, on a le Sud derrière soi, l'Est à droite, l'Ouest à gauche : on est *orienté*.

En notre siècle, quiconque doit savoir se servir

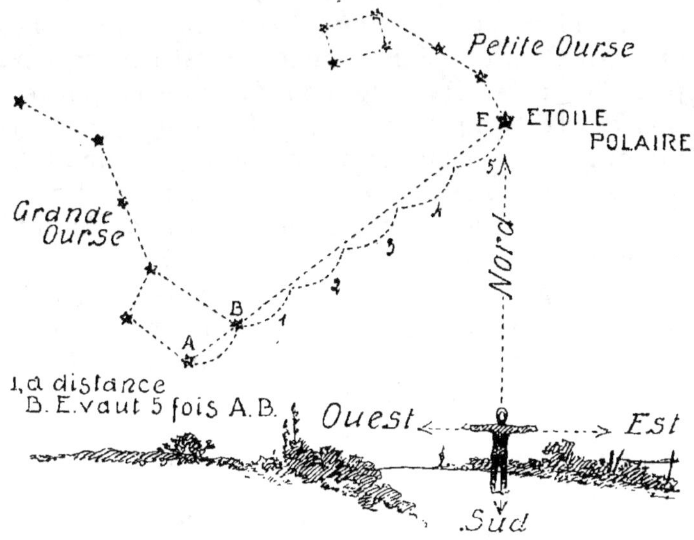

Fig. 21. — Orientation par la Polaire.

d'une boussole et lire les indications données par l'aiguille aimantée, absolument comme on doit savoir lire l'heure sur le cadran d'une horloge ou d'une montre.

Pendant le jour le soleil, pendant la nuit la lune et l'étoile Polaire, permettent de déterminer les 4 points cardinaux.

Orientation par le Soleil. — Les jours de soleil, et lorsqu'on connaît l'heure, il est très simple de s'orienter très suffisamment (*fig. 20*). Quoi qu'en disent certains savants par trop précis, le soleil se lève à l'Est, se trouve à midi au Sud, et se couche le soir à l'Ouest.

Comment s'orienter pendant la nuit à l'aide de l'étoile polaire.—L'étoile polaire est très sensiblement, et à tous les instants, à la même place du ciel, dans la direction du Nord (*fig. 21*). Cette étoile appartient à la constellation de la Petite-Ourse, ou Petit-Chariot : elle est placée à l'extrémité de ce qui figure le *timon* du Petit-Chariot. Mais comme elle est peu brillante, pour la repérer plus vite, l'on s'aide de la constellation de la Grande-Ourse (ou Grand-Chariot), très brillante au contraire et qui présente la même figure inversée que la Petite-Ourse. En considérant les deux étoiles A et B formant l'arrière du Grand-Chariot et en prolongeant la ligne droite qui les réunit de cinq fois la longueur vers le timon du Petit–Chariot, l'on trouve la Polaire. Il faut bien s'habituer à reconnaître du premier coup ces deux constellations, très faciles à trouver d'ailleurs.

Comment s'orienter à l'aide de la lune.

LUNE —		A l'Est à	Au Sud à	A l'Ouest à
Pleine lune........	○	6 h. soir	minuit	6 h. matin
Premier quartier...	☽	»	6 h. soir	minuit
Dernier quartier...	☾	minuit.	6 h. matin	»

Nota. — Consulter un calendrier pour la période de lunaison. Méthode impraticable en *nouvelle lune* puisque la lune est alors invisible.

Les boussoles de la nature. — Si le temps est couvert, d'autres indices permettent de s'orienter : les murs, les rochers, les arbres, les bornes sont plus humides ou plus garnis de mousse du côté du Nord-Ouest (vent de la pluie, dominant en France). Pour la même raison, les arbres isolés, les poteaux, les croix inclinent vers le Sud-Est. Dans les églises, l'autel est le plus souvent à l'Est. Le côté nord des rues est toujours plus humide que le côté sud.

Marcher vers un but. — Étant orienté, il faut s'exercer à marcher dans une direction déterminée. Pour cela, il convient de se placer face à la direction qu'on veut suivre ; puis on cherche sur cette direction des points de repère bien visibles et aussi éloignés que possible. Également, on prendra des points de repère annexes, à droite et à gauche de la direction voulue : par exemple, l'on saura qu'il faut laisser tel village à 500 mètres environ, à sa gauche, longer telle rivière pendant 300 mètres, etc.

Appréciation des distances. — Il est donc très utile d'apprécier les distances, soit en les mesurant au pas, soit à la vue. On mesurera assez exactement le chemin parcouru en sachant le nombre de pas qu'on fait habituellement pour 100 mètres : cette notion s'acquiert rapidement par *l'étalonnage* du pas sur 100 mètres. Inversement, sachant le nombre moyen de pas qu'on fait en une, cinq, dix minutes, on déduira du temps de marche, la distance parcourue.

Il est également possible d'étalonner le pas et le trot d'un cheval, soit à la selle, soit à la voiture. Enfin, voitures, bicyclettes, automobiles, permettront de déterminer la distance parcourue, en comptant les tours de roues et en sachant la distance couverte par chaque tour de roue (ce qui implique pour la bicyclette la connaissance *du développement*). Nous donnons au chapitre V plus de détails sur les différents moyens d'apprécier les distances.

Lire la carte. — La carte est l'aide indispensable des courses à travers la campagne. Qui saura s'orienter et se servir d'une carte pourra se passer de guides et même d'indications. La carte qui parle le mieux aux yeux et à l'esprit, qu'on trouve partout pour un prix modique, est la carte d'état-major à l'échelle du 80 millième. La carte d'état-major donne la représentation *exacte* du terrain avec ses accidents, ses rivières, ses routes, ses villes, fermes, maisons isolées, etc., tel qu'il apparaîtrait à un observateur planant dans un ballon à une très grande hauteur.

Pour *lire* la carte et utiliser toutes ses indications, il faut étudier les signes conventionnels, qui sont comme l'alphabet de cette lecture (*fig.* 22). A l'échelle de la carte, 1 centimètre représente 800 mètres de terrain ; d'après cela, un kilomètre sur la carte est représenté par une longueur de 12 millimètres 1/2. Le moyen le plus simple et le plus rapide de mesurer une distance sur la carte est d'avoir préparé un ruban (ou bande de papier) sur lequel seront marquées dix ou quinze divisions d'un kilomètre ; ruban ou papier placés sur la carte se plient très suffisamment aux sinuosités de la route, et l'on mesure ainsi la distance avec une certitude égale à celle donnée par les curvimètres.

Il est indispensable de compléter l'étude théorique au dehors, en s'appliquant à retrouver sur le terrain les diverses indications de la carte, en s'exerçant à *orienter la carte*, c'est-à-dire à placer les lignes de la carte dans la direction identique des lignes de la nature. Au début, faire cette opération sur les points culminants ; les clochers des villages du panorama serviront alors de points de repère certains.

La lecture convenable de la carte permettra de préparer chez soi une excursion, un itinéraire, sans s'exposer à des surprises, par exemple à ne pas trouver de pont pour passer une rivière, à rencontrer une route accidentée quand on la croyait plate, etc. Cette étude de la carte étant très importante pour des futurs soldats, indiquons la méthode la meilleure permettant d'y procéder avec fruit.

Étude d'un fragment de la carte d'état-major. — Il convient d'abord de choisir *un tout petit fragment* de carte, dans le genre de celui que nous proposons comme exemple et qui n'a guère plus de 5 kilomètres de côté. Examinons maintenant attentivement et minutieusement ce petit morceau de terrain figuré, en nous aidant au besoin de la loupe, et nous allons voir que le moindre *signe*, le moindre *trait* possède sa signification exacte. Pour aider à cette reconnaissance, nous joignons au fragment de carte un tableau des principaux signes conventionnels.

La première chose à faire est d'avoir une impression d'ensemble de notre terrain (*fig.* 23). Pour cela, cherchons le *point le plus haut* et grimpons, en imagination, à cet observatoire qui nous est nettement indiqué par l'emplacement d'un ancien télégraphe (Tél.), près duquel nous relevons en effet la cote 134 (à 1,500 mètres environ au nord du village de Carnetin). Si maintenant nous voulons chercher le point le plus bas, il sera de toute évidence sur la rivière de la Marne, le grand fossé vers lequel descendent toutes les eaux avoisinantes. Sur le bord de la rivière nous trouvons la cote 43 vers le coin Sud-Est de la carte, et la cote 44 plus au Nord vers Port-d'Annet. Ces deux cotes nous indiquent d'abord, par leur différence, le sens du courant de la rivière qui coule en effet du Nord-Est au Sud-Ouest, vers Paris. Elles nous donnent encore la différence de niveau entre la colline la plus haute (134) et la vallée (43), soit 91 mètres.

Avec ce relief de 91 mètres, nous pourrons donc voir du télégraphe les points principaux de notre terrain, sauf ceux masqués par les bois ou les bouquets d'arbres. Ainsi, nous verrons, sur l'autre rive (rive gauche) de la Marne, la belle croupe de Jablines, laquelle n'est qu'à l'altitude de 64 mètres, nous verrons Annet-sur-Marne, où une vallée se creuse pour rece-

Fig. 22. — Signes conventionnels de la carte d'État-major.

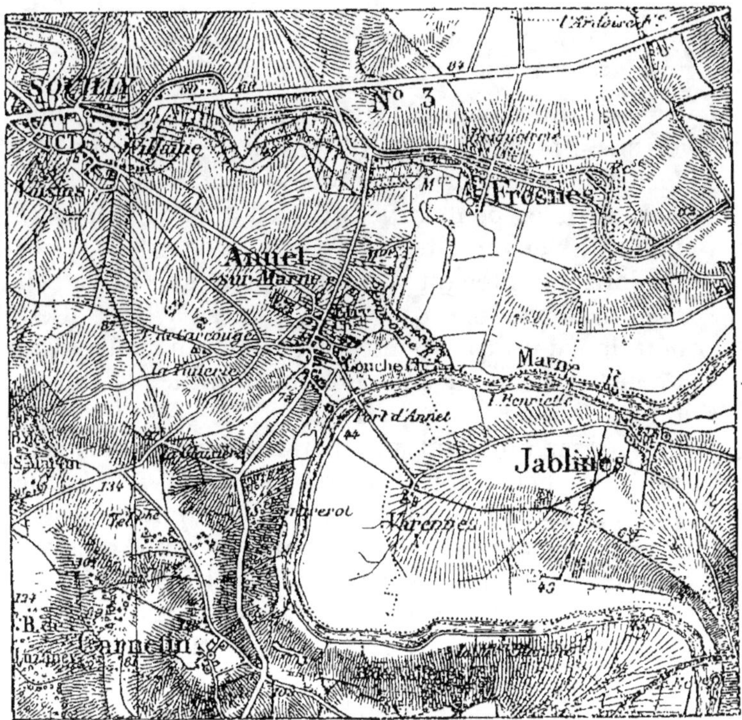

FRAGMENT DE CARTE DE L'ÉTAT-MAJOR FR^{CAIS} AU ¹⁄₈₀.₀₀₀^E
ET PRINCIPAUX SIGNES CONVENTIONNELS

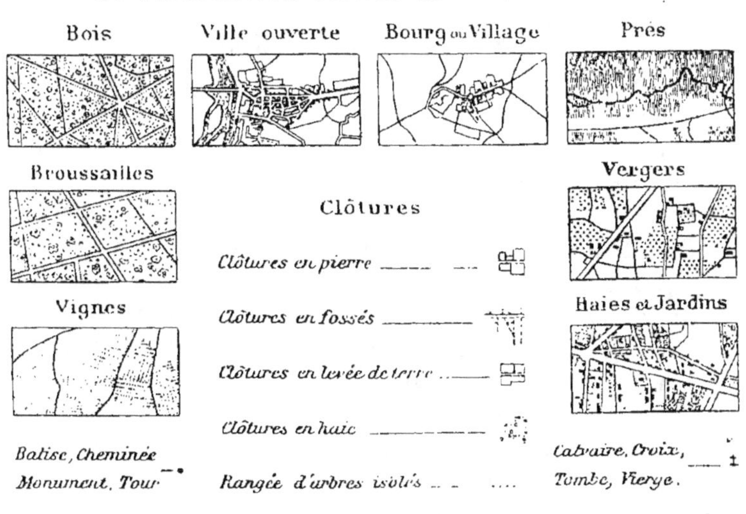

Fig. 23. — Fragment de la carte d'Ét.-M. et signes conventionnels.

voir la petite rivière la Beuvronne ; plus loin, nous verrons Fresnes ; au Nord, le toit des maisons et le clocher du chef-lieu de canton de Souilly, qui se trouvent entre les pentes ; vers le Sud, des bois nous cacheront à peu près toute la vue.

Allons maintenant à Souilly pour suivre la belle route nationale n° 3 qui va de l'Ouest à l'Est. Cette route longe un canal, le traverse sur un pont, avant la cote 69, et monte en pente douce sur le plateau qui domine Fresnes jusqu'à la cote 84.

Voyons maintenant un itinéraire plus difficile : celui qui de Carnetin nous amènera à Souilly. De Carnetin, nous pourrions remonter au télégraphe, tourner à droite à la cote 134 pour prendre la route qui va à la Glaisière, tourner à gauche à la cote 97 sur le chemin de terre à un trait, qui par les cotes 87 et 72, nous descendra vers Voisins, le hameau faubourg de Souilly : c'est le plus court.

Mais nous préférons prendre une autre route qui nous offrira le joli panorama de la vallée de la Marne, et descend sur Annet en traversant les bouquets de bois. A Annet, nous poussons droit sur le Nord pour aller rejoindre la route nationale n° 3 après avoir traversé les prés bordant la rivière Beuvronne et le canal. Remarquez la complication des routes et chemins qui aboutissent à Annet, et l'attention qu'il faut apporter pour ne pas se tromper de chemin dans la traversée d'un village. Cherchons encore les détails intéressants et peu visibles de notre carte.

Tout au coin sud-est, ce trait noir est un chemin de fer. Il traverse la Marne auprès d'une écluse et sur la rive gauche, le trait se pointille (regardez à la loupe) ; cela signifie que le chemin de fer entre sous un tunnel. En face du bois des Vallières, sur la rive gauche de la Marne, remarquez un petit pointillé : c'est une ligne d'arbres qui bordent la rivière.

Sur la croupe de Jablines, voyez de petits boque-teaux ; voyez aussi au Sud de Varennes ces traits menus en patte d'oie : ce sont des chemins qui se perdent dans les champs, non des ruisseaux, sans quoi les traits se prolongeraient jusqu'à la Marne.

Remarquez encore les prés qui bordent la Marne entre Pont d'Annet et Annet, et aussi le long du ruis-seau de la Beuvronne : pour vous empêcher de con-fondre ce ruisseau avec un chemin, remarquez ses sinuosités, et aussi qu'il fait tourner un *moulin à eau*.

Il y aurait encore mille autres détails à relever sur notre carte : laissons ce soin aux Élèves-soldats ; ils s'aideront pour cela du tableau des signes conven-tionnels, et aussi de quelques remarques pratiques qui vont suivre.

La carte d'état-major est en vente à peu près chez tous les libraires, en grandes feuilles qui s'assemblent entre elles et représentent un rectangle de 64 kilo-mètres sur 40 (prix : 1 fr. 20) ; en quart de feuilles, très suffisant pour les petites marches (prix : 30 cen-times). Avant l'achat, s'assurer des *assemblages*, pour bien avoir la région qu'on désire.

Une excellente précaution si l'on ne veut pas avoir de mécomptes par les temps pluvieux : protéger les cartes par ces étuis-liseurs à plaques de celluloïd trans-parentes (plaques qui sont généralement quadrillées *au kilomètre*). Une carte mouillée se réduit vite en bouillie et devient hors de service.

Remarques pratiques sur la carte d'état-major : *Hachures.* — Les hachures indiquent pour l'œil les mouvements du sol. Plus les hachures sont rappro-chées, plus la teinte est noire, plus les pentes sont fortes. Pas de hachures, teinte claire : terrain plat.

Cotes. — Chiffres répartis sur la carte pour indi-quer le niveau du point au-dessus de la mer.

Lire une cote sur un plateau, une cote sur une rivière, faire la différence pour obtenir la hauteur du plateau au-dessus de la rivière.

Routes. — Une route est sensiblement horizontale lorsqu'elle est *perpendiculaire* aux hachures ; monte doucement lorsque son tracé est légèrement *oblique* par rapport aux hachures ; en pente raide, lorsqu'elle est *parallèle* aux hachures.

Les lacis d'une route indiquent une forte montée. Le long d'une rivière, la route monte si l'on se dirige vers la source ; elle descend si l'on se dirige dans le sens du courant.

Distinguer un ruisseau d'un sentier. — Souvent, sur les cartes, non en couleur, les ruisseaux et les sentiers sont marqués par le même trait et peuvent se confondre. Observer qu'un ruisseau n'est *jamais* coupé par les hachures qui peuvent traverser au contraire un sentier : le chemin part généralement d'une route pour conduire à une ferme, à une maison ; le ruisseau est plus sinueux.

Trouver sur la carte le point du terrain où l'on est.

Se placer face à un point éloigné et bien visible, le clocher A (*fig.* 24) ; le repérer sur la carte. Faire demi-tour et chercher devant soi un autre point, la station de chemin de fer B. Rechercher sur le côté un autre point bien net, le château C ; faire demi-tour et rechercher un autre repère, le pont D. En traçant légèrement au crayon les lignes AB et CD, on détermine l'intersection x ; c'est très approximativement, le point de la carte où l'on se trouve.

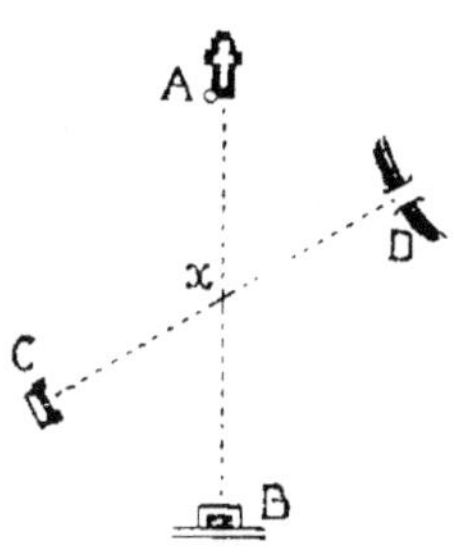

Fig. 24. — Moyen de se repérer sur la carte.

Distances. — La largeur d'un sou mesure 2 kilomètres sur la carte d'état-major.

Croquis du terrain. Itinéraires. —Les Élèves-soldats s'exerceront utilement à prendre un croquis rapide du terrain sur lequel ils sont postés, ou bien de la route qu'ils ont à parcourir. Il ne s'agit pas ici d'entreprendre

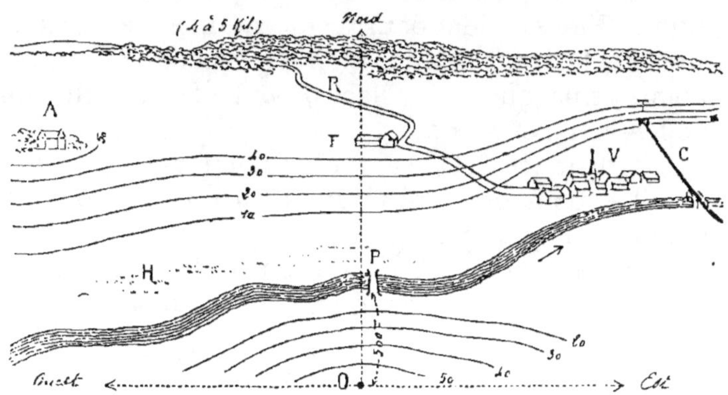

Fig. 25. — Croquis du terrain vu du point O.

un lever exact, mais bien de donner une idée de la région *vue* d'un point culminant, ou *parcourue*. Se plaçant sur un point O d'où il découvrira le paysage (*fig. 25*), par exemple dans la direction du Nord, l'Élève-soldat pourra tracer au crayon, sur un calepin ou une feuille de papier, un figuratif du panorama qui se présente à ses yeux. S'orientant vers le nord, il voit, par exemple, à 500 mètres au bas de la colline sur laquelle il est posté, une rivière et un pont P ; dans la même direction au delà de la rivière des prés H ; puis à environ 200 mètres, le terrain remonte jusqu'à une petite crête où apparaît la ferme F ; derrière la ferme, très loin, à 4 ou 5 kilomètres, une autre crête boisée B, qui se sépare en R, où l'on aperçoit une route. A droite (vers l'est) sous un angle qu'il appréciera au jugé, il voit un gros village V ; plus à droite encore un pont sur lequel passe un chemin de fer C ; ce chemin de fer disparaît dans la colline au tunnel T.

A gauche (vers l'ouest) sur une croupe nettement marquée, se silhouette un château A... etc., etc.

De même, pour garder souvenir d'un itinéraire suivi, l'Élève-soldat pourra tracer à mesure les sinuosités de la route, telles qu'il les rencontre, avec les points remarquables, villages, ponts, fermes, chemins de fer, bois, etc., etc.

Les distances séparant ces divers points remarquables pourront être mesurées *au pas* si l'on veut obtenir un document plus précis.

Pour indiquer la configuration du terrain, l'Élève-soldat pourra s'inspirer du principe suivant : à côté

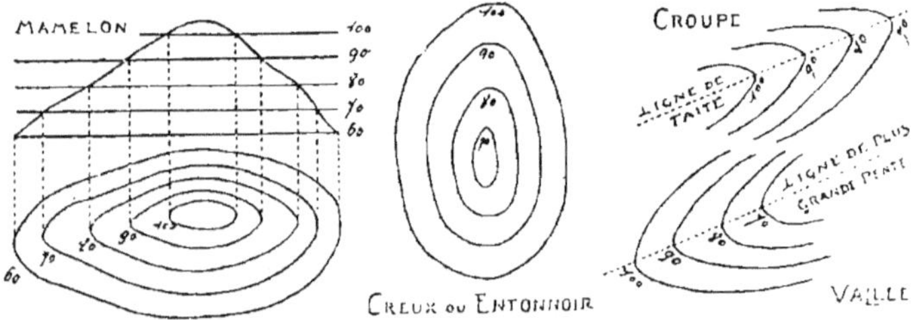

Fig. 26. — Courbes de niveau.

des cartes, comme celle d'état-major, dans lesquelles les mouvements du sol sont indiqués par des *hachures*, il en existe d'autres où ces mêmes mouvements sont marqués par des *courbes de niveau*.

Pour bien saisir le système des cartes en courbes, envisageons l'hypothèse un peu terrifiante d'un déluge noyant le pays par-dessus les sommets : les eaux s'abaissent, découvrant comme des îlots les points les plus élevés ; supposons que les eaux continuent de s'abaisser régulièrement, par exemple de 10 mètres d'un coup, en laissant à chaque fois sur les terres une trace limoneuse : l'eau s'étant définitivement retirée,

ces traces de limon suivront les contours du terrain
à 100 mètres d'altitude, puis 90, 80, 70..., etc.

Figurées sur un papier, sur un plan, ces diverses
traces deviendront *les courbes de niveau* et donneront
bien à l'œil l'impression de la forme du terrain. Un
simple coup d'œil jeté sur la figure 26 dira que ce ter-

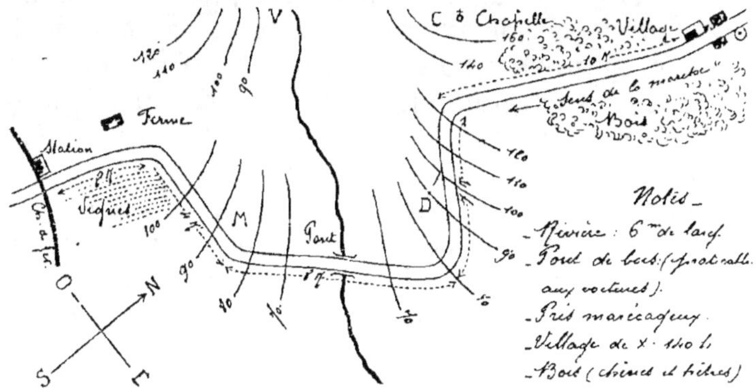

Fig. 27. — Tracé d'un itinéraire.

rain sera un mamelon ou un creux selon que les cotes
vont en augmentant ou en diminuant à partir de la
plus petite des courbes *enveloppées*.

Ceci posé, en traçant quelques éléments de ces
courbes de niveau (il n'est nullement besoin qu'elles
soient continues), soit en travers de la route dessinée,
soit sur les côtés, et en chiffrant les cotes, par exemple
de 10 en 10, dans le sens convenable, il sera très facile
de marquer une montée ou une descente, une hauteur
ou une vallée. Qu'on remarque encore que plus les
pentes sont raides, plus les courbes de niveau doivent
être rapprochées.

Ainsi, sur la figure 27 représentant le tracé d'un
itinéraire, nous avons indiqué de cette manière une
montée en M, une descente en D, une colline en C,
un vallon en V.

Si l'on n'obtient pas ainsi la hauteur exacte et absolue au-dessus du niveau de la mer, telle que l'indiquent les cartes, on est du moins à même de donner une impression relative des divers accidents du terrain.

Pour être complet, l'Élève-soldat aura soin d'indiquer par écrit, sur un coin du croquis ou de l'itinéraire, tous les détails remarquables : largeur de la rivière, nature des bois, chemin de fer à une ou deux voies, ligne télégraphique le long de la route, nature des cultures (vigne, prairies, etc.), nature du sol (sablonneux, marécageux, pierreux, etc.).

On peut très facilement rendre plus clairs et plus lisibles ces petits croquis en employant des crayons de couleur : bleu pour les eaux, rouge pour les maisons, vert pour les bois, bistre pour les courbes de niveau.

III. — L'UTILISATION DU TERRAIN.

Pour observer, il faut avoir des yeux et les tourner du côté que l'on veut connaître. J. J. ROUSSEAU.

PATROUILLES ET SENTINELLES.

Quel spectacle émouvant nous offre notre armée enracinée dans notre terre de France selon la ligne désormais inviolable du front, sur laquelle elle s'appuie pour refouler, champ par champ, village par village, l'Allemand maudit ! A cette terre, l'ennemi agrippe ses doigts crochus jusqu'à ce que les coups terribles de nos canons et de nos baïonnettes le forcent à lâcher prise.

Dans cette lutte formidable, ce terrain, *sur* lequel

et *pour* lequel on se bat, joue un rôle de premier ordre : ce terrain est vivant, devient l'allié de celui qui sait s'en servir, entraîne la perte de qui n'a pas compris les merveilleuses ressources qu'il offre pour l'attaque comme pour la défense.

Apprenons donc à développer *cet instinct* du terrain ; sachons utiliser ses abris, emprunter ses cheminements et surmonter ses obstacles. A la guerre, qui possède le terrain est maître de la victoire !

Observer le terrain. — Nous sortons d'un bois très touffu, où il nous a été combien facile de nous dissimuler à travers les broussailles et les taillis, et voici que nous débouchons en plaine. Pour atteindre l'autre bois là-bas, en face, inutile de songer à cacher notre marche, s'écrieront les observateurs superficiels. Quelle erreur ! Regardez donc le terrain, non pas sous son aspect général, qui apparaît nettement découvert, mais dans le détail.

D'abord, au delà du bois A qui nous sert d'abri (*fig.* 28), la route avec son fossé B C qu'on peut gagner d'un bond. Ensuite un champ labouré D. N'avez-vous pas remarqué que le sol s'élève en une pente presque insensible jusqu'à cette petite haie de rien du tout E qui marque la limite du champ ? En traversant le champ courbé en deux, dites-vous bien que vous serez difficilement vu du bois là-bas, soyez persuadé que le plus étroit sillon, la moins saillante des mottes de terre contribuent à vous rendre invisible à distance, si vous voulez bien choisir votre chemin. Enfin, vous voici parvenu sur la petite crête, fort bien abrité derrière la partie la plus épaisse de la haie qui vous semblait si claire. De cette place, vous reconnaissez alors que ce terrain, jugé plat au premier abord, vous a trompé. Voici une dénivellation qui se creuse et va rejoindre ce buisson F ; grâce à ce léger détour, vous pourrez aller jusqu'au buisson sans vous courber et sans être vu. Là encore une surprise, le buisson qui avait paru de loin une petite tache verte se trouve être l'origine d'une clôture de noisetiers, et vous offre

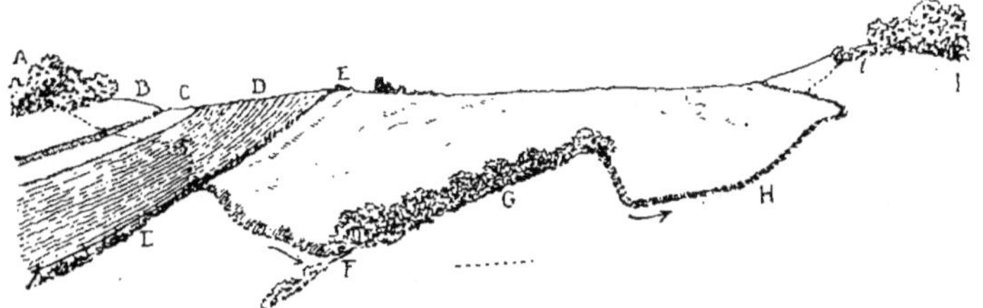

Fig. 28. — Trajet pour aller du bois A au bois I.

obliquement un véritable chemin creux G. Il vous mènera à un fossé profond H, lequel, par un nouveau zigzag, vous conduit à moins de 50 mètres du bois I. Et ce bois lui-même avance vers vous une de ses cornes *i*, si vous voulez bien y atteindre par un léger crochet : à ce point le plus proche, les hautes herbes vont rejoindre le bois ; en rampant vous vous glissez entre elles, vous atteignez enfin le fourré.

Et vous serez alors tout étonné d'avoir traversé l'espace *découvert* sans presque vous montrer !

Pour n'en point douter, procédez à la vérification suivante, qui constituera d'ailleurs pour les uns et les autres un excellent exercice d'observation : qu'un ou plusieurs Élèves-soldats se postent au point d'arrivée pour suivre vos mouvements sur le terrain. Ensuite, ils diront ce qu'ils ont vu..., peu de chose, une silhouette mouvante et très fugitive, si vous avez su utiliser le terrain ; par la même occasion, ils vous signaleront vos fautes.

L'utilisation et la connaissance du terrain consistent donc à suivre les sinuosités du sol, à se porter par bonds d'obstacle en obstacle, à traverser très vite, à la course, les espaces découverts en s'inspirant de l'hypothèse la plus propre à stimuler l'ardeur, l'intelligence, et les précautions : *la marche offensive vers un ennemi vous tenant sous son feu.* Mais n'exagérons rien : nous ne possédons pas l'anneau de Gysès, et ne devons pas avoir la prétention de nous rendre tout à fait invisibles.

Dans la campagne, retenir que le degré de visibilité dépend surtout de la nuance des vêtements par rapport à celle du terrain où il se meut.

Après s'être exercé à se porter d'un point à un autre en droite ligne, sur un parcours de 250 à 500 mètres, l'Élève-soldat exécutera des trajets circulaires, d'après un itinéraire indiqué par l'instructeur et lui faisant parcourir un terrain varié.

Obligé à des tours et des détours, l'Élève-soldat sera donc tenu de s'orienter : il y parviendra en prenant des points de repère successifs, bien visibles, en avant, en arrière, sur les côtés : un clocher de village, un arbre caractéristique, une maison isolée, etc. Ainsi, sera-t-il certain de ne pas s'écarter par trop de la direction voulue. Il pourra encore se servir de la carte, de la boussole, et de tous les autres moyens indiqués au chapitre II ; mais il devra aussi s'en passer et développer le plus possible *son instinct de la direction.*

Après avoir procédé individuellement à ces divers exercices, les Élèves-soldats seront prêts à les répéter en troupe, à faire une patrouille.

La patrouille. — La patrouille doit comprendre quatre Élèves-soldats au moins, dont un sera désigné comme chef. La patrouille aura toujours un but précis, tel que reconnaître un bois, un village, une ferme, un pont, une rivière, etc. Bien entendu, le chef de la patrouille devra rapporter des renseignements circonstanciés avec croquis à l'appui, et pour rendre la tâche de la patrouille plus vivante, on admettra toujours l'hypothèse d'un ennemi susceptible d'enlever la patrouille à tout moment.

Cette fiction imposera les dispositions à prendre pour la marche de l'ensemble du groupe, en dehors de celles suivies par chacun des Élèves-soldats pour la bonne utilisation du terrain.

Il est évident que les renseignements demandés ne parviendront pas, le but ne sera pas rempli, si tous les Élèves-soldats risquent d'être pris, ou tués à la fois par une même salve de coups de fusil.

Donc, ils ne devront pas marcher groupés. Ils formeront un *essaim*, dont le chef, qui demande à être particulièrement protégé, sera le centre (*fig.* 29), les Élèves-soldats demeurant assez écartés les uns des autres pour que si l'un d'eux tombe dans une embuscade, ses camarades aient le temps d'éventer la surprise ; assez proches cependant pour se prêter entre eux un mutuel appui.

Pour la même raison, dans les terrains découverts, la patrouille progressera d'abri en abri de la façon suivante : un seul Élève-soldat s'avancera avec précaution de la lisière d'un bois B jusqu'à la crête C (*fig.* 30). Parvenu à la crête C, il observera l'horizon ; si un ennemi se trouve d'aventure posté en ce point, lui seul sera compromis ; si, au contraire, rien de suspect n'apparaît, il fera signe, les autres le rejoindront. De derrière la crête C', on organisera un nouveau bond vers la lisière de la ferme F', et ainsi de suite.

Pour reconnaître une ferme, une maison isolée, le gros de la patrouille s'arrête à proximité derrière un abri (*fig.* 31). Deux Élèves-soldats, se détachant, débordent rapidement l'enclos à droite et à gauche, se rejoignent sur l'autre face, puis cherchent à voir dans la cour, dans le jardin, le plus léger grimpant

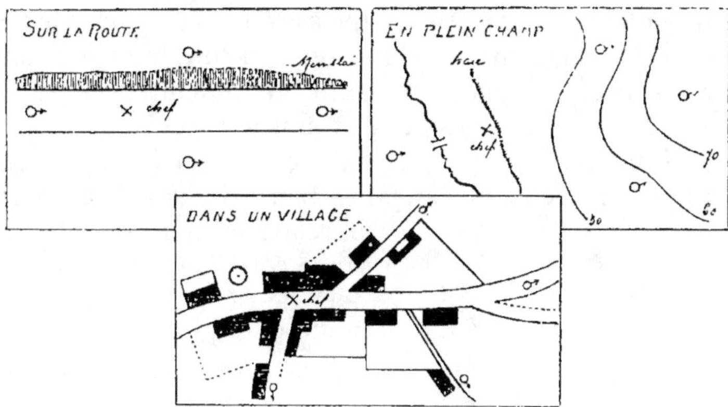

Fig. 29. — Place du chef au centre d'une patrouille.

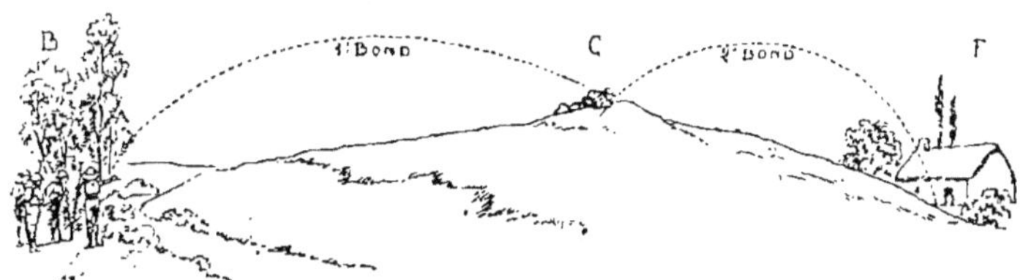

Fig. 30. — Patrouille progressant par bonds.

Fig. 31. — Reconnaissance d'une ferme isolée.

au besoin sur les épaules du plus fort, ou l'un d'eux
grimpant à un arbre voisin de la clôture. Bien entendu,
cette dernière investigation ne devra être poursuivie

qu'en cas d'accord préalable avec le maître de la ferme ou de la maison. A la guerre, l'on fouillerait de fond en comble villages, maisons et dépendances, mais nous ne sommes pas tout à fait à la guerre !

Pour reconnaître un village, même tactique que précédemment, en lançant un troisième Élève-soldat par la rue centrale du village ; cet Élève-soldat ira au delà de la sortie du village et s'y tiendra en observation pendant que les camarades parcourent les autres rues du village.

Fig. 32. — Pour descendre d'un mur en deux temps.

D'une manière générale, la patrouille cherchera à gagner les points culminants susceptibles de servir d'observatoires, d'où l'on pourra en outre transmettre par signaux des renseignements en arrière (voir chapitre VI, Signalisation). Comme observatoires naturels, citons les clochers des villages (demander la permission d'y monter), les arbres élevés (grande prudence pour y grimper, s'aider d'une corde solide passée autour du tronc par un nœud coulant qu'on élève à mesure). Naturellement, on doublera la portée de l'observation à l'aide d'une bonne jumelle de campagne.

Avec les yeux, les sens de l'ouïe et de l'odorat seront mis en action : la patrouille s'arrêtera pour écouter, pour *humer l'air*. Nous reviendrons sur ce sujet à propos des indices.

***Respectons les cultures*.** — Avant de mettre sa patrouille en route, le chef devra prévoir les obstacles qu'il pourra rencontrer. C'est ainsi qu'il saura em-

Fig. 33, 34 et 35.
Comment on escalade
murs et palissades.

porter une perche pour franchir un ruisseau, des cordes pour descendre un talus trop raide, etc.

Dans tous les cas, les voies de chemins de fer seront considérées comme des fleuves infranchissables et ne seront jamais traversées en dehors des ponts ou passages à niveau.

Mais, avant toute chose, nous ne nous lasserons pas de le répéter, il ne faut pas que notre plaisir de marcher large vienne porter tort à autrui. En dehors des routes, nous ne sommes pas *chez nous* et devons des égards aux propriétaires du sol, lesquels, en droit strict, pourraient nous interdire ces incursions sur leur domaine. Tous les Élèves-soldats sont solidaires ; un abus commis par l'un retomberait sur les autres !

Il convient à tout prix de respecter les cultures, en contournant les champs fraîchement remués et ceux sur lesquels il pousse *quelque chose*, car même des terres qui paraissent en friche à des yeux non avertis peuvent être ensemencées. En aucun cas, l'on ne doit traverser les vignes ; le moindre froissement sur les feuilles et les grappes, le moindre coup de pied sur les ceps, suffisent parfois à compromettre la récolte. De même pour les betteraves : une seule éraflure les fait pourrir sur pied. Inutile de dire que les fruits doivent être scrupuleusement respectés. Les Élèves-soldats doivent pousser ce scrupule jusqu'à éviter de ramasser des fruits tombés à terre. Pas plus que la femme de César, l'Élève-soldat ne doit prêter même à l'apparence d'un soupçon. Détruire les clôtures de branchage ou de fil de fer, laisser ouvertes les barrières, pourrait avoir le résultat très fâcheux de faire échapper des animaux enfermés.

La meilleure époque pour les exercices en plein champ se place du 20 août à fin septembre, au moment où la moisson est faite, les prés et les regains fauchés ; alors, on peut aller à peu près partout sans inconvénient grave.

Pourtant, il sera sage et convenable de recueillir l'assentiment général des propriétaires des terrains qu'on peut être appelé à traverser. Eux-mêmes indiqueront les parcelles qu'il convient d'éviter pour une raison ou une autre. En échange de cette gracieuse permission, les Élèves-soldats pourront profiter de leur rassemblement pour offrir aux cultivateurs leurs bons offices, les aider à rentrer leurs récoltes, etc. Ainsi s'établira un courant de sympathie et d'intérêt mutuel entre les Élèves-soldats et les habitants de la campagne. De l'attitude première et du bon esprit des Élèves-soldats dépendra l'accueil qu'ils recevront auprès des populations.

Sentinelle. — La meilleure pratique qui soit pour développer le don de l'observation consiste peut être à s'exercer au rôle de la sentinelle.

Dans la patrouille, il s'agit bien d'observer, mais, à vrai dire, d'autres préoccupations, la marche, l'orientation, la nécessité de se dissimuler, etc., interviennent pour distraire l'attention du cerveau et des yeux. La sentinelle, au contraire, postée en un lieu déterminé, n'a qu'à voir, écouter, sentir ce qui se passe dans un rayon étroit : la faculté d'observation de tous les sens est donc tendue à l'extrême.

En elle-même, l'idée de la sentinelle est d'ailleurs une des plus nobles qui aient marqué les rapports sociaux des hommes entre eux : elle apparaît comme une des formes premières de la solidarité, du dévouement, de la protection.

Les premiers âges de l'humanité connurent la poésie et la noblesse du guerrier qui veille sur le sommeil, sur la sécurité de ses camarades de combat.

Assurément, l'Élève-soldat apprenant le métier de

sentinelle n'aura jamais la réalité d'un péril imminent pour fouetter son attention : qu'il cherche du moins à entrer dans la peau de son personnage en exaltant sa pensée, en élevant son âme à la hauteur de la mission quasi sacrée du *veilleur*. Ainsi, cette part de méditation l'incitera davantage à s'inspirer des grands devoirs de la sentinelle au cours de ses factions, lesquelles, sans le côté imaginatif, si l'on veut, romanesque, prendraient vite une apparence enfantine, ou rebutante.

C'est pourquoi, d'une manière générale, il vaudra mieux réserver la patrouille active pour le jour et la grand'garde immobile pour la tombée de la nuit.

Le calme de la nuit porte mieux à songer, et ce faisant, l'Élève-soldat s'accoutumera à cette impression nerveuse, faite de crainte et de mélancolie, qui saisit infailliblement la sentinelle dans l'obscurité. Ainsi s'habituera-t-il à ne pas tressaillir au moindre bruit du vent dans les feuilles, à discerner les apparences des objets, qui souvent adoptent des formes bizarres et inquiétantes. Et ceci constituera déjà pour lui une excellente école de sang-froid.

L'éducation *morale* de la sentinelle ainsi fixée, voyons maintenant le côté matériel de son rôle.

La sentinelle, chargée de veiller pour les autres, est placée de la meilleure manière pour voir et entendre sans risquer de se laisser surprendre. Elle sera donc sur terrain découvert en avant, se dissimulant elle-même à la vue de l'ennemi derrière un arbre, un mur, une haie. Elle ne doit pas être postée près d'un massif d'arbres qui favoriserait l'approche de l'ennemi ; près d'une chute d'eau qui l'empêcherait d'entendre.

En général, le jour, sa place est sur les hauteurs ; la nuit, au contraire, au bas des pentes, dans les fonds :

ainsi voit-elle mieux se découper sur le ciel, en haut des pentes, les silhouettes des gens qui approchent.

Pour voir, pour entendre, pour sentir, elle ne doit ni s'envelopper la tête, ni mettre du coton dans les oreilles, *ni fumer*.

Fumer serait déceler sa présence, la nuit surtout, par le point en ignition de la cigarette ou de la pipe.

L'instructeur fixera toujours à la sentinelle la portion de terrain, *le secteur*, dans lequel elle devra observer. Ce secteur ne sera pas trop étendu afin de ne pas disséminer l'attention du veilleur. Pour sa part, la sentinelle cherchera immédiatement dans son secteur un point de repère bien visible, une silhouette d'arbre, une maison, etc., qui lui permettra de ne pas perdre la direction à observer.

La sentinelle pourra être soit unique, soit double, comme il est de règle dans l'armée.

Pour ne pas réduire l'exercice à une simple contemplation, l'instructeur fera approcher la sentinelle, soit par un ami, soit par *un ennemi*. Dans le cas d'un ami, on pourra convenir d'un mot de reconnaissance, comme cela se passe aux avant-postes et dans la même forme : Mot d'ordre : nom d'un héros, d'un grand homme. Mot de ralliement : nom d'une ville (les deux *mots* commençant par la même lettre.) Exemples de mots : *Bayard, Bayonne; Colbert, Calais; Ney, Nantes; Galliéni, Guingamp.*

La sentinelle arrêtera la personne approchant par le cri : « Halte-là... Qui vive ? » — L'ami (s'il en est un) répondra : « France ! » La sentinelle dira alors : « Avance à l'ordre ! » L'ami, à six pas, donnera le mot d'ordre ; la sentinelle à son tour dira le mot de ralliement. La reconnaissance ainsi faite, l'ami pourra entrer dans les lignes.

S'il s'agissait d'un ennemi, qui, bien entendu, ne connaîtra pas le mot, ou ne voudra pas s'arrêter au cri de » Halte-là » la sentinelle criera : « Alerte ! » L'ennemi sera alors considéré comme démasqué et pris.

Au contraire, l'ennemi sera considéré comme ayant surpris l'Élève-soldat sentinelle s'il parvient à s'approcher de lui sans avoir été arrêté au préalable, et à s'emparer d'un bâton posé sur le sol à *deux mètres* au moins de la sentinelle. La sentinelle ne devra pas s'opposer à la mainmise sur son bâton, ceci pour éviter toute bataille. S'il y a contestation, elle sera tranchée par l'instructeur.

Au lieu du mot, on peut employer aussi d'autres moyens de reconnaissance : refrain d'un air sifflé doucement ; trois tapements des mains, auxquels deux tapements doivent répondre ; cris d'animaux imités, etc., etc.

Après avoir dressé la sentinelle isolée, l'instructeur établira *une ligne* de sentinelles, de manière à surveiller toute une portion de terrain.

L'exercice le plus intéressant consistera ensuite à essayer de faire franchir la ligne par *des ennemis*, dans les formes indiquées plus haut.

REMARQUES. Dans de tels exercices, l'instructeur doit donner le thème initial et laisser aux exécutants la plus large initiative.

Le jeune Français, par tempérament, se trouve particulièrement doué pour ce genre de pratique.

Mais il conviendrait de ne pas tomber dans l'exagération en prétendant mener *sérieusement* une manœuvre à double action analogue à celle du régiment.

Rappelons-le une fois encore : *les Élèves-soldats ne doivent pas jouer au soldat!*

Nous insistons encore, nous n'insisterons jamais assez, sur les recommandations constantes à faire au sujet du respect des cultures.

C'est principalement à l'instructeur qu'incombera l'entente préalable avec les agriculteurs au sujet du parcours de leurs terres. Une précaution très sage sera de régler l'entente *par écrit :* oh ! pas besoin d'un acte notarié, mais un bout de papier quelconque suffira à stipuler que les Élèves-soldats pourront circuler sur tel terrain, telles heures, tel jour ; à stipuler également que les menus dégâts qui pourraient être faits seraient réglés, non en argent, mais *en travail.*

Ainsi seront évités bien des contretemps, bien des malentendus et bien des ennuis.

De même, après une série d'exercices en plein champ, un séjour dans une ferme, un campement, l'instructeur fera bien de demander à ses hôtes (par analogie à une règle suivie dans l'armée) *un certificat de bien vivre.* Ce papier évitera toute réclamation ultérieure, et sera aussi pour la troupe une référence de nature à lui ouvrir d'autres portes.

L'instructeur devra parcourir lui-même les terrains avant tout exercice, d'abord pour les connaître, ensuite pour remarquer les points dangereux, prairies marécageuses, trous de carrières cachés, escarpements à pic, etc.

Organiser avec la plus grande prudence les exercices de nuit ; la nuit, les patrouilles ne marcheront pas en dehors des routes et des chemins : il est fort difficile en effet, et souvent dangereux, de circuler la nuit à travers champs.

---

1. Le certificat de bien vivre pourrait avoir la rédaction suivante :

« Je certifie que le groupe des Élèves-soldats de... s'est exercé sur mes terres... (*ou bien*) a séjourné dans ma ferme... (*ou bien*) a campé dans mon bois de chênes... du... au... (*dates*). Je n'ai eu aucune réclamation à formuler à la suite de leur passage. J'ai, au contraire, tout particulièrement à me louer de la bonne tenue, de la politesse et de la discrétion des Élèves-soldats, ainsi que des services qu'ils m'ont rendus en travaillant pendant une demi-journée à rentrer ma récolte ».

X..., propriétaire à...

(Faire légaliser la signature à la mairie de la commune.)

IV. — TRACES ET INDICES

Nature est un doux guide, mais non pas plus doux que prudent et juste; je quête partout sa piste, nous l'avons confondue de traces artificielles. MONTAIGNE.

Au début du chapitre II, nous avons dénié à l'homme *l'instinct de la direction.*

Et pourtant l'homme primitif possédait cet instinct: à défaut du flair du chien de chasse, il avait du moins *le sens de l'observation* très développé ; il savait reconnaître des indices, des points de repère, des jalons, lui permettant de retrouver sa route à travers les fourrés inextricables des grandes forêts quaternaires; il s'appliquait à démêler, à suivre les traces des hommes, des animaux. A ce sens, étaient liées les conditions même de son existence, la sécurité et le moyen de pourvoir à sa nourriture. Ce sens a pu se réduire à néant chez les civilisés parce qu'il ne répondait plus à un besoin ; il s'est du moins perpétué chez les sauvages.

Or, nos officiers coloniaux, nos explorateurs, nos missionnaires, ont vu à l'œuvre ceux que nous appelons sauvages. Et à constater l'aptitude extraordinaire des indigènes à se retrouver dans la brousse, le désert, la forêt vierge, ils estimèrent que *les civilisés* pouvaient beaucoup apprendre *des sauvages*. C'est pourquoi l'instruction prémilitaire comporte l'art de suivre les pistes et de reconnaître les traces, pratique des plus utiles pour former le jugement, l'esprit et l'intelligence des Élèves-soldats. En effet, le pouvoir d'observation et de déduction n'est pas seulement une qualité spéciale à la vie du dehors, il trouve son application et conserve sa vertu au cours de la vie tout entière !

Jalonner un itinéraire. — Avant de chercher à retrouver et à suivre les traces faites *naturellement* par des amis ou des adversaires, débutons par un exercice plus simple : suivre un itinéraire d'après des signes, des jalons posés d'avance (*fig.* 36). Par exemple, un Élève-soldat désigné comme guide doit conduire tel jour sa troupe du village A au village B. Le pays est difficile, les chemins, les routes s'entre-croisent ; il faut traverser une forêt où existent nombreux des carrefours en étoile. Enfin, la dernière partie du trajet offre un raccourci sous des taillis, où, à chaque pas, on risque de s'égarer dans une direction mauvaise. Pour mener sa troupe à coup sûr et sans perte de temps de A en B, le guide n'a guère qu'un moyen : reconnaître la route d'avance et la *jalonner* par des indications *matérielles*, propres à contrôler celles que lui donneraient la carte, la boussole et la mémoire.

Il partira donc ayant dans sa poche un bâton de craie, un morceau de fusain ou de charbon de bois, quelques bouts de ficelle rouge et quelques feuilles de papier de couleur, une grosse pelote de coton blanc. Tant qu'il n'y a pas d'incertitude sur la route à suivre, inutile de laisser des marques. Mais à ce Calvaire, voici un premier embranchement qui ouvre, en 500 mètres, une quadruple voie. L'Élève-soldat marquera la bonne direction successivement par une croix au fusain à l'envers de la borne kilométrique (1), par deux traits horizontaux à la craie sur l'arbre (2), par quelques morceaux de papier jaune jetés au revers du fossé (3), par un piquet de bois ramassé sur place, dressé au bord d'un champ et entouré de quatre cailloux (4). Aux carrefours de la forêt, il réunira par un lien d'herbe deux branches des premiers arbrisseaux placés sur la route à suivre (5) ; à côté, il entourera un tronc d'arbre d'une ficelle rouge (6). Car, s'il veut être prudent, toujours *il doublera la cer-*

titude en plaçant deux signes différents ; si l'un d'eux vient à être détruit ou dérangé, il y a chance de retrouver l'autre intact. Au point (7) où il doit prendre le raccourci sous le taillis, le problème devenant plus difficile, il se souviendra du Petit Poucet, et marquera la piste à suivre à l'aide de petits morceaux de

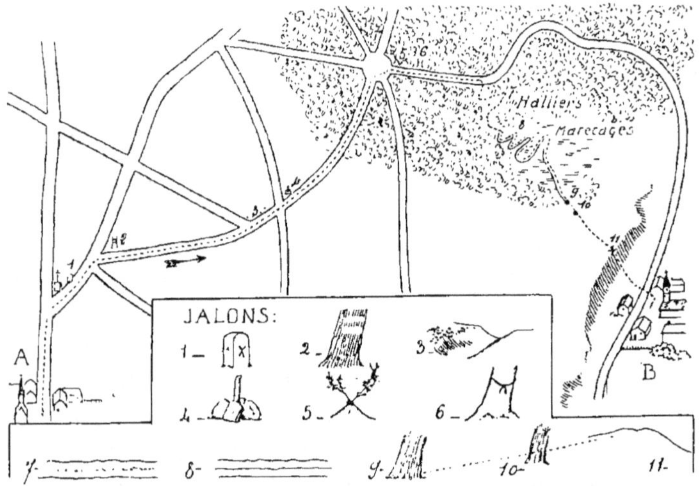

Fig. 36. — Jalonnement d'un itinéraire.

papier ; plus loin, dans la traversée de ce hallier (8) très difficile et bordé de sous-bois marécageux, il se souviendra du labyrinthe et d'Ariane en déroulant sur 2 ou 300 mètres une pelote de fil de coton. Enfin, sorti du fourré, pour prendre exactement à travers la plaine la direction du village B, invisible derrière la crête, il marquera deux arbres (9, 10) lui donnant une ligne de visée aboutissant au village : il sera dès lors facile de voir le point de la crête où aboutit cette ligne de visée (11) et de marcher dessus.

A mesure, il notera sur son carnet, dans leur ordre,

tous ces jalons placés par lui sur le terrain, de manière à ne pas s'embrouiller en s'adressant à la seule mémoire.

Ainsi, le lendemain pourra-t-il conduire sa troupe sans hésitation.

La méthode qui consiste à indiquer le bon chemin à l'aide de jalons permet des applications nombreuses : par exemple, la troupe des Élèves-soldats pourra chercher et suivre la piste ainsi marquée à son intention, chacune des marques étant placée dans un ordre conventionnel : (1) signe à la craie, (2) nœud de ficelle rouge, (3) signe au fusain, etc. Compliquant davantage encore la convention, on peut en arriver à un véritable langage secret, tel celui qu'emploient, paraît-il, les chemineaux : si l'on veut, la disposition, la forme, la nature des jalons voudront dire : « *attention !* », « *danger* », « *passez au pas de course* », « *fontaine à proximité* », « *passage impraticable aux bicyclettes* », et toutes autres hypothèses qu'il plaira d'imaginer.

Un deuxième exercice plus difficile consistera à faire suivre le chemin jalonné en y créant de fausses pistes, *des défauts*, comme on dit en terme de chasse. C'est en somme une conception analogue à celle du jeu sportif très connu du « rallye-paper », mais celle que nous indiquons demandera davantage encore d'attention et de flair.

D'ailleurs, pour le tracé de la piste, on peut se contenter des « petits papiers » semés sur le parcours : à cet usage, on emploiera commodément les confetti. Ou encore, pour rendre la chasse plus difficile, on marquera la piste de loin en loin, aux carrefours, aux changements de direction, par une poignée de grains hors d'usage, de sciure de bois, etc.

Sur ces données, il est possible d'inventer et de marier à plaisir une foule de combinaisons. En vain prétendra-t-on que de telles manœuvres n'ont aucun sens, ni aucune utilité pratique. Mais si ! Comme nous l'avons affirmé au début de ce chapitre, elles développent puissamment *l'esprit d'observation*.

Et après avoir répété un certain nombre de fois l'exercice consistant à suivre une piste tracée d'avance, nous constaterons ceci : notre œil remarquera du premier coup et notre mémoire retiendra facilement les jalons naturels semés sous nos pas. Lorsqu'on sait les discerner, ces jalons naturels guident mieux encore peut-être que les marques artificielles : ainsi, au long de l'itinéraire qu'on prépare, notre œil enregistrera, pour ainsi dire d'une façon réflexe, cette poussée de gazon plus verte au rebord du fossé, cet arbre dont l'écorce est arrachée, cette clairière où demeurent les cendres d'un foyer, ces troncs abattus et superposés formant la lettre H, cette branche cassée qui pend comme une enseigne, cette boule de gui qui semble un lustre destiné à éclairer le chemin, etc.

Relever les traces naturelles. — Une fois éduqué grâce aux pratiques précédentes, l'esprit d'observation va pouvoir se perfectionner encore dans les exercices qui consistent à reconnaître, à démêler et à suivre les traces naturelles laissées par l'homme, les animaux, les engins de locomotion.

Tous, nous sommes passionnés pour les récits d'aventure où des Sioux, des Dayaks, des Cafres suivent des pistes d'ennemis et de bêtes avec une habileté merveilleuse, n'ayant pour les guider que des traces quasi invisibles et des indices inapparents à nos yeux de civilisés. Sans prétendre égaler jamais la finesse subtile d'un Indien sur le sentier de la guerre, les Élèves-soldats peuvent du moins s'appliquer à reconnaître et à suivre les traces qui s'offrent habituellement à leurs yeux.

Traces de l'homme. — D'abord, qu'ils considèrent les traces de souliers qui se croisent et se mélangent sur une route (*fig.* 37) : avec un peu d'attention, ils reconnaîtront vite que chaque empreinte comporte sa caractéristique particulière, non seulement comme forme, dimension, nombre des clous, ce qui est l'évidence, mais encore comme détails propres à l'individu. Chacun possède sa manière de marcher, bonne, et, souvent, mauvaise. Ainsi telle empreinte indique que le marcheur tourne le talon droit ; telle autre que le marcheur jette régulièrement le pied gauche en dehors.

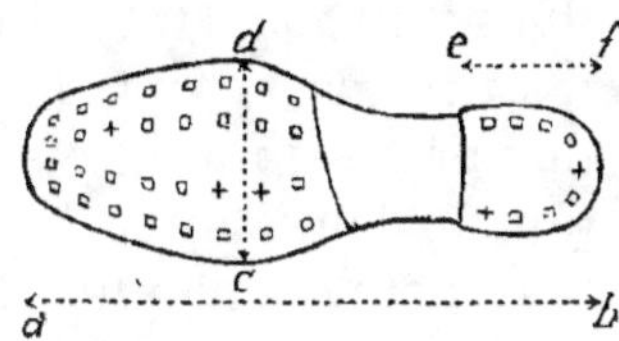

Fig. 37.

Pour reconnaître et relever une empreinte de chaussure. — Prendre les dimensions : *a*, *b*, plus grande longueur. — *c*, *d*, plus grande largeur. — *e*, *f*, longueur du talon. — + clous manquants. Ou mieux, découper sur un papier un peu fort le contour de la semelle ; y marquer l'emplacement des clous, noter ceux qui manquent ; se servir de ce gabarit pour contrôler l'identité des traces relevées.

Avec la mesure de l'empreinte (largeur, longueur de la semelle, du talon, nombre et disposition des clous), il devient possible de suivre une trace, de la distinguer des autres dans les endroits piétinés, de la retrouver après une courte disparition due à la consistance du sol.

Mais il est possible de faire mieux encore. Ainsi

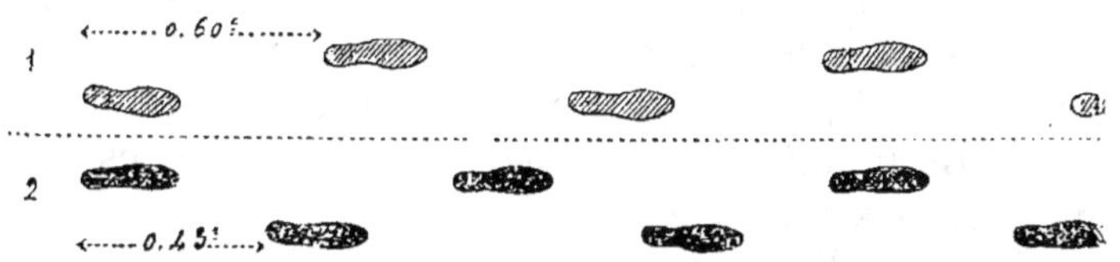

Fig. 37 bis. — Traces de souliers sur une route.

telle empreinte est accompagnée parallèlement d'une seconde : la première empreinte indique des pas plus écartés que la deuxième ; donc le premier marcheur a le pas plus long, ou fait des enjambées plus étendues ; il *doit* être plus grand que son compagnon ; d'autre part, sur un sol de même consistance, la deuxième empreinte est plus marquée, plus profonde ; donc, deux hypothèses s'imposent : le deuxième marcheur pèse plus lourd que son compagnon de route, il est, soit plus gros, soit chargé d'un fardeau ; d'ailleurs, la petite empreinte ronde qui accompagne régulièrement la trace de ses deux pieds nous montre encore qu'il s'aide d'un bâton ou d'une canne. Et, au cours de ces diverses remarques, le sens de l'observation s'est élevé d'un degré pour devenir *l'esprit de déduction*.

Traces des animaux. — Après celles de l'homme, les traces que nous relevons le plus ordinairement sur les routes sont fournies par les animaux domestiques, chevaux, chiens, bœufs, etc.

L'empreinte des fers d'un cheval nous permet de suivre la piste d'un animal déterminé en mesurant la forme et les dimensions du fer. Elle nous fournit encore toute une série de renseignements : d'abord, par sa grandeur et sa profondeur dans le sol, nous savons de suite que nous avons affaire à un cheval fin, de petite taille, ou à un lourd cheval de trait ; ensuite, la disposition des empreintes nous dira l'allure de l'animal : en regardant le sol, nous *le voyons* aller au pas, au trot, au petit galop, à la charge. Nous saurons même qu'il boite, que, devant ce tas de pierres, il a eu peur et a fait un écart.

A côté, l'empreinte caractéristique et menue du chien marque des griffes dans le sol ; elle nous permettra de suivre les tours et détours du toutou. Plus loin, nous reconnaîtrons l'empreinte fourchue d'un bœuf ; avec de la patience, nous arriverions à compter le nombre de têtes de bétail ayant passé là.

Traces des bicyclettes, autos, voitures. — Revenons sur les routes pour observer d'autres traces, faites par les véhicules de toute nature, bicyclettes, brouettes, voitures, automobiles. Chacun laisse sur un sol mou ou poussiéreux des empreintes très caractéristiques.

La bicyclette, par exemple, indique le sens de sa marche sous la forme du sillon tracé par les pneumatiques dont les arêtes sont toujours inclinées dans le sens *contraire* au mouvement. Même observation pour les automobiles. L'usage à peu près général des antidérapants prête aux bicyclettes et voitures à moteurs un signalement qui s'inscrit sur le sol d'après les diverses striures des bandages. Il est donc possible de différencier et de suivre la piste de telle machine déterminée, surtout lorsqu'on l'a prise à son origine.

Les voitures à chevaux fournissent également une foule de renseignements par les traces des roues. On peut prédire qu'à tel endroit la voiture qui nous intéresse a croisé une autre voiture, qu'à tel autre elle s'est arrêtée. Par la largeur et la profondeur des ornières, on peut distinguer une voiture de charge d'un équipage léger. Enfin, la trace laissée par les bandages est caractéristique pour chaque voiture : celle-ci, par suite d'un point éraillé du bandage, imprime, à distance égale d'un tour de roue, la même déformation à l'ornière creusée ; pour cette autre, par suite du gonflement de la jante en tel endroit, se produit régulièrement un élargissement de l'ornière, etc.

Indices. — Il faut entendre par indices des impressions peu précises qui frappent nos sens, vue, ouïe, odorat, toucher, et permettent *indirectement* de conclure à tel ou tel fait. Les indices dérivent donc encore de la déduction. Signalons les principaux, auxquels on peut *à peu près* se fier :

Poussière. — La poussière qui s'élève au loin sur une route offre plusieurs significations.

La poussière se déroulant en ruban, rapide, épaisse, lente à s'élever, laisse présumer le passage d'une automobile en vitesse. La poussière épaisse, haute, peu mobile, peut indiquer le passage des voitures. La poussière haute, mais légère, transparente, est soulevée par des cavaliers, par des cyclistes.

La poussière basse et légère peut être produite par des hommes à pied marchant en troupe.

Au contraire des précédents indices, la poussière soulevée par le vent roule ou tourbillonne par intermittence et ne saurait être confondue avec eux.

Reflets. — Les reflets brillant au loin qui *scintillent* sous le soleil indiquent une chose en mouvement, lanterne de voiture, fer d'un outil porté par un piéton, etc. Au contraire les points brillants *qui ne scintillent pas* appartiennent à des objets immobiles : par exemple, la vitre d'une maison, le zinc neuf d'une toiture.

Lueurs. — La nuit, une lueur rose étendue sur le ciel indique la *direction* et la proximité d'une grande agglomération. Une lueur rouge qui court momentanément sur le ciel indique la direction d'une ligne de chemin de fer ; cette lueur est en effet produite lorsque le chauffeur ouvre le foyer de la locomotive pour y entonner du charbon.

Uue lueur de même sorte mais plus claire, plus jaune, proviendra des lanternes ou des phares d'une automobile ; elle révélera l'existence d'une route carrossable.

Enfin, des éclairs striant le ciel proviendront vraisemblablement d'un système de traction électrique à trolley, car de telles lueurs se produisent au moment où les soubresauts du véhicule séparent le trolley du câble conducteur et provoquent ainsi de petits courts-circuits.

Notons que ces diverses lueurs peuvent être d'un grand secours pour s'orienter la nuit, lorsqu'on a des doutes sur la direction à suivre.

La lueur d'un incendie est au contraire rouge, très haute, et circonscrite généralement à un espace étroit.

Bruits. — La nuit surtout, la perception des bruits, étant très nette, pourra fournir des indications utiles.

L'aboiement de nombreux chiens indique la proximité et la direction d'un village : ils indiquent aussi que des gens en troupe traversent le village.

Les tintements de grelots dénoncent une route proche.

Le roulement d'un train donne la direction de la voie ferrée ; à son intensité, on peut se faire une idée de l'éloignement.

Le crissement sur les rails du train qui s'arrête fait présumer, le plus généralement, une station proche.

On peut surprendre encore le bruit d'une chute d'eau, d'un moulin, d'une usine, le son des sirènes de bateaux, le bruit des vagues de la mer.

Et là, toute une série d'indications utiles.

Sensations. — *Odorat.* — La sensation de fraîcheur, l'odeur d'herbe mouillée, de marécage, peuvent indiquer très nettement le voisinage de l'eau. D'après la direction du vent, d'autres odeurs caractéristiques peuvent aider à guider dans la direction voulue, celles des étables, celles d'usines de produits chimiques connues dans la région, les senteurs marines du varech, etc.

V. — MESURE ET APPRÉCIATION
DES DISTANCES.

> *Les chiffres mesurent, comptent*
> *et ne pensent pas.* LAMARTINE.

A chaque instant, au cours de leur Vie au grand air, les Elèves-soldats auront besoin, soit de mesurer des petites dimensions, soit de mesurer directement, ou d'apprécier des distances plus grandes sur le terrain, soit de calculer ou d'évaluer la largeur d'une rivière, la hauteur d'un arbre, d'une cheminée d'usine, d'un pic, etc.

Pour ce métier de métreurs et d'arpenteurs, ils ne peuvent ni ne doivent songer à des instruments de précision. Ils s'ingénieront au contraire à tout mesurer par des moyens de fortune, quelques-uns de ces moyens étant d'ailleurs préparés d'avance. Mais le seul instrument précis que nous leur concédons, surtout à titre de vérification, sera le mètre ou le centimètre de poche. Pour le reste, aidons-les à s'ingénier !

La petite anthropométrie de l'Elève-soldat. — Tout d'abord, l'Elève-soldat aura partout avec lui, s'il veut bien, un instrument de mesure qu'il ne risquera jamais de perdre, car il sera fourni par son propre corps (*fig.* 38).

Il mesurera donc avec soin, sous le contrôle de l'Instructeur et des camarades :

1º La hauteur de sa taille, sans coiffure ;

2º La hauteur où atteint son bras droit dressé verticalement, doigts allongés ;

3º La longueur de son bras droit tendu horizontalement, de l'épaule à l'extrémité des doigts allongés ;

4° La longueur entre ses deux bras tendus horizontalement, doigts allongés ;
5° Principales dimensions de la main, longueur, lar-

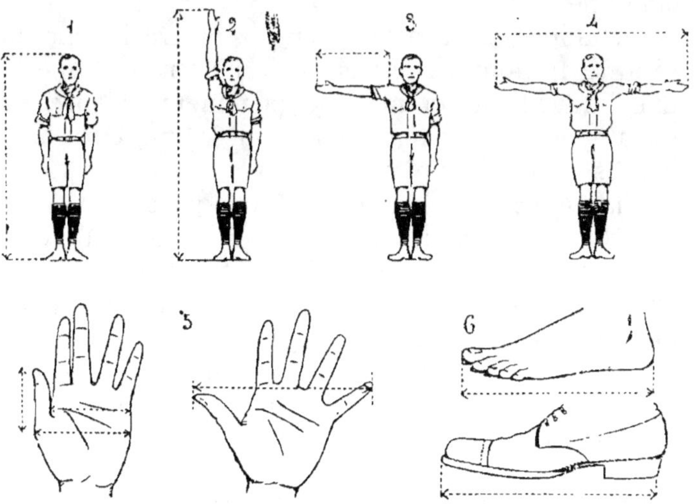

Fig. 38. — Mesures de certaines parties du corps
pour évaluer les petites distances.

geur, longueur du pouce, du médius, longueur couverte
par le pouce et le petit doigt écartés au maximum ;
6° Longueur du pied, chaussé et nu.

Pour remplacer le mètre. — Parmi les nombreuses
ficelles qui trouvent asile dans ses poches, rien ne
l'empêche de métrer l'une d'elles, en faisant des
nœuds, par exemple tous les 25 centimètres.
Pour mesurer de moyennes distances, avec une
certaine exactitude, par exemple l'enceinte d'un
camp, la surface d'un terrain de jeu, on pourra confectionner avec de la grosse ficelle un cordeau long
de 25 mètres, et s'en servir comme d'une chaîne
d'arpenteur.

Le pas étalonné. — A défaut de mètre ou de mesure de longueur précise, il sera possible, avec une appréciation moindre, de mesurer la distance au pas étalonné.

L'étalonnage du pas s'opère par la recherche empirique du nombre de pas qu'on fait en moyenne sur une longueur de 100 mètres exactement mesurée sur terrain plat, par exemple sur une route, entre deux bornes hectométriques.

Chaque Elève-soldat devra donc parcourir, à l'allure du pas ordinaire, plusieurs fois cette distance de 100 mètres, mettons dix fois. Il trouvera ainsi, par exemple, 135, 141, 129... pas : il prendra la *moyenne*, mettons 132. Sachant que 132 de ses pas, ou 66 de ses doubles pas, représentent 100 mètres, il peut en déduire toutes les distances. Par exemple 33 de ses pas feront sensiblement 25 mètres.

La bicyclette, instrument de mesure. — Comme nous l'avons déjà indiqué, il est également possible d'étalonner le pas, le trot d'un cheval. Mais encore plus précise sera la distance mesurée par une bicyclette, si l'on connaît le nombre de tours de roue et le développement. Par exemple, une bicyclette a 5 mètres de développement : pour la distance à mesurer, on a compté 150 tours de la roue motrice : la distance est donc de 150 × 5, soit 750 mètres. Pour compter facilement le nombre des tours de la roue motrice, fixer à l'aide d'une ficelle un ergot souple (un bout de baleine) à un endroit quelconque de la jante, de manière à ce que l'ergot touche la fourche en produisant un bruit sec, avertissant de chaque tour de roue.

Egalement, à l'aide de la *multiplication*, il est très facile de connaître la distance couverte par la machine pour un tour complet d'une pédale.

Mesures des distances au moyen de la carte. — Pour mesurer des distances plus considérables (d'un point à un autre point souvent inaccessible), le seul moyen pratique dont disposera l'Elève-soldat sera de se servir de la carte d'état-major (voir chapitre II).

Ne pas oublier les mesures *toutes faites*, qui existent sur les routes, bornes hectométriques, poteaux télégraphiques généralement distants de 25 mètres.

Appréciation des distances. — Après la mesure, passons à l'appréciation des distances.

L'appréciation des distances est toujours des plus délicates, car, ainsi que nous allons le voir, pour chaque cas particulier, les erreurs commises sont nombreuses et souvent très fortes. En somme, le résultat de ces appréciations, soit à vue, soit au son, soit même à l'aide d'instruments primitifs, ne doit être retenu qu'avec la plus grande réserve.

1º *A la vue*. — L'appréciation des distances à la vue exige une grande éducation de l'œil pour ne donner, en fin de compte, que des indications très incertaines. L'éclairement variable suivant l'heure et le ciel vient en effet bouleverser souvent les notions les mieux établies. Ainsi, particulièrement à la mer ou en pays de montagne, on connaît cette illusion d'optique qui éloigne ou rapproche d'incroyable manière telle côte lointaine, tel pic.

Bornons-nous à indiquer les principales *apparences* sur lesquelles il est possible de baser une appréciation par un temps clair et pour une vue normale.

On distingue, à mesure qu'on se rapproche, VERS :
Objets.

15 *kilomètres*, les églises *ordinaires* de la campagne, les châteaux.

11 *kilomètres*, les moulins à vent et leurs ailes.

5 *kilomètres*, les maisons ordinaires.

4 *kilomètres*, les cheminées.

2 *kilomètres*, les gros arbres isolés.

1,200 *mètres*, les arbres isolés, les poteaux indicateurs des routes,

300 *mètres*, les croisillons des fenêtres.

50 *mètres*, tuiles des couvertures.

Hommes, chevaux, voitures.

1.500 *mètres*, hommes à pied en troupe ; hommes à cheval (les silhouettes se détachant des chevaux) ; .voitures en file sur une route.

850 *mètres*, on voit le mouvement des jambes, la ligne des coiffures, les têtes des chevaux.

700 *mètres*, on distingue les hommes des uns des autres, les jambes des chevaux se dessinent.

500 *mètres*, on distingue nettement hommes et chevaux.

300 *mètres*, le rond du visage se détache des épaules.

250 *mètres*, on voit les boutons brillants.

150 *mètres*, la ligne des yeux se dessine.

70 *mètres*, les deux yeux se séparent.

2º *Au son.* — L'appréciation des distances au son est basée sur le principe suivant : la perception de la lumière (vitesse de 70 000 kilomètres à la seconde) peut être considérée comme instantanée ; le son parcourt 333 mètres à la seconde. Si donc l'on perçoit à la vue la fumée ou la lueur qui précèdent une détonation, si l'on compte le nombre de secondes séparant cet instant de celui où l'oreille perçoit le bruit, la distance au point où se produit la détonation sera de n secondes, multiplié par 333.

L'emploi des poudres sans fumée a fait tomber cette méthode en désuétude.

Signalons pourtant une application à la portée des Élèves-soldats : d'un point dominant une gare, si l'on peut percevoir l'échappement de vapeur d'une locomotive se mettant en marche, et le bruit qui en résulte, en faisant la différence des temps, on calculera la distance à laquelle se trouve la gare.

Les temps se mesurent avec la montre à secondes. A noter que le vent influe sur la vitesse du son : il le

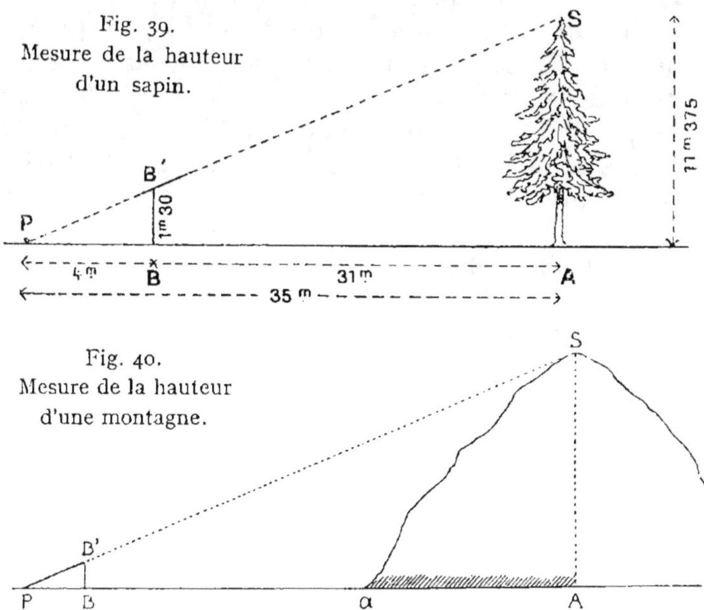

porte à nos oreilles, plus vite s'il marche dans le même sens, plus lentement s'il souffle dans le sens opposé.

Pour mesurer les hauteurs. — Soit par exemple à déterminer la hauteur d'un sapin (*fig.* 39). A une distance *au moins égale* à la hauteur qu'on suppose au sapin, l'Elève-soldat plante un bâton en terre B. A une hauteur connue au-dessus du sol, par exemple $1^m,30$, l'Elève-soldat fixe à l'aide d'une ficelle un deuxième bâton par le milieu B', de manière à ce que ce bâton puisse se mouvoir dans un plan vertical. Ce deuxième bâton constituera une ligne de visée qui sera dirigée, d'une part, sur le sommet de l'arbre S ; de l'autre, on observera, ou au besoin on déterminera à l'aide d'une ficelle le point où l'autre extrémité du bâton prolongée rencontrerait le sol : le point est marqué par une pierre ou un petit piquet P.

Ensuite, on mesurera les distances PB, BA (A, pied de l'arbre). La figure montre qu'on aura ainsi déterminé deux triangles semblables, dont les côtés sont proportionnels : comme on connaît la mesure de *trois* de ces côté, le quatrième AS, la hauteur de l'arbre, se déduira facilement.

Pour déterminer la largeur d'une rivière. — Si la largeur est moindre de 10 mètres, on lancera sur l'autre rive une pierre attachée à une ficelle, on la

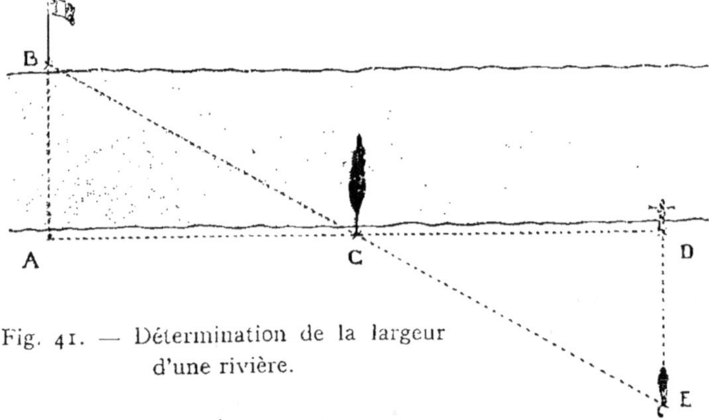

Fig. 41. — Détermination de la largeur
d'une rivière.

ramènera pour mesurer la longueur exacte de la ficelle tendue entre les deux bords. S'il s'agit d'une large rivière (*fig.* 41), ou même d'un fleuve, l'on y arrive en résolvant sur le terrain un petit problème de géométrie aussi simple que le précédent. Soit la largeur AB à trouver, B, le point sur la rive inaccessible, étant désigné nettement, par exemple par une perche avec un drapeau. Du point A, on marchera en ligne droite le long de la rive jusqu'au point C, un petit arbre par exemple, nettement plus éloigné de A que le point B ne l'est du point A. On se prolonge au delà de C jusqu'en D d'une distance égale à AC. En D, on dirige un aide selon une perpendiculaire à la ligne AD ; il marchera jusqu'au point E, où il se trouvera aligné avec l'arbre C et la perche B. La distance ED est égale à AB, c'est-à-dire à la largeur de la rivière, comme le montre la figure. On a en effet construit sur la rive un triangle DCE égal au triangle BAB. On obtiendra une approximation très suffisante en mesurant ces distances au pas.

Pour mesurer la vitesse d'un courant.—La longueur AD étant connue, et le courant allant de A vers D, jeter un corps flottant, morceau de bois, bouchon de paille en A. Noter le nombre de secondes jusqu'au moment où le flotteur passera devant D. La vitesse du courant à la seconde s'obtiendra en divisant la distance par le nombre de secondes.

Pour mesurer la profondeur d'une rivière. — Employer une perche qu'on plongera dans l'eau de distance en distance. Pour se rendre compte de la nature du fond, fixer solidement à l'extrémité de la perche un entonnoir commun, en métal. Des débris d'argile, de sable, de vase, etc., adhéreront au fond de l'entonnoir et permettront de se faire une opinion.

Connaître son poids. — L'Elève-soldat peut avoir intérêt à connaître son poids en tenue de route, sans sac. Cette connaissance lui servira, par exemple, à vérifier, *grosso modo*, l'exactitude de pesées faites sur des balances douteuses à l'occasion de l'achat de certaines denrées utiles, paille de campement, etc.

La mesure et l'appréciation des distances exercent le coup d'œil et, indirectement, le jugement. C'est donc un côté excellent de l'éducation de l'Élève-soldat en ce sens que ces matières apporteront un élément de *calme* et de *précision* parmi les exercices. L'instructeur devra donc se servir de cet élément pondérateur, basé sur la froide observation et le calcul : pour reposer et poser les esprits excités, cet élément jouera en quelque sorte le rôle que joue, dans la gymnastique, l'exercice respiratoire destiné à ramener le calme dans l'organisme.

L'instructeur donnera toujours *simultanément* à tous ses Élèves-soldats l'enseignement de l'appréciation des distances, c'est-à-dire que chacun d'eux devra chercher et communiquer son appréciation personnelle.

Pour fixer les opinions, l'instructeur fera opérer ces appréciations sur des points placés à des distances parfaitement connues de lui.

En outre, il fera toujours la moyenne des appréciations particulières ; la pratique a en effet démontré que cette moyenne des observations de plusieurs appréciateurs atténue les grosses erreurs en plus ou en moins et donne un résultat qui le plus souvent se rapproche beaucoup de la réalité.

VI. — DÉPÊCHES ET SIGNAUX.

> *A donc que les Maistres de Camp sceurent*
> *par ingénieuses recherches et investigations*
> *que l'ennemi se trouvoit là... Alors, firent*
> *leur message par signal et moults gestes*
> *qui se connaissaient d'entente.*
>
> Chronique de Jean FROISSART, an 1400.

Au cours de leurs exercices, les Élèves-soldats auront souvent besoin de communiquer entre eux. De leur côté, les instructeurs se verront dans l'obligation de transmettre à leur troupe des indications nombreuses et variées.

Ces communications peuvent s'opérer par deux moyens : soit verbalement ou par écrit, à l'aide de dépêches ; soit par signaux. Il existe donc une série d'enseignements et de conventions à suivre pour échanger les pensées clairement, rapidement, sûrement.

Message verbal. — Transmettre une indication verbale, si simple soit-elle, n'est pas une tâche aussi facile qu'elle peut le paraître au premier abord.

Souvent, la mémoire tronque ou déforme le message verbal, d'autant plus qu'il s'écoule davantage de temps entre le départ et l'arrivée, et surtout lorsque le message parvient au destinataire après être passé par plusieurs bouches. A ce sujet, les instructeurs pourront tenter cette expérience significative : ayant placé leurs Élèves-soldats en cercle, à dix ou quinze pas d'intervalle, qu'ils fassent transmettre de proche en proche une communication relativement simple, telle que celle-ci : « Rassemblement ce soir à 14 h. 30, allée centrale du Cours, à hauteur du septième arbre, compté à partir de l'entrée de la ville. » Lorsque ce message, porté à voix basse, de bouche en bouche, et d'oreille à oreille, reviendra vers eux, ils jugeront et feront juger aux Élèves-soldats de la déformation subie par cette simple phrase !

Le seul moyen de tranmettre à coup sûr, dans sa rigoureuse exactitude, un message verbal est de *l'apprendre par cœur* et de le répéter souvent au cours du chemin.

Message écrit. — Le message écrit supplée au défaut de mémoire, mais non toujours au défaut d'obscurité. En effet, la rédaction d'un message n'est pas quelconque : elle doit être faite en sorte que le message soit *clair, précis, complet.*

Le message est clair quand le but à atteindre s'y trouve nettement défini ; quand il correspond à la suite naturelle des idées ; quand le style en est simple, concis, facile à comprendre.

Le message est précis quand il ne contient ni termes vagues, ni qualificatifs indéterminés ; quand les indications de toute nature, principalement celles d'*heure* et de *lieu*, ne prêtent à aucune confusion, à aucune ambiguïté.

En général, les heures et les nombres importants doivent être écrits, d'abord en chiffres, répétés ensuite en toutes lettres ; l'indication de l'heure est toujours donnée selon la notation nouvelle o à 24.

L'écriture sera très lisible, sans abréviation. Les noms propres et les noms géographiques écrits plus gros, bien orthographiés, au besoin soulignés. On donnera les appellations indiquées sur la carte d'état-major, mais comme parfois les habitants se servent d'appellations locales différentes, on aura soin de les noter entre parenthèses. Pour les hameaux, fermes, bois, ruisseaux, localités sans nom sur la carte, ou difficiles à trouver du premier coup d'œil, l'on précisera la situation en notant, par exemple : « Ferme de X, à 4 kilomètres au nord-ouest du village A, sur la route allant du village A au village B. » Employer les termes d'orientation *nord, sud, ouest, est,* de préférence à ces indications plus vagues *en avant. en arrière, à gauche, à droite,* qui provoquent souvent des erreurs et des malentendus.

Enfin, *le message est complet* lorsque celui auquel il est destiné y trouve toutes les indications nécessaires pour être en mesure de s'y conformer, sans tâtonnements et sans efforts d'imagination.

La bonne rédaction d'un message exige donc, on le voit, une grande pratique. Au début, le défaut dans lequel on tombe le plus volontiers est le manque de concision, qui entraîne le défaut de clarté : toujours les mots inutiles embrouillent et obscurcissent un texte en divisant l'attention. La connaissance et la pratique de ces règles seront très utiles plus tard aux Élèves-soldats pour leur correspondance, pour la rédaction des dépêches télégraphiques souvent incomplètes ou incompréhensibles !

Rédaction des rapports. — Les mêmes règles seront de mise pour la rédaction des *rapports* que les Élèves-soldats pourront avoir à fournir après une patrouille, une reconnaissance, un relevé de traces, etc.

Le rapport doit toujours contenir l'indication précise des lieux, date et heure où les faits relatés se sont passés.

Le rédacteur du rapport doit distinguer expressément ce qu'il a vu et reconnu *par lui-même*, et ce qu'il a appris des indications ou des récits dont il n'a pas été à même de vérifier l'exactitude. En ce cas, il mentionne la source de ses renseignements.

Tout rapport ayant trait à des individus, à un parti ennemi, à un incident particulier doit répondre à ces quatre questions : *qui? quand? où? comment? combien?*

En retenant ce questionnaire succinct, les Élèves-soldats seront sûrs de n'oublier aucun point important. Enfin, comme nous l'avons déjà dit (chap. II), un plan, un croquis, même grossier, devra toujours accompagner le rapport.

Les signaux. – Dès la plus haute antiquité, les hommes employèrent différents systèmes de signaux pour transmettre rapidement des avis d'un point à un autre.

Répétés de proche en proche, ces signaux purent franchir de grandes distances et donnèrent naissance *à la télégraphie.*

Ainsi, au temps d'Homère, les Grecs employaient comme signaux les feux, la fumée, les drapeaux, le bruit et la voix. Ces signaux étaient simplistes et annonçaient, la plupart du temps, soit l'approche d'envahisseurs, soit une victoire.

Également simple et parlante fut la télégraphie

qu'employait Tamerlan, le conquérant cruel de l'Inde et de la Chine. Lorsqu'il assiégeait une ville, le chef tartare adressait trois signaux aux assiégés : 1º *un drapeau blanc* qui signifiait « rendez-vous »; 2º *un drapeau rouge :* le commandant de la place devait être livré sur l'heure et mis à mort pour avoir osé résister à la première injonction ; 3º *un drapeau noir* annonçait l'assaut de la ville, le massacre de tous les défenseurs et habitants. Que nos Élèves-soldats retiennent en passant le système des drapeaux de Tamerlan pour l'appliquer à des fins moins féroces : arborés sur un mât de signal, ou plus simplement sur un arbre élevé, les drapeaux peuvent constituer un signal *général*, voulant dire par exemple : « rassemblement au camp » — « accident, interrompez l'exercice » — « rentrez individuellement au bourg », etc. Un, deux, trois drapeaux, disposés ensemble sur le même bâton, assez séparés pour être visibles de loin, suffiront pour transmettre ces communications générales. Bornons-nous à *trois ;* au-dessus, la confusion naîtrait et l'on risquerait de retomber dans les systèmes alphabétiques, lesquels, pour les courtes distances, deviennent *la signalisation*, pour les grandes, la télégraphie aérienne à la façon de Claude Chappe. Notons en passant que ces « drapeaux » peuvent être constitués avec des mouchoirs ou encore, d'après les conventions, avec une gerbe de paille, un botillon de foin, etc.

Signalisation. — Passons au moyen plus général de *la signalisation*, qui aux courtes distances (de 700 à 1.200 mètres) permet soit de transmettre des lettres composant des mots, soit de transmettre des signaux conventionnels.

Dans ces signaux à bras, le seul mode alphabétique admis aujourd'hui se réfère aux points et aux traits du système Morse.

Les signaux s'effectuent d'ordinaire à l'aide de fanions à double face, chaque face étant mi-partie blanche, mi-partie rouge. On obtient ainsi une visibilité suffisante et indépendante du fond, sombre ou clair, sur lequel le fanion est manœuvré. Mais on peut tout aussi bien employer un chapeau, ou tout objet analogue.

Le *point* Morse est indiqué par l'apparition d'un fanion ; le *trait* Morse, par l'apparition de deux fanions.

L'intervalle entre deux signaux d'une même lettre est d'environ une demi-seconde ; entre deux lettres ou chiffres, d'environ 4 secondes.

Pour être visibles et lisibles, les signaux Morse doivent être exécutés d'après une cadence assez lente, les traits et les points bien distincts, les lettres successives bien séparées.

Signaux optiques et acoustiques. — Nous n'insisterons pas sur les modes si nombreux de signalisation et de signaux.

Également nous abandonnerons à l'imagination des Élèves-soldats et de leurs instructeurs les divers signaux optiques qu'on peut faire, soit au moyen de fumées, de pétards, de feux de bengale diversement colorés, soit au moyen de cerfs-volants portant à leur corde une, deux, ou trois banderolles, soit au moyen d'éclats jetés par des petites glaces, par des lanternes à acétylène de bicyclettes, etc.

Au résumé, la pratique de la télégraphie optique proprement dite exige la connaissance parfaite de l'alphabet Morse.

Disons un simple mot de la télégraphie acoustique qui peut s'opérer à l'aide du clairon, du sifflet. Les commandements au sifflet en usage dans la marine exigent une instruction longue et minutieuse. Les Élèves-soldats peuvent s'inspirer de cette méthode pour convenir quelques indications au sifffet, *dix au plus* à notre avis voulant dire par exemple : « rassemblement », « en avant », « en arrière », « appuyez à droite », « appuyez à gauche », « pas de course », « couchez-vous »...

Alphabet Morse. — Il serait à souhaiter que tous les Élèves-soldats aient une connaissance parfaite de l'alphabet Morse et soient en état de « taper » une dépêche sur un manipulateur ordinaire de télégraphie électrique. Mais pour que l'emploi de l'alphabet Morse puisse avoir vraiment une utilité pratique, il faudrait justement le posséder *parfaitement*, sans tâtonnement, sans hésitation, non seulement dans la mémoire, mais dans les doigts, dans l'oreille. Les télégraphistes en effet doivent pouvoir *entendre* la dépêche et la comprendre au son. Un enseignement de cette nature dépasserait celui qu'on doit s'efforcer d'inculquer à l'Élève-soldat ; il convient donc de le réserver à quelques spécialistes. L'étude en est facilitée par un classement des lettres en séries présentant des caractères particuliers.

Le téléphone. — De tous les moyens de liaison dont la guerre a révélé l'extrême importance, aucun n'est davantage employé que le téléphone. Et, à cet égard, les chefs militaires se sont aperçus qu'un très grand nombre de leurs soldats ne savaient par quel bout prendre cet appareil pour établir une communication.

Dans certains cas, cette ignorance a causé les plus graves mécomptes, alors qu'il s'agissait d'un message urgent, demande de renforts, indications d'objectifs à l'artillerie, etc. L'Élève-soldat doit donc être exercé au maniement des appareils téléphoniques.

Maintenant que les lignes téléphoniques, publiques ou privées, pénètrent jusqu'au moindre village, il est

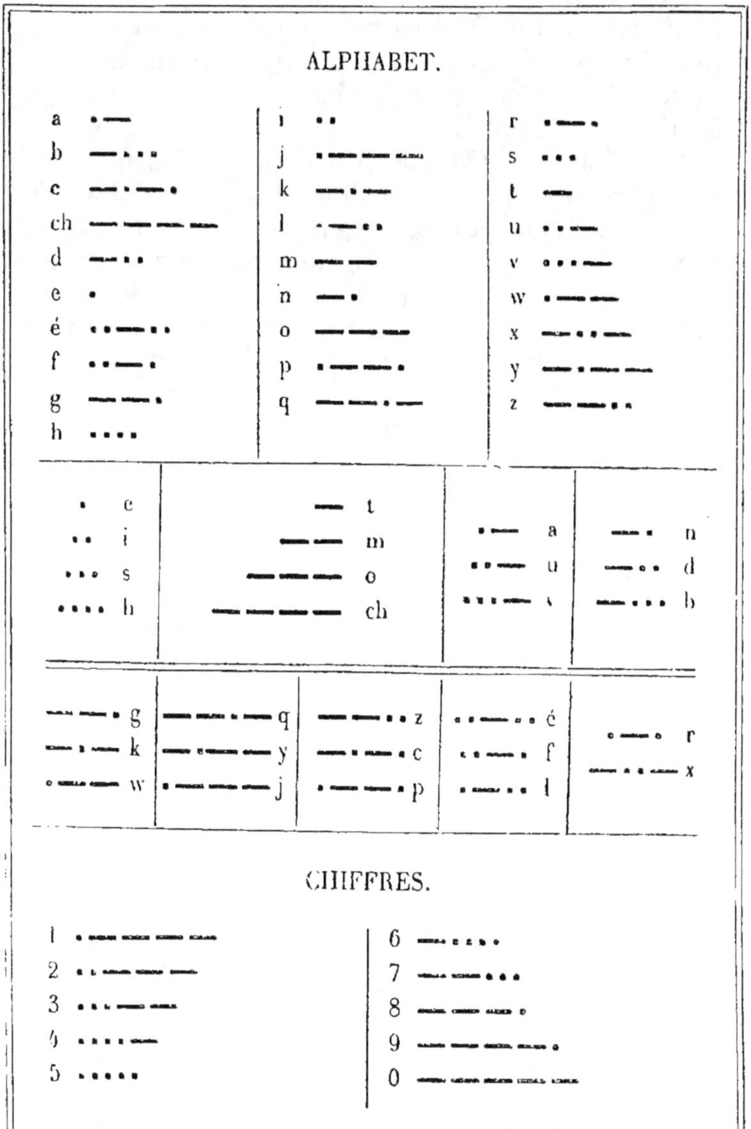

ALPHABET.

CHIFFRES.

Fig. 42. — Points et traits du système Morse.

inadmissible que nos garçons restent en arrière du progrès. Il appartient aux instructeurs de prendre toutes dispositions pour initier leur groupe à l'usage pratique du téléphone.

A cet effet, ils pourront, par la voie des autorités militaires, obtenir la disposition des lignes publiques reliant deux villages, par exemple, aux heures où il n'en résulterait aucun dérangement (heures de fermeture aux conversations privées). Également les autorités militaires pourront sans doute prêter des ateliers légers de téléphonie, qui permettront aux Élèves-soldats de s'exercer à la pose et à la dépose d'une ligne, de rechercher les causes d'une interruption (pour les spécialistes), etc.

VII. — LES TRAVAUX DU PIONNIER.

> *Creusez, fouillez, bêchez, ne laissez nulle place où la main ne passe et repasse.* — LA FONTAINE.

Que les Elèves-soldats évoquent la belle figure des grands ancêtres, ces « pionniers » hardis, laborieux, patients, qui défrichaient le sol du Canada, vierge encore il y a deux siècles, ces « coureurs des bois » qui parcouraient les forêts immenses, abattant les arbres géants, franchissant les rivières et les lacs sur des ponts de fortune et sur des radeaux grossiers. Qu'ils se rappellent aussi les conquérants plus modernes de la brousse africaine se frayant un chemin à la hache, drainant les marécages malsains, constituant à mesure leurs fortins de pierre et de terre battue !

Enfin qu'ils songent à nos héros creusant leurs tranchées dans la boue, plantant leurs réseaux de fil de fer, rempierrant les routes, sous le déluge de fer et de feu des canons ennemis, travaux d'Hercules qui resteront inscrits à jamais dans nos fastes de gloire.

Alors les Elèves-soldats constateront à quel point ces hommes étaient *braves*, *courageux*, dans toute l'acception française de ces mots, car leur bravoure, leur courage, ne consistaient pas seulement à affronter les peuples barbares, les bêtes féroces et les obus. S'ils élevaient leurs cœurs aux plus hauts sommets de l'héroïsme, ils savaient aussi retrousser leurs manches pour mener à bien des tâches rudes et vulgaires ; ils maniaient les outils du terrassier, la hache du bûcheron, la truelle du maçon.

Animés par ces souvenirs, les Elèves-soldats ne jugeront pas indigne d'eux d'apprendre à se servir de la pelle et de la pioche pour creuser un fossé, élever une digue. Ayant remué eux-mêmes la terre à la sueur de leur front, ils comprendront mieux le dur et pénible travail du sol, la considération et la sollicitude qu'on doit à ceux qui s'y livrent.

Ils saisiront ensuite la nécessité d'ordre militaire qui exige l'apprentissage de l'outil de la part des futurs soldats.

Certes, les jeunes gens des villes trouveront au début les outils lourds ; les manches grossiers feront naître sur leurs mains des callosités et des ampoules. Mais cette gêne première et cette fatigue seront saines et profitables, à condition, cela va sans dire, de ne jamais atteindre le surmenage.

Conduite d'un travail de terrassement. — Soit à exécuter une tranchée, longue de 6 mètres, profonde de 1ᵐ, 50, large de 1 mètre au sommet.

Le travail comprendra, de toute évidence, un *remblai* fait avec de la terre prise en creusant le sol, et un *déblai*.

Le remblai est réparti de chaque côté du fossé, de

manière à réduire la hauteur des terres rejetées : cette hauteur doit être aussi faible que possible dans une tranchée de guerre, pour en diminuer la visibilité.

La direction et les limites de l'ouvrage à exécuter sont marquées par deux jalons.

Pour faciliter la marche régulière et la juste distribution du travail, on divise l'ouvrage à·faire en tâches, *en ateliers*, dont chacun comprend une portion de déblai, un fossé à creuser, et la partie correspondante du remblai. Sur un terrain de consistance moyenne, la terre des champs, les ateliers auront en général une longueur de 2 mètres et comprendront trois travailleurs : deux pelleteurs et un piocheur. Sur des terrains plus durs, rocailleux, il faudrait réduire l'étendue des ateliers et augmenter le nombre des piocheurs.

Les *ateliers* (c'est-à-dire les trois travailleurs qui composent chacun d'eux), étant désignés et répartis par le directeur du travail, sont placés le long de la ligne marquée par les deux jalons. Les piocheurs tracent sur le sol·avec leur pioche une ligne marquant le bord de l'excavation. Puis, au signal donné, le travail commence sur tous les ateliers simultanément. A mesure que le piocheur a déblayé une certaine masse de terre, les deux pelleteurs lancent leur terre de façon à étaler le plus possible la terre rejetée : la démarcation entre le déblai et le remblai s'établit immédiatement.

Les travailleurs s'enfoncent dans le sol à mesure que le remblai s'élève : remarquons d'ailleurs que les terres rejetées sont moins comprimées, moins tassées que dans le sol naturel et déterminent ainsi ce qu'on dénomme en terme technique le *foisonnement*.

L'expérience a prouvé qu'un homme peut jeter ses pelletées de terre seulement à 4 mètres horizontalement et à 2 mètres verticalement ; ces distances constituent *des relais;* au delà, il faudrait une autre équipe de travailleurs pour fournir de nouveaux relais.

Revêtement des talus. — Pour maintenir verticale la coupure d'une tranchée et les talus, il faut soutenir les terres par des revêtements en gazon, en branchages, en claies, en fascines, en gabions, etc. (*fig.* 43, 44, 45).

Les revêtements en gazonnage sont les plus simples, parce qu'on dispose en général, à proximité de l'ouvrage, d'un terrain gazonné sur lequel il est possible de découper des mottes à l'aide d'une pelle coupante.

Les racines des petites plantes formant le gazon s'entremêlent, retiennent la terre et lui donnent ainsi une certaine consistance.

Si l'on veut faire un travail parfait, on découpe les gazons en forme de briques, et l'on construit avec ces rectangles de véritables murs. Ces briques de gazon doivent être appliquées sur les talus de terre et serrées entre elles à l'aide de la dame.

Pour les revêtements en branchages, placer d'abord parallèlement au talus et à 0^m, 10 des piquets, enfoncés ou pas dans le sol, retenus en pente par des *harts* (liens de branchage) pris dans le massif de terre. Entre les piquets et les talus, disposer de menus branchages, que l'on serre le plus possible les uns contre les autres.

La claie n'est qu'un perfectionnement de ce système. La claie est faite d'avance, en entrelaçant des branchages longs et souples dans des piquets placés parallèlement à environ 50 centimètres ; ces branchages sont maintenus de place en place par des liens de corde ou de fil de fer.

La claie se prête à beaucoup d'usages ; elle peut constituer une civière pour le transport des fardeaux, des blessés ; devenir les parois ou la toiture de huttes ; former des hangars légers (en la montant sur quatre piquets) mettant les feux, les cuisines, à l'abri de la pluie et du vent ; former le tablier d'une passerelle, le sommier d'un lit de camp, etc., etc.

Dans la vie en campagne, il est donc très utile de savoir confectionner des claies rapidement, en choisissant les matériaux convenables.

Les fascines sont de longs fagots, très serrés, d'environ 2 mètres de longueur.

Fixées le long des talus à l'aide de piquets enfoncés dans le massif de terre, et entassées les unes sur les autres, elles constituent un revêtement qui offre une grande résistance à la poussée des terres.

Enfin, les gabions sont des sortes de paniers sans fond, d'environ un mètre de hauteur, faits de branchages entrelacés sur sept à huit piquets placés circulairement. Les gabions sont rangés côte à côte au contact du talus, puis remplis de terre : par leur poids et leur adhérence, ils offrent donc une sérieuse résistance à la poussée.

De la même manière, on pourrait employer des tonneaux vides, remplis de sable ou de pierres.

Enfin, citons un dernier mode de revêtement d'usage constant à la guerre, le revêtement en sacs à terre, longs de 50 centimètres sur 25 de largeur. Ces sacs à terre, qui peuvent être transportés vides en grande quantité, sont remplis de terre, fermés à l'aide d'une ficelle, puis placés alternativement les uns sur les autres comme les briques d'un mur.

Nous avons jugé utile d'indiquer ces divers modes de revêtement, parce que les talus d'une tranchée qui ne sont pas soutenus, s'effondrent très vite.

Le travail du terrassier est fort dur. Les repos doivent être fréquents.

Si l'on veut avancer vite, il est utile d'avoir deux

équipes qui travaillent alternativement pendant une demi-heure. Un homme de vigueur moyenne et non

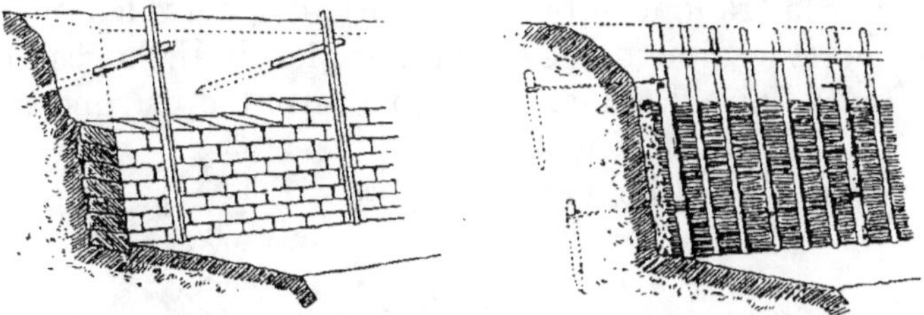

Fig. 43. — Revêtements en gazon et en branchages.

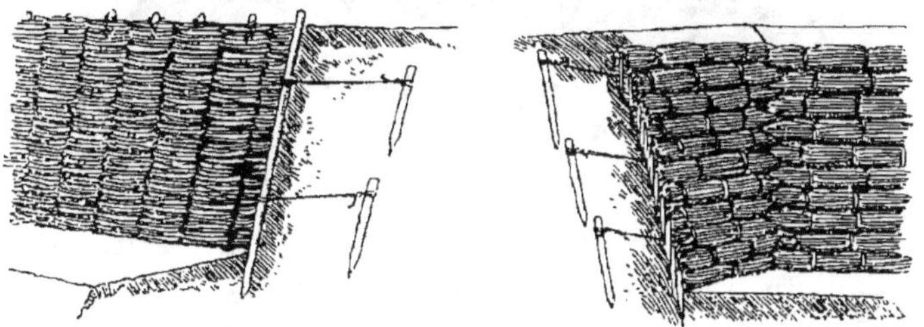

Fig. 44. — Revêtements en claies et en fascines.

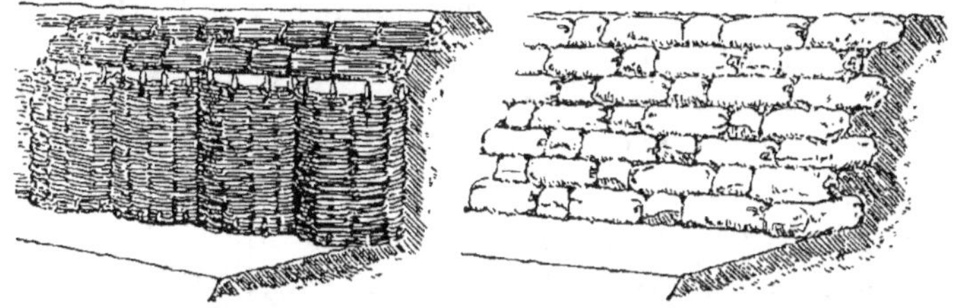

Fig. 45. — Revêtements en gabions et en sacs à terre.

exercé peut, avec ce système de repos, pelleter environ un mètre cube de terre par heure.

Chevalet de fortune pour faire les fascines. — De part et d'autre d'un arbre abattu, assez gros (0^m,40 à 0^m,50 de diamètre) plantez à un mètre d'intervalle trois séries de deux pieux très solides et profondément enfoncés en terre dépassant le tronc d'environ un mètre (*fig.* 46).

Sur la tranche supérieure du tronc, entre les pieux, on étale les longues branches et les branchages destinés à faire les fascines, qui auront ainsi une lon-

Fig. 46. — Fabrication des fascines.

gueur totale d'environ deux mètres cinquante. Près des pieux, maintenues autour du tronc, trois grosses cordes assez courtes dont l'extrémité est terminée par une boucle. La longueur de ces cordes doit être réglée de manière à ce qu'un levier constitué par une forte et longue branche, prenant appui en haut sur la boucle, et en bas contre le tronc d'arbre, puisse, une fois abaissé, serrer et réunir à fond les branches et branchages destinés à constituer la fascine.

Un travailleur agit sur le levier, tandis qu'un camarade lie la fascine à l'aide d'un lien disposé par avance à l'entour (corde assez forte, ou mieux fil de fer). Des liens de mètre en mètre suffisent pour maintenir la fascine bien fagotée.

Fabrication d'un gabion. — Planter dans le sol 5 piquets, hauts de $1^m,50$ selon un cercle d'environ 0,50 à 0,60 centimètres (*fig.* 47). Entre ces piquets, entrelacer des branchages *serrés*, en commençant par le bas ; consolider de temps en temps avec des liens. Le gabion achevé, on arrache les piquets du sol, et on dispose de cette carcasse de branchages pour mettre la terre.

Pisé et torchis. — Pour les huttes, les constructions légères, il peut être utile de savoir faire le *pisé* et le *torchis*. Le pisé est de la terre ordinaire légèrement humectée, puis tassée par couches successives à l'aide de la dame ; les couches se lient entre elles, constituant ce qu'on appelle communément la « terre battue ».

Fig. 47. — Fabrication d'un gabion.

Le torchis se prépare en répandant de la paille hachée sur de la terre légèrement humectée, On mélange à la pelle et l'on tasse avec les pieds. On dresse ensuite ce mélange par couches successives. Lorsqu'il est bien sec, il offre une certaine consistance.

Abatage d'un arbre. — Pour abattre un arbre, l'on pratique, à l'aide de la cognée du bûcheron ou d'une scie, deux entailles dans le tronc, à environ 50 centimètres du sol. Deux cordes sont préalablement fixées aux deux tiers de la hauteur du tronc à partir du pied, et des hommes, placés à droite et à gauche de l'espace où viendra tomber l'arbre, exercent des tractions simultanées pour amener la chute.

L'abatage d'un arbre de moyenne grosseur est une opération qui exige de grandes précautions : au préalable, il faut notamment élaguer avec soin les maîtresses branches s'écartant du tronc et susceptibles d'atteindre les travailleurs au moment de la chute.

Passerelles. — La confection des passerelles de fortune peut être envisagée de diverses façons.

Pour franchir un ruisseau, un fossé rempli d'eau, trop larges pour être sautés avec élan ou à l'aide de

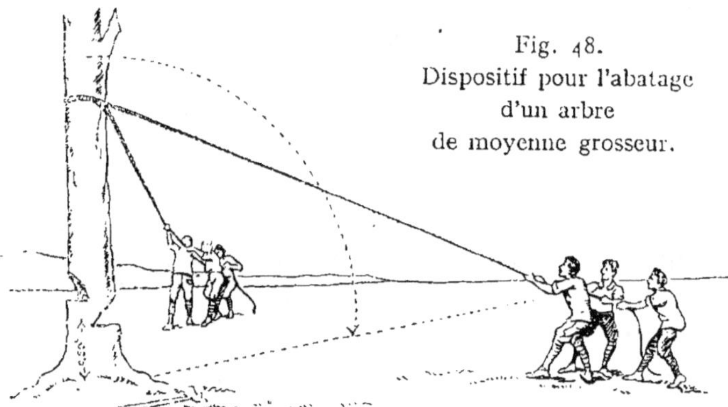

Fig. 48.
Dispositif pour l'abatage
d'un arbre
de moyenne grosseur.

la perche (1^m,50 à 3 mètres), on pourra utiliser un arbre, jeté en travers, des madriers, ou mieux une échelle qui, moins lourde, sera d'un transport plus facile : sur les barreaux de l'échelle, on placera une planche, ou des fagotins.

Quatre perches solides assemblées rempliront le rôle d'une échelle.

Si la largeur du cours d'eau est plus grande (4 à 5 mètres), il est nécessaire d'établir au milieu du passage un support fixe ou flottant (*fig.* 49). On peut employer comme supports fixes tables, bancs, tréteaux, charrettes ; ou bien en constituer de toute pièce avec des perches assemblées à l'aide de ficelles. Cinq perches sont nécessaires pour faire un support solide : la mise en place du support exige une barque, ou bien que quelques travailleurs entrent dans l'eau (possible seulement avec une profondeur moindre de 1^m,50).

Les pieds du support doivent être calés, sinon enfoncés au fond de l'eau.

Comme supports flottants, on utilisera des barques, des radeaux, des sacs remplis de paille ou d'herbe sèche, des tonneaux fermés.

Sur le support, on fait reposer le tablier (poutrelles,

Fig. 49. — Passerelle de fortune et détail du support.

planches, échelles, etc.). Ce tablier repose d'un côté sur les rives par l'intermédiaire d'une pièce de bois placée sous les extrémités ; quand le tablier est en deux pièces, chacune de ses parties doit déborder le point d'appui pris sur le support d'au moins 50 centimètres. Le tablier est fixé au support par des cordages ou des fils de fer.

En dehors de leur utilité future au point de vue militaire, les travaux de terrassement constituent un exercice physique très profitable, puis un excellent moyen de développer l'endurance, la patience, le courage à mener jusqu'au bout une besogne fastidieuse par elle-même.

Or, que les Élèves-soldats soient bien persuadés de ceci : dans la vie, on n'a pas toujours à accomplir des tâches intéressantes ou agréables ; il faut pourtant les accepter sans récrimination comme elles se présentent et les mener à bien. Ainsi, en peinant pour remuer de la terre, les Élèves-soldats s'accoutumeront au Devoir !

D'ailleurs, les instructeurs constateront par eux-mêmes qu'après le feu du premier début leurs Élèves-soldats sentiront naître la fatigue, auront hâte d'avoir fini... Sans les rebuter par des tâches incompatibles avec leurs forces ou exigeant un temps démesuré, les instructeurs devront insister pour qu'on conduise jusqu'à complet achèvement le travail décidé.

Il nous semble qu'il sera raisonnable de ne pas faire entreprendre un travail de terrassement devant demander plus de deux heures d'affilée.

Dans ce genre de travaux, avoir toujours une équipe au repos et une équipe en action.

Inutile de dire aux instructeurs qu'ils ne doivent pas faire creuser des trous au hasard dans la campagne, sans demander l'autorisation aux propriétaires, même dans les terrains paraissant incultes.

Si le travail projeté peut avoir un objet utile au propriétaire, ce sera encore mieux.

Éviter également avec le plus grand soin de fouiller les terrains marécageux, ou formés jadis par l'apport d'immondices : de tels terrains dégagent des miasmes, renfermant des germes pouvant donner naissance aux fièvres et à d'autres maladies infectieuses.

Les instructeurs chercheront à emprunter les outils nécessaires en ayant soin de les rendre très propres et en bon état ; retenir à ce sujet que les manches d'outils, sous leur robuste apparence, sont parfois très friables : un choc à faux, une pression maladroite dans le sens de la fibre du bois suffisent à les casser.

Dans la plupart des cas, les instructeurs pourront emprunter les différents matériaux, apparaux et cordages, nécessaires au passage des rivières.

Pour les exercices au bord de l'eau, et pour ceux où l'on manie des outils coupants, rappelons la très grande prudence et la continuelle surveillance qui incombent aux instructeurs.

Pour les abatages d'arbres, les instructeurs trouveront à s'entendre avec les propriétaires forestiers ; il est bien rare en effet que dans une forêt, un bois, ou une propriété de quelque importance, il n'y ait pas des arbres à jeter bas.

Pour les premiers exercices ayant trait à la construction des passerelles et ponts de cordage, les instructeurs pourront utiliser les accidents du sol, fossés à sec, vallées profondes, etc., se prêtant à ce genre d'installation.

VIII. — LE CAMP.

Endurcissez l'enfant à la sueur et au froid, au vent, au soleil et aux hasards qu'il lui faut mépriser, ôtez-lui toute molesse et délicatesse au vêtir et coucher, au manger et au boire; accoutumez-le à tout; que ce ne soit pas un beau garçon et dameret, mais un garçon vert et vigoureux. MONTAIGNE.

Nous touchons ici à la partie la plus nouvelle du programme. Certes l'Etat n'imposera jamais un déplacement de plusieurs jours aux Élève-ssoldats. Mais il escompte que, librement, avec le concours des autorités militaires, les Élèves-soldats, dans certains groupes, à certaines époques de fêtes ou de vacances seront enchantés de participer à des exercices les entraînant pendant quelques jours en dehors de leur résidence habituelle.

Selon les circonstances, et le matériel disponible, on emploiera le cantonnement ou le campement sous la tente. Pour rassurer les familles, nous répéterons que l'existence au plein air, la vie sous la tente, sont des plus favorables à la santé. C'est là que nos Élèves-soldats s'initieront aux pratiques de la vie de campagne et connaîtront par l'expérience les mesures d'hygiène et autres précautions qui s'imposent.

Nous insisterons donc spécialement sur ce chapitre en raison de la nouveauté du sujet, dans l'espoir que ces indications seront utiles aux Élèves-soldats, et aussi à leurs instructeurs.

Matériel de campement. — Le campement normal implique la possession d'un matériel plus ou moins compliqué, plus ou moins embarrassant, qui doit répondre à ces trois objets : un abri pour dormir, des ustensiles pour préparer les repas, des provisions. L'abri idéal est la tente de toile, la petite tente d'Afrique, dont chacun porte un élément.

Une tente portative se compose : 1° d'une toile d'un seul tenant ou divisée en plusieurs morceaux qu'on peut réunir à l'aide d'agrafes, de boutons ou de lacets. Il est indispensable que les lisières se recouvrent parfaitement, la toile la plus *haute* par rapport au sol étant toujours placée *sur* la toile la plus basse afin d'éviter l'infiltration de l'eau : 2° de grands piquets et de cordes destinés à former la carcasse de la tente ; 3° de petits piquets et de cordelettes pour fixer la tente au sol. Dans sa partie qui doit être au contact du sol, la toile se termine généralement par une étoffe plus légère, qu'on peut remplacer facilement et qui s'appelle *la toile à pourrir*.

Il est certain qu'après la guerre, l'autorité militaire pourra prêter son matériel de campement à des groupes d'Élèves-soldats. Mais sans attendre ce secours, nous engageons vivement les Élèves-soldats à confectionner *eux-mêmes* leur tente portative.

La tente de l'Élève-soldat. — Les toiles employées à la confection des tentes très serrées et très solides présentent l'inconvénient de coûter fort cher, et encore celui d'être très lourdes par rapport à leur surface. Une solide toile de coton (force des draps de lit ordinaires) peut suffire à confectionner une tente d'été. Nous proposerons le modèle suivant, se rapprochant beaucoup de la tente-abri mais plus élevé, plus commode et plus solide. Ce modèle est destiné à trois Élèves-soldats.

Comme supports de la tente, les Élèves-soldats utiliseront des bâtons ou branches d'arbres.

Deux bâtons étant enfoncés dans le sol d'environ 0^m25 à une distance de $1^m,60$, le troisième sera fixé en travers à l'aide de ficelles bien serrées à une hauteur de 1^m,45 à 1^m,50 : sur cette ossature, l'on fera reposer la tente décomposée en trois toiles, de 1^m,60 de large sur 1^m,45 de haut. Une de ces toiles forme le toit ; à cet effet, on doublera l'étoffe par une bande centrale de 0^m,10 de largeur de manière à éviter l'usure de la partie reposant sur le bâton du faîte. Les deux toiles du bas seront jointes à la toile de toiture par un jeu double de lacets de 0^m,25 de longueur. Le système des lacets nous semble préférable aux boutons qui exigent la confection compliquée des boutonnières et provoquent la rouille de l'étoffe. Remarquez d'ailleurs comment sont assemblées les toiles de baraques des forains qui s'y entendent : toujours avec des lacets ! Une recommandation s'impose : pour ne pas déchirer l'étoffe, y fixer les lacets à l'aide de doubles rondelles de toile forte assez larges qui seront cousues très serré dessus et dessous. Sur une largeur d'environ 0^m,10, les deux toiles du bas sont terminées vers la partie touchant le sol, par une bande de *toile à pourrir* (toile d'emballage, serpillière) destinée à être remplacée de temps à autre.

Enfin les deux toiles du bas porteront en leurs deux extrémités et en leur milieu un double œillet destiné à passer la cordelette d'attache aux petits piquets plantés dans le sol. Aux œillets, l'étoffe sera renforcée par une double rondelle, toujours pour éviter les arrachements.

La tente ainsi formée aura 1^m,50 de haut, 1^m,60 de long, 1^m,70 de large : elle sera donc commode et spacieuse, ce que nous visons, étant d'avis qu'il convient de se donner, par des moyens simples, le plus de confort possible.

Pour clore la tente à ses deux extrémités, l'on découpera deux triangles d'étoffe de coton d'une dimension un peu plus grande que les ouvertures de

manière à assurer une bonne fermeture, et les fixer :
1º au sommet, par une cordelette passée dans le bâton ;
2º en bas par deux cordelettes, l'une fixée sur un piquet, l'autre attachée à une corde glissant contre un
piquet convenablement placé pour que la traction de
la corde opérée à l'intérieur de la tente puisse commander la fermeture parfaite.

Les soutiens de la tente. — Les six petits piquets
nécessaires pour soutenir les côtés de la tente seront
soit en bois avec encoche, soit mieux en acier doux
en formes de pointes longs de 0^m,25 : plus légers, les
piquets en bois ont le défaut de s'enfoncer difficilement, de se casser très vite et d'avoir moins de prise
dans le sol. Il faut avoir soin de damer fortement la
terre à l'entour des piquets. (On peut improviser une
dame à l'aide d'une grosse bûche.)

En outre, on creusera tout autour, sur la bordure
de la toile à pourrir, des rigoles pour l'écoulement
des eaux de pluie (prolonger la rigole en pointe du
côté de la pente du terrain). Faute de cette précaution,
en cas d'orage, la tente serait inondée à l'intérieur.

Soins et précautions à prendre. — Les Élèves-soldats doivent bien se persuader de ceci : la tente n'offrira un abri parfait qu'autant qu'elle aura été fabri-
quée et dressée avec soin. Aussi, pour ne pas gaspiller
de l'étoffe dans des essais manqués, feront-ils sagement d'établir au préalable le modèle en papier de
leur tente et de ne découper la toile que sur le
« patron » définitivement arrêté.

Pour les ourlets, œillets et coutures nécessaires, ils
trouveront sans nul doute l'assistance de leurs mères,
de leurs sœurs. Les lacets servant à réunir les deux
toiles doivent être placés rigoureusement dans le prolongement l'un de l'autre de manière que les deux

toiles soient assemblées aussi exactement que possible, sans plis et sans gondoler. Bien entendu, la
toile de toiture doit superposer la toile inférieure sur
une largeur de
main environ,
pour que l'eau
coulant sur le
faîte ne filtre
pas à l'intérieur
de la tente.

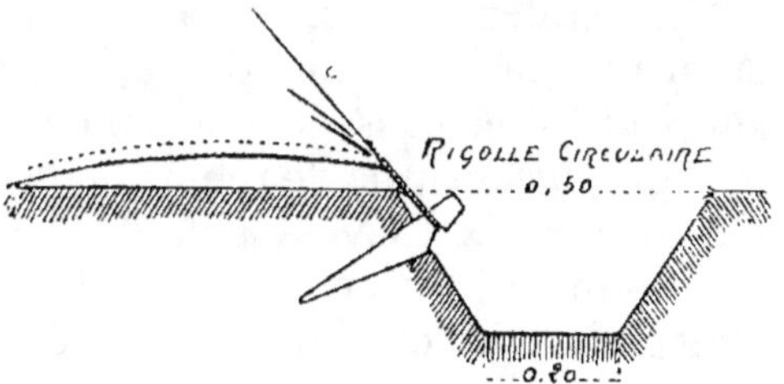

Pour que la tente ne s'ef- Fig. 50. — Enfoncement oblique des piquets.

fondre pas sur votre tête. — L'enfoncement des petits
piquets dans le sol s'opère selon une oblique pour
offrir une plus grande résistance à la traction des
cordelettes d'attache (*fig.* 50) ; traction violente et sac-
cadée en cas de vent; plus lente, mais irrésistible si
elle résulte de la contraction de l'étoffe mouillée par
la rosée et séchée brusquement par le soleil; c'est
pourquoi les toiles ne doivent pas être tendues à
force, mais laissées généralement flottantes.

Mais qu'il survienne, pour une raison ou une autre,
l'arrachement des petits piquets entraîne infailliblement la chute de la tente sur la tête des occupants.
Tout spécialement, pendant et après la pluie, il convient de surveiller l'adhérence des petits piquets dans
le sol détrempé et de les consolider au besoin.

Egalement, on y ajoutera 2 cordages obliques dans
le prolongement des piquets de support pour empêcher le vacillement de l'ossature.

Enfin les Elèves-soldats ne doivent pas oublier
que la tente est un objet fragile et coûteux : la
moindre déchirure dans l'étoffe lui fait perdre son
imperméabilité, trace le chemin aux rigoles d'eau qui
rendraient la tente inhabitable. Ils seront donc très

soigneux de ce matériel, ne se livreront pas aux jeux et aux bousculades sous la toile, éviteront d'appuyer contre la toile des corps durs qui la déformeraient et la déchireraient ; ils n'accrocheront aucun objet ou vêtement à la toile par des épingles : le plus petit trou peut livrer passage à la pluie.

Si l'on jugeait utile de réunir deux tentes de « trois » pour abriter six Elèves-soldats, il faudrait prévoir le recouvrement des deux tentes dans le sens vertical en disposant à l'extrémité de la toile de faîte de chacune deux œillets qui seraient enfilés sur le bâton de support du milieu ; on disposerait des lacets d'assemblage sur la tranche verticale des toiles à réunir.

Éléments de la tente-abri. Modèle de l'armée. — (*A porter par une personne*) : Sac, bâton-support et piquet de tente-abri.

1º Un carré de toile A, dont un côté est muni de deux boucles en corde *b, b*, destinées à réunir la tente aux piquets plantés dans le sol (*fig.* 51).

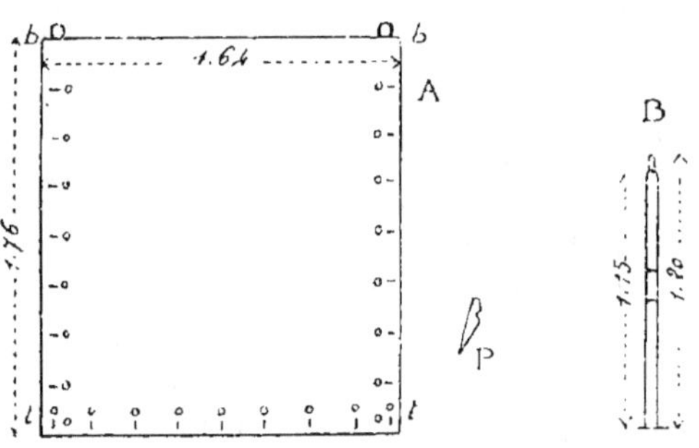

Fig. 51. — Éléments de la tente-abri.

Les autres côtés portent des boutonnières et autant de boutons. Deux trous *t, t* sont destinés à loger le bâton de tente ;

2º Un bâton de tente B de 1ᵐ,20 de longueur, en deux morceaux qui s'ajustent bout à bout au moyen d'une douille en fer-blanc ;

3º Petits piquets P et une corde de 2 mètres de longueur.

Pour monter la tente-abri, deux carrés de toile sont boutonnés et dressés sur deux bâtons passés dans les trous *t, t* (*fig.* 52). Les deux pans sont écartés et maintenus par les boucles *b, b* accrochés aux petits piquets. Les bâtons sont tenus verticaux à l'aide des

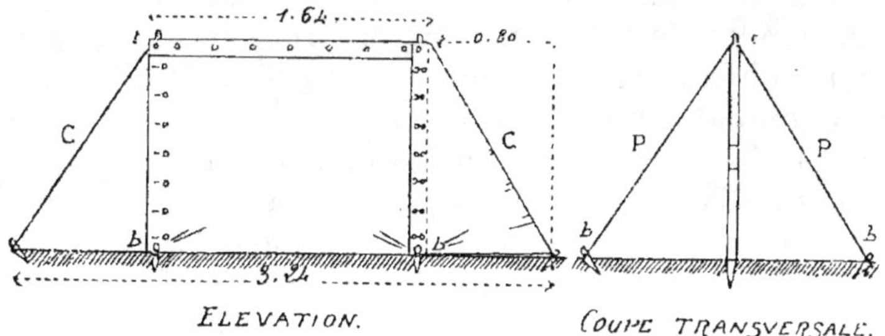

Fig. 52. — Montage de la tente-abri.

deux cordes fixées par des piquets plantés à environ 80 centimètres du bâton. Le troisième carré de toile est boutonné sur les deux pans P, P et appuyé par l'une des cordes C. Il ferme ainsi une des extrémités de la tente.

Pour fermer l'autre extrémité, une des trois personnes doit emporter en supplément un quatrième carré de toile. Mais en réunissant leurs six toiles, six porteurs d'éléments constituent une tente-abri complètement close (quatre toiles pour former les pans, deux toiles de fermeture).

L'emplacement du bivouac. — Avant de songer à monter la tente, il convient de choisir judicieusement l'emplacement du bivouac.

L'idéal sera de camper sur un terrain en pente, de nature sablonneuse, gazon court ou mousse, sous des arbres hauts, à feuillage clairsemé. Se placer à mi-côte, où le sol est toujours moins humide, et où il est facile de s'abriter du vent. Ne pas se mettre tout contre une route, à cause de la poussière. Avoir à proximité un village ou une habitation pour se procurer l'eau potable, le bois à brûler, la paille et les vivres indispensables. Enfin, comme nous ne campons pas dans le Far-West, il sera indispensable de demander l'autorisation au propriétaire du terrain, ou au maire si l'on veut s'installer sur un terrain communal. Éviter de camper près des marécages et des mares à cause des moustiques et même des risques de la fièvre intermittente. Observer avec soin l'emplacement sur lequel on veut dresser la tente : il serait désagréable, n'est-ce pas, de s'établir par inadvertance sur une fourmilière, un nid de guêpes, un dépôt d'immondices, etc.

Il n'y aura pas lieu de chercher à disposer régulièrement les tentes sur le terrain choisi, ni de les aligner au cordeau. Il sera très préférable de choisir, pour chaque tente, les meilleurs emplacements du terrain. En voulant sacrifier à la symétrie, on risquerait de dresser telle tente sur une dépression humide, telle autre sur un sol raboteux. Loin de nuire au coup d'œil, la dispersion des tentes sera au contraire un élément de pittoresque. Comme nous le verrons dans un instant, l'ordre et la bonne tenue du camp doivent reposer sur toute autre chose que l'apparence et la façade.

Le mobilier du plein air. — Il s'agit maintenant de *meubler* la maison de toile.

Voyons simple : un sac de couchage en toile doublée, une enveloppe de traversin, qui pourra être garnie de paille ou mieux d'herbes sèches, une couverture de laine chaude et légère.

Deux bottes de paille sous le sac, qui ne doit jamais être placé sur le sol même à cause de l'humidité, et l'on aura une couche chaude, relativement moelleuse, en somme très acceptable. A défaut de paille, on peut rechercher de l'herbe sèche, des feuilles sèches, mais il ne faut pas coucher sur des plantes aromatiques, comme le foin, ni sur les joncs ou plantes vertes qui croissent dans des endroits marécageux.

Cependant, en cas d'un séjour prolongé, nos Élèves-soldats pourront s'ingénier à plus de confort et d'élégance. Au lieu de se contenter d'une litière de paille éparse ils pourront tresser cette paille et en faire un épais et double paillasson qui couvrira, à la nuit, le sol de la tente. Ou bien, ils confectionneront une claie de branchages, laquelle surélevée par quatre piquets enfoncés à demeure dans le sol de la tente et faisant saillie d'environ 0^m,25, constituera un sommier assez élastique sur lequel le paillasson sera placé comme un matelas.

Au lieu des piquets fixes, gênants, on pourra employer des rondins mobiles (grosses bûches) pour soutenir le sommier aux deux extrémités.

Le « salon » du camp. — Si nous avons recommandé la dispersion des tentes au mieux du terrain, nous souhaiterions de voir tout le mobilier accessoire du camp réuni et disposé dans un ordre agréable à l'œil sur un emplacement bien choisi qui serait le lieu de réunion, le *salon* et la *salle à manger* des Élèves-soldats. Une clairière formée au pied d'un chêne séculaire, un berceau de feuillage, un cirque rocheux dans la verdure, au bord d'un ruisseau murmurant, tels seront les points sur lesquels s'exercera le sens artistique de nos jeunes Français. En avant, autant que possible, un horizon découvert, offrant un joli site sur la campagne. Les Élèves-soldats pourront faire assaut d'ingéniosité pour aider la nature et orner les abords de leur *salle de réunion* en traçant des allées, des rosaces en gazon, en mousse, en plantant des massifs de fleurs des champs et des bois, et autres aménagements de fortune.

Autour du feu de camp. — Chaque soir, les Élèves-soldats pourront goûter une joie simple et grave en se·réunissant autour du feu de camp.

Ils deviseront entre eux sous la lueur amie de la flamme claire montant vers le ciel étoilé ; ils repasseront leur journée bien remplie, évoqueront les grands faits du passé, les espoirs de l'avenir. Alors, comme l'a écrit en des lignes émouvantes le lieutenant de vaisseau Benoit, un héros tué à Dixmude, à la tête de ses fusiliers marins : « Ce feu de camp, qui pendant des siècles et des siècles s'est associé inconsciemment dans l'âme de nos ancêtres aux émotions dont insensiblement s'est formé l'Amour de la Patrie, ce feu de camp viendra réveiller les mêmes émotions dans le cœur de nos fils, assez heureux pour vivre quelques heures, comme ont vécu leurs pères, en contact même avec le sol que ceux-ci ont aimé. Devant la pure flamme du foyer, symbole de tout ce qui s'élève, de tout ce qui triomphe, de tout ce qui purifie, s'éveillera l'Idéal de Force, de Vertu, d'Héroïsme, vers lequel doit tendre tout jeune Français conscient de ses devoirs et serviteur fidèle de la Patrie ! »

Hygiène personnelle au camp. — Après avoir discouru sur la manière d'agrémenter le camp, moralement et matériellement, passons à l'énoncé des stricts devoirs d'hygiène qu'impose la vie sous la tente :

Ne pas s'évertuer à obstruer trop rigoureusement les ouvertures de la tente la nuit ;

Se couvrir la tête la nuit, soit avec un bonnet de

police, soit avec un bonnet de coton, qu'on rabattra sur les yeux aux heures les plus fraîches ;

Porter une ceinture de flanelle enveloppant le ventre à même la peau : ce port de la ceinture de flanelle devient au camp *une nécessité rigoureuse*, la nuit surtout. De l'avis de tous les médecins militaires ayant suivi les colonnes en Algérie, au Maroc, aux colonies, et soigné nos soldats sur le front, la ceinture de flanelle confère une garantie excellente contre l'invasion des maladies les plus graves : typhoïde, diarrhée cholériforme, dysenterie, rhumatismes articulaires. Toujours, ils ont reconnu que les soldats atteints avaient négligé les prescriptions relatives au port de la ceinture de flanelle *sur la peau ;* que les soldats indemnes avaient exactement suivi les ordres donnés à cet égard ;

S'habiller complètement si l'on a besoin de sortir de la tente pendant la nuit.

Hygiène du campement. — La matin, aérer complètement la tente en l'ouvrant bout à bout et en relevant la toile à pourrir sur tout le pourtour.

Sortir la paille, la brasser, l'exposer au soleil ; de même pour les paillassons des lits de camp, hamacs, couvertures. Faire chaque jour une corvée de camp pour assurer le parfait nettoyage. Creuser une fosse, un peu en dehors du campement où l'on enfouira les détritus de légumes, os, vieux chiffons, etc.

Nettoyer et recreuser les rigoles qui charrient les eaux souillées ou savonneuses ; les conduire vers un puisard creusé sur un terrain très perméable, le plus loin possible des ruisseaux ou fontaines fournissant l'eau d'alimentation et à un niveau inférieur, de manière à ne pas risquer de polluer ces eaux par des infiltrations de liquides salis.

Choisir de même l'emplacement des latrines.

Latrines. — Cette question des latrines ne doit pas être envisagée à la légère, car elle ne répond pas seulement au souci de la propreté matérielle des abords du camp, mais renferme le problème d'hygiène le plus sérieux peut-être de la vie en campement.

Les Élèves-soldats banniront toute idée de s'écarter individuellement dans un fourré quelconque et jugeront l'établissement de latrines *fixes* indispensable, quand ils sauront que l'infection des camps apparaît très vite dès que les latrines n'ont pas été installées avec les précautions requises, ou sont laissées dans un état de malpropreté. En effet, les excréments, même de personnes en bonne santé, contiennent le plus souvent le bacille de la fièvre typhoïde ; or ce bacille se multiplie à l'air libre avec une intensité extraordinaire, et porté par le vent et les poussières, ou par les eaux, il donnerait naissance à des épidémies de typhoïde et même de typhus. On sait d'ailleurs maintenant que, dans les villes, les épidémies de typhoïde sont causées, à l'origine, par des fosses d'aisance non étanches, dont les infiltrations souillent les eaux avoisinantes.

Le meilleur modèle de latrines — *de feuillées*, pour prendre l'expression désignant les W.-C. du plein air, — consiste en une longue et étroite tranchée, large de 0^m,25, profonde de 0^m,40 à 0^m,50. Chacun comble à mesure la partie de tranchée au-dessus de laquelle il s'est placé, en rejetant avec ses pieds ou une pellette de bois la terre provenant de la fouille, qui a été laissée sur les bords. La fosse et son contenu se répartit ainsi en longueur ; l'accumulation des matières à la même place est ainsi évitée.

Lorque la tranchée est comblée complètement, on en refait une autre un peu plus loin.

Bien tasser l'emplacement de la tranchée et y semer quelques graines de gazon, luzerne, etc., qui ont la propriété d'absorber les gaz se dégageant du sous-sol. Si, malgré ces précautions, l'odorat était effleuré par quelque senteur *sui generis,* on désinfecterait le sol à l'aide d'une dissolution de sulfate de fer (sulfate dissous dans dix fois son poids d'eau), ou crésyl à 5 pour 100, chaux vive ou lait de chaux.

Inutile d'ajouter que ces « buen-retiros » doivent être dissimulés aux regards avec toute la discrétion désirable, par un masque de branches coupées, une haie de roseaux, ou toute autre clôture. Durant la nuit, ils devront être éclairés par une lanterne.

Au-dessus de cinquante occupants, campant plusieurs jours sur le même emplacement, il conviendrait de prendre des mesures plus complètes, de s'entendre, par exemple, avec un cultivateur du voisinage pour l'enlèvement journalier des ordures ménagères du camp.

Nul doute qu'on ne trouve gratuitement des aides pour débarrasser le camp de ces déchets divers, si nécessaires pour fumer les champs.

Salle de douche et lavoir. — Le séjour au camp exige l'observation plus étroite encore de toutes les habitudes de propreté corporelle. C'est pourquoi le lieu de campement doit être choisi de telle façon que l'eau y soit à proximité et en abondance. A défaut d'une baignoire naturelle fournie par une rivière ou un étang voisin, il sera facile d'organiser *une salle de douche* en plein air. Une claie, ou un rideau de branchage pour circonscrire le « balneum » improvisé ; un seau auquel on adaptera deux cordes, l'une pour le hisser à la hauteur d'une branche d'arbre, l'autre pour le faire basculer, et l'on aura un appareil à douche en valant bien un autre.

De même, le séjour au camp imposant aux Élèves-soldats de changer de linge au moins trois fois par semaine, nous les engageons vivement à imiter les soldats en campagne, en apprenant à ne pas souffrir de l'exactitude problématique d'une blanchisseuse, et à laver leur linge eux-mêmes. A cet effet, on tâchera d'installer un lavoir, s'il n'y en a pas déjà de tout établi.

Sur un cours d'eau peu profond, le lavoir est constitué par deux planches portées sur des pilotis plantés dans le lit de la rivière ; sur les cours d'eau profonds, il est formé par un radeau solidement amarré à la rive.

Ne pas négliger les accessoires nécessaires à une bonne lessive froide : une planche lisse pour tordre et rouler le linge, un bon morceau de savon de Marseille... et *de l'huile de bras !*

Il va sans dire que le lavoir doit être installé *en aval* du lieu de campement.

Au chapitre suivant, nous compléterons ces règles d'hygiène par celles si importantes, ayant trait à l'eau d'alimentation et à la préparation des aliments.

Abris improvisés. — Nous avons insisté tout d'abord sur le camp sous la tente, parce que c'est le mode d'installation le plus transportable, le plus vite établi et le plus sain.

Mais on peut également construire des abris de toute pièce, huttes, gourbis, cabanes, soit au moyen de charpentes légères, avec des parois faites en paille tressée et torchis, en pisé, en gazonnages, soit en branches d'arbres et clayonnage, la paille étant surtout recommandée pour constituer un toit de chaume.

Pour être imperméable, la couverture de paille doit avoir au moins $0^m,20$ d'épaisseur : le faîte doit être en paille tressée, *serrée* le plus possible. Quelle que soit la forme donnée, l'abri comprendra deux ouvertures, deux portes, pour favoriser la circulation de l'air. Ces portes pourront être fermées la nuit, l'une par un double clayonnage hermétique, avec un masque de terre tassée entre les deux claies ; l'autre par un simple store de paille.

Les abris confectionnés en clayonnages simples sont moins clos et moins résistants. On peut les renforcer par une ossature faite à l'aide de perches, ce qui permet d'étendre sur les claies un torchis de boue et de paille hachée et même une couche de terre légèrement damée.

Le cantonnement. — Un groupe d'Élèves-soldats peut encore se trouver dans telles circonstances mettant obstacle à l'organisation d'un campement, soit qu'ils n'aient pu constituer un matériel de tentes, soit qu'ils ne trouvent pas de terrain favorable, soit encore que l'état général de l'atmosphère rende aléatoire un établissement de quelque durée en plein air.

Par cantonnement, nous entendons, comme pour les soldats, l'installation plus ou moins précaire dans une grange, sous un hangar, et non l'hospitalité offerte et acceptée dans des chambres et dans des lits. Les Élèves-soldats devront alors mettre en œuvre les moyens que nous venons d'énoncer pour rendre confortable la grange ou le hangar, pour organiser la vie hors de la maison, faire leur cuisine en plein vent, etc.

Si le campement paraît convenir aux séjours de quelque durée, qui seuls donnent le temps de s'organiser convenablement, le cantonnement s'accommode mieux d'une randonnée en plusieurs étapes, surtout si elles sont longues. En effet, la troupe a besoin alors de trouver un gîte tout prêt, pour s'installer dès l'arrivée et procéder à la préparation des repas. En outre, le cantonnement n'exige pas le transport, à dos ou autrement, du matériel de tente et autres accessoires indispensables au campement : la troupe sera donc de ce fait plus mobile et plus légère.

Nous ajouterons que toutes les précautions hygié-niques recommandées pour l'existence sous la tente s'imposent aussi étroitement dans tous les autres modes d'installation de fortune. Il en sera de même des prescriptions qui vont suivre, relatives à l'ordre et à la discipline, indispensables à la vie en commun.

L'ordre et la discipline au camp. — Au camp, mieux encore que partout ailleurs, les Élèves-soldats sont liés les uns aux autres durant toutes les heures du jour et de la nuit. C'est donc là que doit s'affirmer cette fraternité agissante, dans laquelle nous souhai-tons réunir tous les jeunes Français.

Au camp, se développent les sentiments et les as-pirations qui sont l'antithèse de l'*individualisme*.

Pas de bandes à part, pas de distinctions sociales entre les Élèves-soldats, pas de volontés et de ca-prices des uns au détriment des autres ! C'est bien là qu'ils appliqueront dans sa complète intégralité la formule du vrai socialisme : *Tous pour un, un pour tous.* Mais précisément, afin que ces superbes aspirations ne demeurent pas à l'état de formules et entrent en pratique, il faut réaliser l'ordre auquel chacun rêve dans son esprit, il faut la soumission aux règles adoptées en commun, l'obéissance au chef dé-signé, en un mot la DISCIPLINE.

La discipline du camp s'affirmera non en signes ex-térieurs, mais *en faits.*

D'abord, dans la période d'installation, pour qu'on fasse vite et bien, devra être observée la loi féconde de la division du travail. Chacun ira à la tâche pour laquelle il est désigné par ses forces, ses connais-sances, ses aptitudes, et non à celle qui lui plaît davantage. Sans récriminer, à la fois, les uns s'occu-peront des feux et de la cuisine, les autres empoi-gneront le balai pour nettoyer les abords, ceux-ci feront la corvée d'eau, ceux-là dresseront les tentes. Puis, le camp installé, la vie sera réglée heure par heure. Réveil, corvées de propreté, repas, exercices, jeux, sieste, coucher, extinction des feux, etc. En dehors de cet ordre arrêté, ce serait le règne de l'impromptu et du bon plaisir !

Pour marquer les diverses phases de la vie au camp, l'on pourra employer à volonté les sonneries de clairon, le sifflet ou encore des petits drapeaux arborés à un mât de signaux et dont l'apparition sera signalée par le « veilleur ».

« Le veilleur » du camp sera fourni d'après un tour de service établi entre tous les Élèves-soldats, car on ne peut songer à abandonner le camp sans surveillance.

A l'extrémité du mât de signaux, flottera le drapeau de France. Il sera hissé le matin au moyen d'une drisse (cordelette double prise dans un piton), amené le soir au coucher du soleil. Sans chercher à instituer à cette occasion un cérémonial qui dépasserait la mesure, les Élèves-soldats peuvent et doivent marquer les respects au drapeau en demeurant immobiles et tête nue pour saluer « les couleurs ».

Nous avons cru devoir développer dans le plus grand détail tout ce qui a trait à l'installation du camp et au *modus vivendi* de l'existence en plein air.

Mais, avant même de songer à camper, il sera sage de choisir *l'époque* et d'arrêter la durée de l'expédition du « camping », choix qui par lui-même entraînera maints pourparlers et maintes complications. L'époque la plus favorable sera, de toute évidence, le plein été, après les travaux de la moisson, du moins pour la majeure partie du territoire.

Pour conduire un exercice profitable et ne pas dépenser son temps en travaux d'installation, il serait à souhaiter que le séjour au « camping » fût d'au moins quatre jours.

Ces premières questions réglées, il restera donc à déterminer l'emplacement du camp. Il paraît logique de le fixer dans un rayon ne dépassant pas 4 à 5 kilomètres (soit une heure environ de marche) du centre où habite le groupe des Élèves-soldats.

Dans le rayon fixé, les chefs de groupe feront donc très longtemps à l'avance, et à diverses reprises, une minutieuse exploration des terrains de campement *possibles*. Que leur attention se porte seulement sur les terrains *perméables* (sablonneux autant que possible), parce que l'eau, traversant facilement les couches du sol, entraîne avec elle les germes dangereux : ces germes s'essaiment au lieu de demeurer groupés tout près de la surface, et en même temps *l'eau se filtre ;* lorsqu'on la recueille plus bas, dans les sources, dans les puits, elle a des chances pour être pure. Donc les terrains perméables sont les plus sains. Les terrains imperméables ou difficilement perméables (argileux, vaseux) sont donc à éviter, même si la couche superficielle présente l'apparence avenante d'une prairie verte, d'un joli sous-bois : à la moindre pluie, d'ailleurs, on ne tarderait pas à déchanter, car la verte prairie se transformerait vite, sous les pas des campeurs, en une mare de glaise et de boue.

La proximité de l'eau courante est non moins à rechercher ; toutefois le campement ne devra pas être au bord immédiat d'une rivière ou d'un ruisseau pour ne pas être couvert par les vapeurs basses qui s'élèvent la nuit à la surface des eaux. Donc, placer le campement à mi-pente, à 100 mètres au moins de la rivière ou de l'étang.

Puis, le chef de groupe devra rechercher l'ombre, non pas la ramure impénétrable des arbres très touffus ne laissant passer ni l'air, ni la lumière et sous lesquels, par bandes, poussent les champignons : la présence de nombreux champignons offre un critérium à retenir pour éviter ces endroits humides, où, selon l'expression de la campagne, *le sol est moisi.* Par contre, un campement sans ombre, sans arbres, deviendrait vite pénible à habiter et insipide.

Mais la question qui entraînera toutes les autres sera la présence ou la proximité immédiate de l'eau potable, soit à un village voisin, soit à des sources ou des fontaines connues et offrant une garantie absolue de pureté parfaite. Au chapitre suivant, nous donnons quelques-uns des caractères permettant de reconnaître l'eau de bonne qualité et de la filtrer *grosso modo*. Mais ces petits moyens expérimentaux ne doivent pas empêcher d'acquérir par des informations auprès des notables du pays (maire, instituteur, agent voyer, etc.) la certitude formelle que l'eau dont il s'agit n'a jamais été suspectée.

Enfin, les chefs de groupe s'assureront que, près du lieu de campement choisi, ils trouveraient en quantité suffisante et à de bonnes conditions les approvisionnements nécessaires, la paille, le bois à brûler, les divers matériaux indispensables.

Avant d'arrêter un choix définitif, il faudra encore obtenir l'autorisation des propriétaires ou des municipalités. Le chef de groupe est tout naturellement marqué pour ces démarches et ces arrangements, qui seront faits, autant que possible, par écrit.

A ce propos, il convient de nettement spécifier que les Élèves-soldats ne sauraient, sans commettre d'abus et s'exposer à des réclamations, couper au hasard les branches et les feuillages qui leur seront nécessaires : avec semblable pratique, ils auraient tôt fait de dévaster les bois aux alentours de leur campement. Les chefs de groupe auront donc eu soin de spécifier à l'avance, d'accord avec les propriétaires, les portions de bois où il sera licite de couper des feuillages, de ramasser le bois mort, d'utiliser les arbres abattus.

Nous avons trop insisté sur les questions d'hygiène, pour que les Instructeurs ne considèrent pas comme un de leurs premiers devoirs de veiller, au cours de l'installation du camp comme à tous les instants du séjour, à la stricte observation des mesures sanitaires générales ou individuelles.

Le camp possédera sa boîte de pharmacie et de pansements pour parer aux petits malaises et aux premiers secours. Il serait à souhaiter qu'un étudiant en médecine accompagnât toute bande de camping un peu nombreuse. En tous cas, les chefs de groupe prendront leurs dispositions pour qu'un médecin des plus proches environs puisse venir au premier appel. Ils n'hésiteront pas d'ailleurs à faire rentrer chez lui tout Élève-soldat présentant des signes de fatigue ou d'indisposition un peu sérieuse. A cet effet, il sera utile qu'il passe, chaque matin après le réveil, l'inspection de tous les Élèves-soldats.

IX. — LA CUISINE EN PLEIN AIR.

> *Dis-moi ce que tu manges, je te dirai ce que tu es.* Brillat-Savarin.
>
> *Ne faites pas manger à autrui ce que vous ne voudriez pas manger.* Toussenel.

La Cuisine simple, mais bonne. — Lorsqu'on marche et lorsqu'on campe, il faut boire et manger. Nous affirmerons même la nécessité de *bien* manger, car rien n'ouvre l'appétit comme l'exercice et le grand air. A cela, d'aucuns prétendent qu'en chemin l'on trouvera des auberges, ou bien que la fermière voisine de notre camp se fera un plaisir...... et un profit de préparer les repas. Mais de telles solutions seraient vraiment en désaccord avec la physionomie de l'Élève-soldat, qui ne veut dépendre que de lui-même, vivre avec économie, et marcher sur les traces de nos soldats.

Les Élèves-soldats auront donc à pourvoir à leur nourriture, à préparer leurs aliments. Cette cuisine du plein air ne visera certes pas à la recherche, aux mets raffinés, aux *petits plats* ; mais, pas davantage, elle ne consistera en des préparations hâtives, maladroites et négligées, auxquelles convient si parfaitement le nom vulgaire, mais expressif de *ratatouille*.

La bonne alimentation exige donc en premier lieu des denrées saines ; ces denrées doivent faire ensuite l'objet d'une préparation appétissante, basée, avant toute science culinaire, sur *le soin, la propreté, la variété*. Mal cuites, mal apprêtées, les mêmes denrées deviendraient indigestes, peu nutritives, ou répugnantes : elles seraient gâchées. Enfin, notre cuisine sera le plus souvent *chaude*. Les repas froids seront l'exception ; ils sont en effet moins assimilables, moins réconfortants.

Avant d'apprendre à devenir des « cuistots » éprouvés, nos Élèves-soldats doivent savoir manier avec adresse l'Eau et le Feu : deux éléments sans lesquels ils ne pourraient ni remplir, ni faire bouillir la marmite.

L'eau de boisson. — Nous l'avons déjà dit à diverses reprises, et nous le répétons encore, la qualité de l'eau de boisson doit être une préoccupation constante de ceux qui mènent la vie au grand air, et son existence détermine en quelque sorte l'emplacement du campement ou du bivouac.

Mais il arrivera que, dans un village, dans une ferme, l'on trouvera côte à côte des fontaines fournissant de l'eau excellente, et des puits, des sources, débitant une eau plus que douteuse. Durant le séjour des Élèves-soldats dans un camp, il conviendra de désigner par une inscription peinte sur un écriteau en bois : *Eau bonne à boire — Défense de boire cette eau*, les eaux de provenances diverses.

Il faut, en général, se méfier des puits et des pompes placées dans le voisinage des fosses d'aisance, des mares de fermes, des amas de fumier.

Si, après des pluies ou tout autre raison, l'on supposait que les eaux bonnes aient pu être mélangées aux eaux douteuses, il conviendrait de faire bouillir l'eau. L'eau bouillie destinée à la boisson doit être conservée dans un récipient très propre, en tôle et non en bois. Le récipient sera muni d'un couvercle toujours fermé pour éviter la chute des poussières dans l'eau. L'eau bouillie ayant l'inconvénient d'être plus fade et moins digestive, il est utile de la battre pour l'aérer avant la consommation.

Une eau de bonne qualité se reconnaît *a priori* par son bon goût, sa limpidité parfaite, à la transparence qu'elle conserve après l'ébullition ; elle dissout le savon et cuit les légumes sans les durcir ; exposée quelque temps à l'air, elle n'est pas putrescible. c'est-à-dire qu'elle ne dégage aucune odeur et ne forme pas de dépôt.

Filtrage et purification de l'eau. —L'eau destinée à la cuisine peut ne pas répondre à un signalement aussi rigoureux puisqu'elle est toujours bouillie ; on peut donc à la rigueur et sans inconvénient employer à la cuisine l'eau des ruisseaux, des puits, même celle dont l'apparence est peu engageante au premier aspect. Mais, avant d'utiliser ces eaux, il faut les purifier et les filtrer.

Les procédés de purification de l'eau varient suivant les causes d'altération : suspension de matières argileuses, présence de détritus organiques.

Le seul fait de puiser de l'eau dans un cours d'eau. un étang ou un puits, sans précaution, en soulevant les vases, suffit quelquefois pour empêcher l'eau d'être potable.

En ce cas, il suffit de laisser reposer l'eau : pour activer la clarification, on peut jeter au fond de l'eau trois ou quatre livres de sel ordinaire, ou encore un sachet de 40 centimètres de long sur 35 de diamètre, rempli de menu charbon de bois concassé et lesté avec du gravier. Le filtrage suffit le plus souvent à purifier parfaitement les eaux limoneuses.

Pour filtrer l'eau courante d'un ruisseau ou rivière, on peut adopter la disposition suivante : On enterre au bord de la rivière une caisse de bois rectangulaire, le fond de la caisse reposant à un niveau légèrement inférieur au niveau de l'eau (*fig.* 53). L'eau courante pénètre dans la caisse par la tranche regardant la rivière, sur laquelle on a percé des trous. L'eau traverse la caisse dans laquelle, à sa partie inférieure, on a placé du sable fin, ou du charbon de bois finement concassé ; elle sort par la tranche

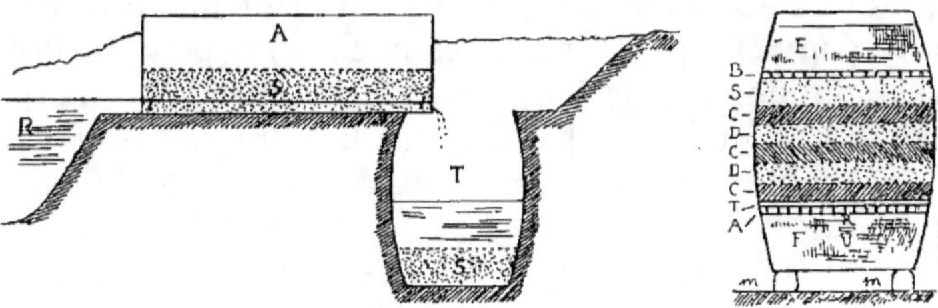

Fig. 53. — Filtrage de l'eau de rivière.

opposée, également percée de trous, puis est recueillie dans un tonneau enterré dans le sol, dont le fond est garni de gravier et de sable fin additionné d'alun et de charbon. Il faut changer souvent sable et charbon qui se chargent des matières limoneuses.

Autre modèle de filtre de cuisine de camp, confectionné à l'aide d'un tonneau. Le tonneau est surélevé sur quatre piquets ou quatre grosses pierres. A environ 0,10 centimètres du fond est fixé un robinet. Un peu au-dessus, on place à l'intérieur un cercle de bois, percé de trous ; ce cercle est recouvert d'une grosse toile, sur laquelle on étend des lits alternatifs de gravier et de charbon de bois concassé, jusqu'aux deux tiers de la hauteur ; au-dessus du dernier lit de charbon, on place une couche de sable fin de rivière. Sur le sable repose une deuxième rondelle percée de trous, destinée à recevoir le choc de l'eau de remplissage et à empêcher le mélange des couches filtrantes. On remplit le tonneau par le haut dépourvu de fond et on tire l'eau filtrée par le robinet. Pour avoir la pression nécessaire au filtrage, remplir le tonneau à mesure qu'on soutire l'eau du robinet.

Bien retenir que ces procédés de purification et de filtrage débarrassent l'eau des matières qui la troublent et lui donnent mauvais goût, mais ne retiennent pas les organismes microscopiques et les bacilles pouvant y exister. L'eau est propre, mais nullement stérilisée. Elle convient parfaitement à la cuisine ; pour l'utiliser comme eau de boisson, il convient de la faire bouillir, à moins d'être dûment fixé sur son origine.

Trois ou quatre gouttes d'extrait d'eau de Javelle par dix litres d'eau constituent un excellent désinfectant, ou encore quelques cristaux de permanganate de potasse, qui prêtent à l'eau une teinte rosée, facile à enlever avec un peu de sucre.

L'art de faire du feu. — En 1846, le grand-duc Constantin, frère du tsar Nicolas Ier, fit un séjour de quelques mois à Alger. Au cours de ce séjour, il prit plaisir à accompagner une expédition des zouaves dans les montagnes de Kabylie. En revenant à Alger, le prince russe enthousiasmé déclara n'avoir jamais vu de soldats semblables. « En effet ! ce sont des braves, déclara leur colonel flatté. — Oh ! ce n'est pas cela qui motive mon jugement, répondit le grand-duc. D'autres soldats sont braves. Mais seuls les zouaves restent capables de ce tour de force : *allumer les feux de leur cuisine sous une pluie battante.* »

Par ce trait, les Élèves-soldats jugeront que préparer un feu, l'allumer en plein air, malgré le vent, la pluie, constitue un art véritable, un art sans lequel la vie des soldats risquerait de devenir bien précaire. Pas de feu, pas de cuisine ! pas de café ! pas de chaleur au bivouac pour combattre le froid et l'humidité !

Pour qu'un feu prenne facilement, il faut qu'il soit bien préparé, bien conduit. Cette préparation du feu implique le choix judicieux du combustible, l'agencement et l'orientation convenables du foyer pour faciliter le tirage ; l'habile réglage pour obtenir à volonté la flamme claire, les braises ardentes, la combustion lente, tout ceci sans gaspiller le bois, sans étouffer, sans laisser mourir le feu.

Le choix du combustible. — Le combustible du plein air sera uniquement le bois *mort* : les branches vertes brûlent mal ou pas du tout, donnent de la fumée et peu de chaleur.

Aussi bien, les Élèves-soldats savent pertinemment qu'ils commettraient une action blâmable en massacrant les arbres, en coupant des branches feuillues, même sous prétexte de faire du feu.

Mais, parmi les bois morts, il y a encore des étages, depuis les brindilles et les menues branches fournissant les fagotins d'allumage, jusqu'aux grosses branches, troncs et souches propres à alimenter les feux de longue durée. Puis, il y a les espèces : bois durs, à fibres serrées, brûlant lentement : chêne, orme, noyer ; bois moyens : charme, hêtre; bois tendre : sapin. Et encore les bois secs et les bois résineux. Autant de *qualités* dont il faut connaître les propriétés si l'on prétend devenir un maître du feu ! Les uns se consument lentement, les autres brûlent en une flambée, ceux-ci donnent de la belle braise rouge, ceux-là prêtent un mauvais goût aux aliments qu'ils cuisent.

En tout ceci, les conseils théoriques doivent s'effacer devant l'expérience, le tour de main, le flair !

Pour allumer le feu, le moyen le plus simple, direz-vous, c'est d'avoir des allumettes. Pourtant, le moyen n'a rien d'absolu, les allumettes peuvent être mouillées. peuvent rater. Afin de n'être jamais en peine, un groupe aura plus d'un tour dans son sac !

Tel Élève-soldat désigné possèdera *toujours* une boîte d'allumettes dans une boîte métallique, imperméable : nous jugeons prudent de proscrire absolument l'emploi des allumettes-tisons, qui continuent à brûler insidieusement sous l'herbe sèche, sous la paille, auxquelles on doit, à coup sûr, la plupart des incendies de forêts et de meules de paille.

Tel autre aura dans sa poche le briquet à mèche, le bon vieux briquet où l'on fait jaillir le feu de la pierre à fusil. Enfin, ne témoignant nul mépris aux inventions modernes, un troisième sera porteur d'un briquet automatique.

Feu de bivouac. — Sous sa forme la plus simple, le le feu sera utilisé comme chauffoir : ce sera le feu de bivouac. Il sera allumé au camp, après un coup de froid, une pluie persistante, à la fraîcheur de la nuit, toutes les fois qu'on sentira le besoin de se réchauffer, de sécher ses vêtements trempés. Pour empêcher que la chaleur ne se perde trop vite et mettre en même temps le foyer à l'abri du vent, l'on pourra placer le feu au centre d'un abri circulaire en clayonnages.

Fourneaux improvisés. — Les foyers de cuisine les plus simples consistent en deux ou quatre pierres sur lesquelles reposent les marmites (*fig.* 54). A défaut de pierre, l'on creusera dans le sol une simple tranchée, large de 0,25 centimètres, profonde de 0,30, et *orientée* dans la direction du vent. Sans aller plus loin, disons que l'orientation judicieuse du fourneau improvisé a une grande influence sur la bonne marche du feu. Un fourneau de campagne disposé *en travers* du vent aurait chance de voir sa flamme rabattue, et son feu étouffé. D'ailleurs, pour régler le tirage du fourneau improvisé, on pourra élever contre ses bords une petite butte de terre, soit sur tout le pourtour, soit sur un côté seulement.

Entre les mains des expérimentés, à l'aide de ces

petits tas de terre élevés ou supprimés à bon escient,
un tel fourneau *se règle* aussi bien que les plus per-
fectionnés des poêles à clé, de manière à obtenir à

Fig. 54. — Divers fourneaux improvisés.

tout moment la chaleur voulue. Mes jeunes camarades, allez apprendre plus tard la recette en accom-
plissant votre service militaire chez ces braves zouaves
auxquels nous avons fait allusion il y a un instant !
On place la marmite sur les bords de la tranchée.
Si l'on préfère, on peut aussi suspendre la marmite à
anse au-dessus du foyer à l'aide d'une corde unissant
trois bâtons en trépied : mais ce mode antique de suspension, qu'on voit dans toute gravure représentant
des nomades, est moins pratique.

Précautions contre l'incendie. — Nous clôturerons
l'article des feux en attirant d'une façon très sérieuse
l'attention des Élèves-soldats sur les précautions à
prendre pour éviter les incendies. Aucun feu de
bivouac ou de cuisine ne doit être allumé à la légère
sur un terrain d'herbe sèche, sans qu'on ait pris soin
de décaper le sol à l'emplacement du foyer et sur son
pourtour. Pendant l'été, surtout dans les périodes de

sécheresse, les feux d'herbes desséchées prennent et gagnent avec une rapidité terrifiante.

Un méchant feu imprudemment allumé peut ainsi — cela s'est vu — détruire des moissons sur pied, atteindre des meules et même des maisons. Le feu gagne un sous-bois broussailleux, peut se communiquer au bois, et causer d'irréparables désastres.

Enfin, dans leur campement même, les Élèves-soldats seront environnés de matières combustibles, toiles des tentes qui flambent instantanément lorsqu'elles sont sèches, paille, clayonnages, etc.

Cette idée d'un incendie possible et de ses conséquences doit donc inciter les Élèves-soldats à la plus sévère prudence. A l'entour des feux de bivouac, des cuisines, ils ne laisseront pas traîner des débris de paille ou de branchages ; ils réuniront en ordre le combustible à bonne distance des foyers. Surtout lorsqu'il fera du vent, ils éviteront de brûler de la paille, des herbes sèches pouvant porter au loin des flammèches. Il va sans dire que les foyers devront être établis à bonne distance des meules de paille, des tas de fagots ; ne jamais les placer non plus trop près des arbres ; la flamme léchant un tronc pourrait calciner le bois, et, même sans incendie, perdre l'arbre irrémédiablement.

Tout foyer abandonné devra être comblé avec de la terre, les tisons et les braises enterrés avec un soin méticuleux. Les Élèves-soldats tiendront prêt à proximité des feux, sinon un tonneau plein d'eau avec des seaux à côté, du moins un tas de terre meuble. Car la terre meuble est un moyen aussi puissant que l'eau pour maîtriser le feu courant sur le sol.

En cas d'incendie d'herbes sèches, il conviendrait de circonscrire la propagation du feu en creusant aussi vite que possible une petite tranchée à l'entour des flammes,

La batterie de cuisine. — Avant de partir en expédition, les Élèves-soldats doivent se préoccuper de monter leur ménage, vaisselle et batterie de cuisine,

Nous ne nous arrêterons pas ici aux caisses de *popote* renfermant les ustensiles les plus variés.

Cherchons d'abord *l'indispensable*.

Individuellement, chaque Élève-soldat possèdera, en dehors de son couteau, un couvert de poche, un gobelet en aluminium ou en cuir souple, une assiette en aluminium ou en fer émaillé. Par quatre Élèves-soldats, une marmite à couvercle, genre gamelle de soldat (contenance 2 litres) ; un plat à œuf ; un gril, une passoire, une boîte à beurre ou à graisse ; une boîte à sel ; une boîte à café moulu ; une boîte à sucre ; une louche ; deux couverts ; un seau en toile ; couteau à conserves.

Avec ces ustensiles, il est possible de préparer les aliments chauds les plus variés. Les gamelles pourront être en aluminium pour peser moins, mais l'aluminium est fragile au choc ; il faut bien surveiller la cuisson des aliments mis au feu dans ces marmites légères, car ils brûlent très facilement.

Pour le camp, il y aura à prévoir un matériel un peu moins sommaire : un chaudron pour faire la soupe en commun ; quelques poêles à frire ; un gril ; quelques casseroles pour les sauces et le lait ; des bassines pour laver les légumes, la vaisselle ; cuillers à pot ; fourche à piquer la viande ; écumoire ; passoires ; grand couteau à découper ; moulin à café : cafetière ; couteau à conserves. Supplément de plats et d'assiettes ; torchons en nombre ; tabliers à bavette pour les cuisiniers.

La quantité de ces divers accessoires dépendra évidemment du nombre des Élèves-soldats à nourrir et des fourneaux installés. On arrivera à le déterminer en s'inspirant de la formule : tout le nécessaire, aucun superflu.

Ce matériel sera rangé avec le plus grand ordre, nettoyé au fur et à mesure de son emploi avec le plus grand soin. De la propreté minutieuse des ustensiles dépendra pour une grande part le bon goût de la cuisine. Il faut les nettoyer à l'eau chaude, à la cendre, jamais avec de la terre, qui renferme parfois des germes nocifs mal déterminés. Flamber à l'esprit de vin les récipients souillés.

Se prémunir d'une table ou d'une planche lisse pour découper la viande.

Connaître le prix et la qualité des denrées. — L'achat et le choix des provisions est une des parties importantes de la cuisine.

C'est une leçon de vie courante que se donneront les Élèves-soldats en allant au marché, en apprenant par la pratique l'économie ménagère. Mais, par économie, nous n'entendons pas qu'il faille rechercher au plus bas prix des denrées de qualité inférieure. Il est un proverbe dont il est sage de se souvenir lorsqu'il s'agit d'un achat quelconque : *On n'en a jamais que pour son argent.* Et le fait de la sage économie consiste précisément « à en avoir pour son argent », c'est-à-dire à payer à son juste et raisonnable prix les bonnes marchandises.

Donc, pour devenir économe, au sens propre du mot, il faut savoir choisir, reconnaître la qualité des denrées. De cette connaissance dépend d'ailleurs non seulement la bonne alimentation, mais aussi la bonne hygiène. Sans fausse honte, et sans croire tomber en quenouille, apprenez donc, jeunes gens, à distinguer une viande saine d'une viande mauvaise, le lait mouillé de celui qui est pur, les œufs frais, les graisses d'origine douteuse, les conserves avariées, enfin tous les produits alimentaires abîmés ou frelatés que tentent parfois d'écouler des fournisseurs peu scrupuleux.

Les viandes saines et malsaines. — Plus que tous les autres aliments, la viande de mauvaise qualité est susceptible de produire les méfaits les plus graves, qui peuvent aller des troubles digestifs jusqu'à la contagion de maladies terribles, comme la tuberculose, jusqu'à l'empoisonnement mortel.

La viande saine présente les caractères suivants :

Couleur franche, rouge vif ou rouge brun ; odeur nette ; persillage (petites veines de graisse) à travers les muscles ; graisse compacte, bien figée ; moelle adhérente à l'os ; pas d'exsudation à l'extérieur ; membranes de peau fortement adhérentes aux tissus.

Des lois très sévères et des règlements sanitaires très étroits interviennent d'ailleurs pour protéger le public contre ce danger en réglant les conditions d'abatage et de mise en vente des animaux de boucherie. Mais les infractions à ces règles, strictement surveillées et réprimées dans les villes par les services vétérinaires, sont beaucoup plus difficiles à déceler dans les campagnes.

Nous ne pouvons songer à donner ici les signes caractéristiques qui permettent de déterminer qu'une viande provient d'un animal tuberculeux : il faudrait pour cela avoir l'occasion d'examiner les viscères de la bête, en particulier le foie et les poumons, où se logent de préférence les tares tuberculeuses. Mais les bouchers qui se livrent à ce commerce illicite s'empressent de gratter et de nettoyer l'intérieur de la cage thoracique de ces animaux malsains, après avoir fait disparaître les viscères. D'ailleurs, les Élèves-soldats achèteront le plus souvent la viande en quartier. Or, la viande tuberculeuse peut être de très belle apparence. Signalons pourtant un indice qui permet, sinon de diagnostiquer à coup sûr la tuberculose sur un morceau de viande quelconque, du moins de rejeter cette viande comme douteuse : chez les animaux tuberculeux, les ganglions, ces petites boules graisseuses logées à l'intérieur des muscles, au voisinage des articulations, sont le plus souvent gonflés, et lorsqu'on les excise, il en sort un liquide noirâtre, fétide.

Sans être aussi dangereuses, d'autres viandes appartenant à des animaux fatigués ou fiévreux sont malsaines : on reconnaît ces viandes à la couleur rosée inégalement, au manque de consistance de la graisse et de la moelle, qui se détache de l'os et coule, et surtout à leur humidité.

Toute viande humide, exudant un liquide incolore ou sanieux lorsqu'on la presse du doigt, est à rejeter.

Une fraude à éviter. Lorsqu'on achète du mouton, faire attention à ne pas prendre de la *chèvre*, ou du chevreau à la place : le seul moyen est de voir l'animal *entier*, avec ses pattes : le mouton et la chèvre ont en effet la même apparence une fois dépouillés.

Conservation de la viande. — Mais il est à remarquer que la viande, même de qualité parfaite, peut s'altérer promptement sous l'influence de la chaleur, de l'humidité, des buées chaudes provenant des cuisines, enfin des souillures accidentelles.

C'est pour cette raison que, dans un camp, mal outillé pour conserver la viande, et où il serait fort difficile de la tenir hors des atteintes des mouches, il convient de la faire apporter par le boucher au moment de la mettre à cuire.

Souvent la viande sera livrée fraîchement abattue : elle aura alors l'inconvénient d'être plus dure. Pour atténuer ce défaut, battre la viande avec un bâton très propre avant de l'employer.

Crues ou cuites, les viandes constituent des milieux favorables à la fermentation, c'est-à-dire à la naissance des microbes. Pour les en garantir, user de la propreté la plus méticuleuse : se laver les mains avant de toucher la viande, ne pas l'enfermer sans air dans des récipients clos; ne pas l'envelopper dans des linges douteux, ni la mettre au contact de paniers sales; la découper sur une planche réservée à cet usage, lavée et savonnée à la brosse avant et après.

Enfin, au camp, on évitera de consommer des viandes trop saignantes, car les viandes mal cuites peuvent transmettre diverses maladies : le porc, la trichinose. La viande de veau provoque parfois des intoxications intestinales assez inexplicables : il vaut donc mieux s'en abstenir durant les séjours en campagne.

Des viandes très bonnes, mais mal saignées, doivent être mises à *dégorger* avant la cuisson en les plaçant une demi-heure dans l'eau froide.

Par les temps orageux, lorsqu'on redoute de voir *tourner* la viande avant la cuisson, ou lorsqu'une viande aura été touchée par des mouches, il sera prudent de la *faire revenir* en la plaçant quelques minutes dans de la graisse très chaude et en salant à la surface : ainsi préparée, la viande se conservera sans inconvénient.

La méthode du bon cuisinier. — Maintenant que nous savons faire du feu, reconnaitre et choisir les bonnes denrées, coiffons la toque du cuisinier et prenons la queue de la poêle ! La cuisine simple, telle que nous l'entendons, exige le soin, l'ordre et la propreté plus encore peut-être que la connaissance approfondie des recettes culinaires.

Le soin fait qu'on surveille à tout instant le degré de cuisson des viandes et autres mets, entrave, en dehors de toute science, les deux défauts qui rendent la cuisine également immangeable : *mets pas cuits, mets brûlés.*

L'ordre place à côté de la main du cuisinier les diverses denrées et les assaisonnements entrant dans la composition d'un mets, de manière à ce qu'ils puissent être employés au moment utile.

La propreté évite les mauvais goûts qui gâtent la cuisine, et aussi en écarte *les accessoires* qui s'y glissent indûment. Chacun de nous connaît le tableau classique représentant un brave troupier qui tire hors de sa gamelle un rat par la queue !

Les condiments et les assaisonnements jouent un très grand rôle dans la préparation des aliments. Ce sont les agents qui développent ou complètent la sapidité des mets et provoquent l'appétence. Leur dosage est délicat et doit être réglé progressivement : en principe, ne pas mettre le sel et le poivre en totalité au début de la cuisson ; goûter en cours de cuisson et ajouter le complément nécessaire ; contrôler une dernière fois l'assaisonnement au moment de servir.

Nous n'avons pas la prétention d'ouvrir ici un livre de cuisine et de donner par le détail les mille et une recettes pouvant être utilisées en plein air.

D'une façon générale, les grillades, les bouillis, les fritures sont faciles à apprêter ; les rôtis, les plats à la sauce, plus délicats.

Cuisine rapide. — Pour clore ce chapitre, indiquons quelques mets chauds, pouvant être préparés très vite et n'importe où, lors d'une halte, avec leur petit matériel, facilement transportable.

D'abord les œufs, à la coque, sur le plat, brouillés, en omelette, etc. Pour éviter une omelette prématurée, indiquons le moyen de protéger les œufs contre les heurts et les chocs d'un transport même violent : les placer dans la gamelle bien fermée, en les noyant au milieu d'une enveloppe de sciure de bois ou de son. Ou encore, en les enveloppant séparément dans des papillotes de papier de journal, prenant appui les unes sur les autres pour éviter tout ballottement.

Ensuite, des tranches de viande cuite d'avance peuvent être facilement réchauffées dans du beurre ou de la graisse.

Enfin, donnons une recette de rata de campagne complet qu'il est possible de confectionner en 15 minutes :

Emportez des tranches de viande froide, des pommes de terre cuites d'avance à l'eau, quelques oignons, des lardons, un peu de saindoux. Faire revenir 3 minutes dans un plat graisse, lardons, oignons finement coupés, ajoutez les pommes de terre découpées en rondelles ; puis, après 5 minutes, les tranches de viande : laissez cuire le tout 5 minutes encore, sel, poivre. En moins d'un quart d'heure vous avez un délicieux et substantiel ragoût.

Boisson. — La boisson est très variable d'après les régions. Ici, on boira du vin, là de la bière, ailleurs du cidre. Le vin sera coupé d'eau. Nous recommanderons encore le thé chaud, auquel on s'habitue très facilement et qui désaltère excellemment.

Café. — Le café est une boisson tonique et stimulante, qui joue un grand rôle dans la vie de campagne du soldat : il a donc sa place toute marquée dans l'alimentation de l'Elève-soldat en route et au camp, en évitant toutefois d'en abuser.

En route, la manière la plus simple de faire le café est de plonger dans l'eau bouillante un petit sachet retenu par une ficelle et qui contient la quantité de café nécessaire (environ 15 grammes par tasse). Sans ce sachet, il est encore possible de faire du café en jetant le café moulu à même dans l'eau bouillante : pour précipiter le marc au fond du récipient, il faudra plonger rapidement un brandon incandescent dans le liquide.

Au camp, on pourra évidemment faire le café, comme à la maison, dans un filtre ou percolateur.

Mais nous proposerons un autre système plus simple et plus original qui procurera l'avantage inappréciable de faire le café une fois par jour pour tous les Elèves-soldats et de le consommer chaud *à l'heure qu'on voudra*.

Marmite norvégienne. — Ce système est celui de la *marmite norvégienne* (*fig.* 55). On prendra une caisse en bois carrée, plus grande que le récipient destiné à contenir le café. (Ce récipient pourrait très bien être du modèle de la lessiveuse à anse que l'on trouve partout, en tailles différentes, chez les quincailliers.)

La caisse de bois sera complètement enterrée, ou noyée dans une masse de terre, jusqu'à hauteur de son couvercle. Dans le récipient, à l'heure qui paraîtra le plus commode, l'on fera le café — ou le thé — par infusion, en plongeant dans l'eau bouillante un sachet contenant le café en poudre. Ensuite, replaçant le couvercle du récipient, en interposant au besoin un cercle de drap sur le pourtour du bord supérieur pour obtenir un bouchage bien hermétique, on prend la lessiveuse par les anses et on la place dans la boîte enterrée, non pas directement sur le fond, mais par l'intermédiaire de 4 supports en bois, ou liège, ou pierres, mauvais conducteurs de la chaleur. On replace la planche d'ouverture de la caisse ; par-dessus, une vieille toile ou un paillasson, sur lequel on pourra entasser une couche de terre ou de mottes de gazon.

Ainsi, notre récipient sera *suspendu* au centre de la boîte, sans contact avec les parois, autres que les 4 supports du pied, séparé de la caisse et du sol par un matelas d'air ; la caisse étant pour plus de sûreté entourée d'une couche de terre, la déperdition de la chaleur est presque nulle. On peut boire le café le lendemain, ou même deux jours après, sa température sera sensiblement la même qu'au moment où le récipient fut placé dans la caisse. Pour puiser commodément le café sans en répandre, employer un tube de caoutchouc formant siphon : l'amorçage du siphon s'opérera en plongeant le tube entier dans le liquide, à l'aide d'une ficelle, nouée à une de ses extrémités, puis retirant le bout du tube, on obture son orifice avec le doigt et on débouche au-

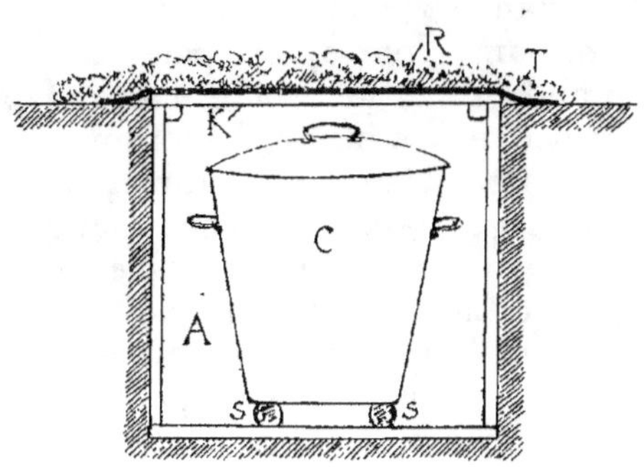

Fig. 55. — Marmite norvégienne de camp.

C. Récipient Cafetière. — A. Caisse en bois enterrée. — K. Couvercle de la caisse. — T. Toile ou paillasson. — R. Mottes de terre ou gazon placées sur la toile. — S. S. Supports isolants.

dessus des gobelets destinés à recueillir le liquide : le siphon est amorcé et le récipient sera entièrement vidé par ce moyen, si l'on maintient l'autre bout du siphon au fond du liquide.

Le récipient conserverait aussi bien le froid que la chaleur. On pourrait donc installer sur le même principe une glacière pour conserver frais les denrées ou liquides n'ayant pas besoin d'être à l'air libre, le lait par exemple.

Dans la question « cuisine », le rôle des instructeurs sera des plus importants, car leur influence, leur initiative et leur direction paraissent indispensables, pour procurer à leur groupe d'Élèves-soldats une alimentation *saine, rationnelle, économique.*

Saine, nous avons tout dit à ce sujet.

Rationnelle, c'est-à-dire réglée en quantité et en espèce d'après les dépenses de force, la saison, la température.

17

Ainsi, par les temps froids, l'organisme exige plus *de graisses* que pendant la chaleur ; pour soutenir et réparer de grosses fatigues continues, il faut augmenter la ration de viande ; pour un effort court et puissant, une ascension, une course, on peut user des excitants en plus grande quantité, sucre, café, etc... Toutes ces données ne peuvent se mettre en formules et se résoudre en grammes. Pour bien régler l'alimentation d'une troupe, il faut l'observer, retenir ses goûts, jauger son appétit.

En tant qu'aperçu très général, et très variable, l'on peut tabler en moyenne par jour et par tête sur 300 grammes de viande, 1 kilogramme de légumes, 30 grammes de graisse ou de beurre, pain à discrétion.

Économique, enfin. L'alimentation doit être proportionnée aux ressources de la troupe et non au désir de faire bonne chère. Avant de se mettre en route, il y a donc lieu d'établir avec le plus de précision possible la dépense de nourriture par jour. En réservant une part de sagesse pour l'imprévu, on calculera ainsi la durée possible du séjour au dehors. On ne cherchera pas à augmenter cette durée en se proposant par avance de se mettre à la portion congrue. Ce serait une grave imprudence.

Afin de ne pas aller dans l'inconnu, surtout lorsqu'il s'agit d'une troupe nombreuse, les instructeurs pourront s'entendre d'avance avec des fournisseurs de la localité pour les denrées les plus importantes, comme le pain, la viande, le vin. En ce cas, il y a lieu de passer un véritable marché par écrit, spécifiant le prix, la qualité, la livraison, à tel ou tel point, enfin la résiliation en cas de rentrée de la troupe pour cause d'intempéries.

Les instructeurs établiront le menu pour une période, d'accord avec les Élèves-soldats, et s'il est désirable de prévoir une nourriture abondante, variée et agréable, à la question de table il ne faudrait pas subordonner toutes les autres, transformer une sortie de Préparation militaire en une sorte de partie de campagne où les bons déjeuners sur l'herbe tiendraient la place principale. Le menu une fois discuté et arrêté en commun, les Élèves-soldats feront œuvre de tact, de bonne camaraderie en s'y tenant strictement ; il serait malséant de voir un

Élève-soldat, un groupe, profiter de leurs ressources particulières pour s'offrir des extras, des plats fins, *au nez et à la barbe* de camarades moins fortunés. Celui qui agirait ainsi s'écarterait complètement du devoir de fraternité tel que nous l'avons posé.

Un autre aspect de caractère de l'Élève-soldat, la bonne humeur, l'acceptation rieuse des petits déboires, trouvera sans doute à s'exercer à propos de la question « cuisine ». Les Élèves-soldats accepteront donc gaiement les menus ennuis qui adviendront à coup sûr, bouillon *fumé*, sauces brûlées, pain délayé par la pluie, et d'autres plus graves, tels que de ne pas trouver, à heure dite, les vivres nécessaires, d'être condamnés *à se serrer la ceinture !* Ils peuvent se souvenir à ce sujet de la bonne humeur, de la résignation avec laquelle nos soldats savent accepter et supporter les privations, même les plus graves.

Et que ceux qui seraient tentés de trouver le pain trop rassis, ou la viande trop dure, méditent sur cette relation vécue d'un humble, le sergent Fricasse, qui a dépeint ainsi qu'il suit la vie de campagne en 1795, au début des grandes guerres de la Révolution :

« La misère augmentait chaque jour pour les défen-
« seurs de la Patrie. Nous avons été réduits à douze onces
« de pain par jour (*moins d'une demi-livre !*) et bien des
» fois, on ne pouvait pas en avoir. Il fallait cependant
« faire son service, bivouaquer, et monter la garde très
« souvent. Mais le printemps nous produisait des plantes
« pour un peu nous soutenir, qui étaient des feuilles de
« pois sortant à peine de terre, des coquelicots ou feuilles
« d'Enfer, du sarrasin, du pissenlit. Avec tous ces her-
« bages, nous en faisions une farce que nous mangions
« en guise de pain... Les pommes à peine défleuries nous
« servaient aussi de nourriture. C'était une grande mi-
« sère ! » (*Mémoires du sergent Fricasse.*) Ils songeront aussi aux privations imposées à nos prisonniers.

Il va sans dire que les dépenses relatives à la nourriture, comme toutes les autres d'ailleurs, devront être notées au jour le jour, dans le plus grand ordre. Les instructeurs qui seront les trésoriers de leur troupe, tiendront naturellement eux-mêmes le livre de compte.

Mais pour habituer les Élèves-soldats à cette comptabilité courante des dépenses ménagères, il apparaît très bon de leur faire remplir à tour de rôle les fonctions de « fourrier » ; ainsi ils tiendraient sur un carnet, pour une journée, le compte des achats et paiements divers, compte qui serait reporté ensuite sur le livre du Chef de troupe.

Enfin, nous clôturerons ce chapitre alimentation en attirant l'attention des instructeurs sur deux desiderata d'hygiène très importants à observer ;

1º *Fixer les repas à des heures régulières.* — Pour des jeunes gens qui fatiguent, il sera bon d'envisager quatre repas : petit déjeuner, déjeuner, goûter, dîner ; c'est le régime d'ailleurs auquel ils ont été habitués par le collège et à l'atelier ;

2º *Donner le temps nécessaire pour manger lentement.* — Rien n'est plus préjudiciable à la santé que de précipiter les repas, surtout avec des jeunes gens déjà trop disposés à mettre les bouchées doubles. Le temps des repas sera donc toujours calculé *largement* pour donner le loisir de manger lentement et de bien mastiquer.

X. — LES BLESSURES.

Mieux vaut prévenir que guérir.

Premiers secours. — La vie au grand air et les exercices physiques qui nous valent des trésors de force et de santé, comportent aussi des anicroches souvent bénignes, parfois plus graves.

Les Élèves-soldats doivent donc posséder la connaissance des *premiers secours*, de manière à être en mesure d'apporter une aide intelligente et prompte, qu'il s'agisse d'une contusion insignifiante, d'une blessure légère, ou d'un accident sérieux. De ces soins judicieux du début, d'un pansement fait selon les règles de l'asepsie, de l'intervention convenable pour chaque cas particulier, peuvent dépendre, non seulement l'allégement de cruelles souffrances, mais encore l'absence de complications ultérieures, la guérison rapide, et parfois aussi la conservation de l'existence.

L'asepsie des mains. — Avant de toucher une plaie, même pour l'examiner, le secouriste devra se laver les mains au savon, se nettoyer les ongles, autant que possible dans l'eau bouillie, ou dans un liquide antiseptique (eau oxygénée, eau boriquée, alcool pur). Cette précaution est indispensable pour ne pas risquer d'infecter une plaie, même légère, en la souillant par des germes qui se développeraient plus tard *sous* le pansement. En généralisant cette précaution, l'Élève-soldat doit l'appliquer à lui-même aussi bien qu'à autrui et demeurer persuadé que la propreté constitue le plus sûr antidote contre les bobos qui peuvent advenir.

Pansement. — Les plaies non superficielles demandent à être protégées par un pansement. Sous peine de déterminer les accidents les plus graves (inflammation, infection, gangrène), les objets de pansement doivent être absolument propres et aseptisés. Avant la mise en place d'un pansement, la plaie sera soigneusement nettoyée, puis lavée avec de l'eau bouillie ou purifiée par quelques gouttes d'eau oxygénée.

Si une plaie vient au contact de fumier ou de crottin de cheval, faire pratiquer par un médecin une injection anti-tétanique qui évitera le tétanos.

(Le tétanos est une affection des plus graves provoquée par un bacille qu'on rencontre dans le crottin de cheval et dans les poussières du sol où le crottin se pulvérise. Le tétanos se traduit par une contraction spasmodique de tous les muscles, dont la terminaison est presque fatalement la mort.)

Seulement après ces précautions premières, on mettra le pansement en place.

Un pansement complet se compose :

1º D'un morceau de gaze stérilisée à placer au contact de la plaie ; 2º d'un tampon de ouate stérilisée à placer sur la gaze ; 3º d'un carré imperméable (toile cirée ou caoutchoutée) entourant la ouate et séparant complètement la plaie du contact de l'air ; 4º d'une bande de toile destinée à maintenir le pansement en place et fixée par des épingles anglaises.

Pour ne pas être pris au dépourvu et mis dans l'obligation de se servir de mouchoirs plus ou moins propres, et de linges douteux, chaque Élève-soldat fera bien de posséder *individuellement* un pansement complet, lequel pourra être placé, très bien enveloppé, dans une pochette *ad hoc* ménagée dans la doublure de la veste. Si l'enveloppe du paquet de pansement n'était pas hermétique, elle laisserait passer les poussières : le pansement cesserait d'être aseptique.

Plaies. — Après une coupure légère, si le sang ne s'arrête pas de couler de lui-même, opérer une légère compression, puis masquer la plaie soit avec du taffetas d'Angleterre, soit avec du collodion.

Si le sang coule à flots, deux cas : 1º le sang est rouge foncé et s'étend en nappe : une veine est vraisemblablement atteinte. Il faut alors faire une ligature *du côté le plus éloigné du cœur* (par exemple, la blessure étant au gras du bras, la ligature se fera au poignet) ; 2º le sang est rouge vermeil et fuse par saccades : une artère est touchée. La ligature *très serrée* se fera *du côté le plus proche du cœur*. (Par exemple, la blessure étant au gras du bras, la ligature se fera *au-dessus du coude*) [*fig.* 56].

Quand il s'agit d'une artère, il y a lieu de serrer à fond la ligature à l'aide d'un *tourniquet*. Le tourniquet le plus efficace et le moins brutal est constitué par une bande élastique, un tube de caoutchouc, par exemple, une chambre à air de bicyclette : la bande élastique est enroulée plusieurs fois sur elle-même autour du membre atteint.

Si l'on ne dispose que d'une ligature non élastique, mouchoir, manche de chemise, on formera un tampon destiné à être *appuyé* sur le passage de l'artère en faisant un nœud ou en enfermant dans l'étoffe un corps dur, bouchon, pierre, pièce de monnaie. Après avoir noué les deux bouts de la bande, on introduit un bâtonnet au travers du nœud et on opère le serrage par torsion en tournant le bâtonnet, puis en fixant l'une de ses extrémités par un lien auxiliaire pour l'empêcher de se détendre. Toutefois, une compression aussi énergique ne saurait être maintenue au delà d'une heure sans créer des troubles circulatoires très dangereux, qui provoqueraient la mortification des tissus et ouvriraient ainsi la voie à la gangrène. Il faudra donc desserrer le bandage de temps à autre.

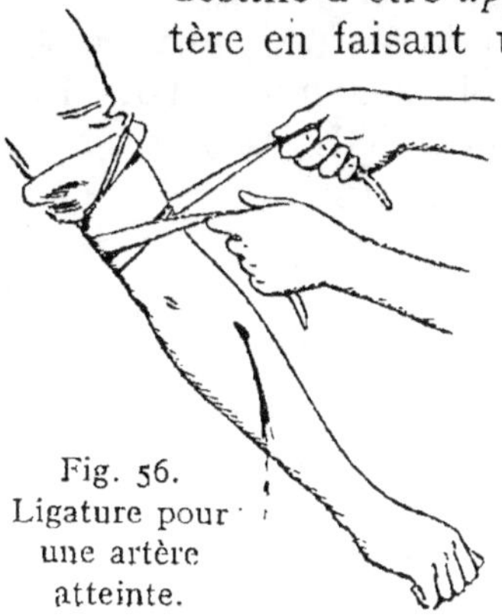

Fig. 56.
Ligature pour une artère atteinte.

Si la ligature n'est pas possible, il y a lieu d'appuyer directement sur les lèvres de la blessure avec le doigt ou avec un tampon.

D'une manière générale, en surélevant la partie saignante, l'on contrarie l'écoulement du sang.

Toute blessure en dehors des membres doit être considérée *a priori* comme sérieuse et exige la prompte intervention du médecin. Ne pas introduire dans la plaie un instrument quelconque pour essayer de la sonder.

Pas de perchlorure de fer, d'arnica, de vinaigre,

de toile d'araignée, et autres remèdes empiriques, au contact de la plaie. Employer la teinture d'iode, excellent antiseptique, avec modération et prudence, et seulement lorsqu'il n'est pas possible d'appliquer un pansement immédiat.

Contusions. — Lotions sur la partie contuse avec de l'eau fraîche, arnica, alcool quelconque ; laisser en place des compresses humides. S'il y a *bosse*, compression progressive. S'il y a égratignure, bien laver pour enlever les poussières et graviers.

Entorses, luxations, fractures. — Les chutes ou les chocs violents peuvent produire trois accidents de gravité différente : entorses, luxations, fractures.

L'entorse se manifeste par une douleur très vive, le gonflement rapide, puis la raideur de l'articulation. Faire des lotions d'eau, si possible *très chaude ;* entreprendre un massage *le plus tôt possible* malgré la douleur et le pratiquer plusieurs fois par jour. Ne pas chercher à comprimer l'enflure par un bandage trop serré et ne pas immobiliser l'articulation.

Dans la luxation, l'os est déboîté de son articulation. Un chirurgien paraît seul qualifié pour remettre les choses en place. On doit s'abstenir de toucher le membre luxé, ce qui pourrait aggraver le cas. Se contenter de le soutenir par une écharpe ou un bandage dans la position qui fera le moins souffrir le patient.

La fracture se reconnaît à l'impotence absolue du membre atteint, à l'épanchement sanguin qui marque le point fracturé, au gonflement ; enfin, dans le cas de fracture double, à la déformation du membre qui ballotte. En attendant le médecin et pour le transport, immobiliser le membre brisé à l'aide de planchettes, de bouts de bois, de cannes, maintenus le long du membre par des coussinets mous et une bande serrée (*fig.* 57.)

Avant de mettre ces supports (*éclisses*, ou *attelles*) en place, il y a lieu de manier avec précaution le membre brisé afin de le ramener à sa position naturelle en opérant une traction très légère sur la partie brisée de manière que les deux os ne puissent chevaucher ou frotter l'un sur l'autre.

Ces soins doivent être donnés sur le lieu même de l'accident, avant tout transport.

Lorsqu'il y a blessure extérieure et que les os percent la peau, la fracture est beaucoup plus grave ; on doit alors commencer par nettoyer la plaie, arrêter l'hémorragie, puis couvrir la plaie par un pansement pour l'isoler de l'air. Ne mettre un bandage en place que par-dessus les attelles.

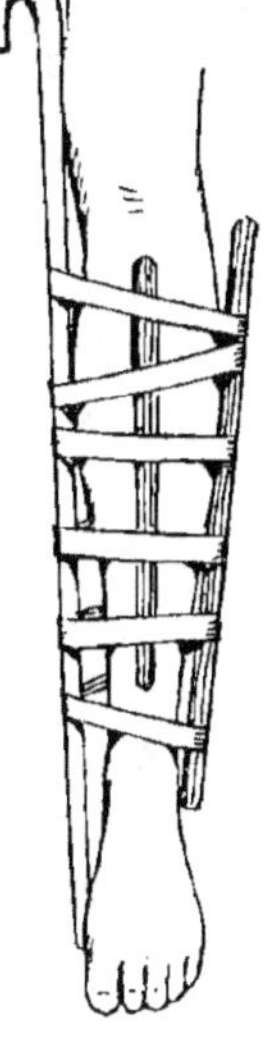

Fig. 57.
Attelles.

Brûlures. — Mettre le plus vite possible la partie brûlée à l'abri de l'air, dont le contact produit la douleur cuisante et provoque par la suite les accidents graves d'infection ou de gangrène.

Comme isolant, on peut employer, pour les brûlures superficielles et légères, la glycérine, la vaseline stérilisée, un emplâtre formé de bicarbonate de soude mélangé d'eau froide ; pour les brûlures plus sérieuses, un pansement humide trempé dans du liniment oléocalcaire, de l'huile douce, de l'huile de lin ; enfin, pour les brûlures très profondes, couvrir la partie atteinte de farine et de poudre d'amidon, puis pansement humide à l'acide picrique.

Ne pas chercher à retirer les vêtements qui adhèrent

à la partie brûlée ; les couper à l'entour. Ne pas exciser les cloques et vésicules formées.

Provoquer chez le malade une révulsion énergique avec des flanelles chaudes sur le corps, des bouteilles d'eau chaude aux pieds.

Secours aux noyés et asphyxiés. — Le noyé ramené à la rive sera déshabillé, puis étendu sur le dos, la tête un peu basse. S'il a conservé quelque connaissance, le faire vomir par des chatouillements sur la luette à l'aide d'une paille ou d'un brin d'herbe. S'il est évanoui, lui desserrer les dents à l'aide d'un morceau de bois taillé en biseau, à défaut, avec la lame d'un couteau.

Pour combattre l'asphyxie, employer *les tractions rythmiques de la langue*. A cet effet, s'envelopper la main dans un mouchoir et saisir fortement la langue du noyé et de l'asphyxié entre les doigts, ou même à pleine main.

Opérer des tractions très nettes et très régulières, à raison de 15 à 20 fois par minutes (*fig.* 58). En même temps, frictions vigoureuses de linges et de flanelles chaudes sur les membres et le thorax, en exerçant la friction des extrémités vers le centre, c'est-à-dire vers le cœur.

Concurremment avec les tractions rythmiques, on peut employer *la respiration artificielle* (*fig.* 59). Les bras du

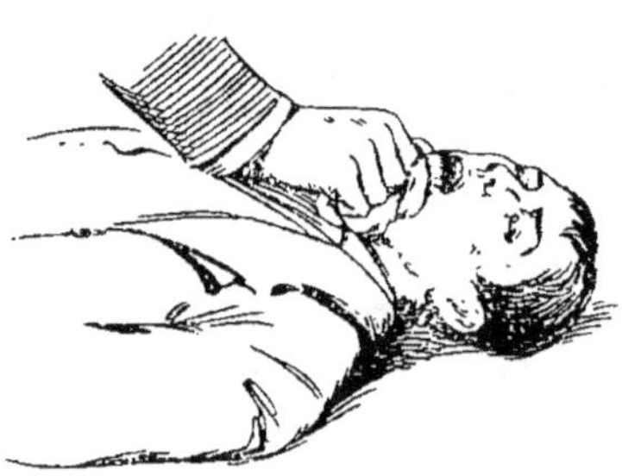

Fig. 58. — Traction de la langue.

noyé, d'abord collés au corps, sont élevés verticalement, puis abaissés horizontalement, les mains plus hautes que la tête. Ces mouvements des bras déterminent mécaniquement le mouvement des muscles thoraciques, qui produisent le jeu du soufflet respiratoire. On ne peut encore insuffler de l'air directement

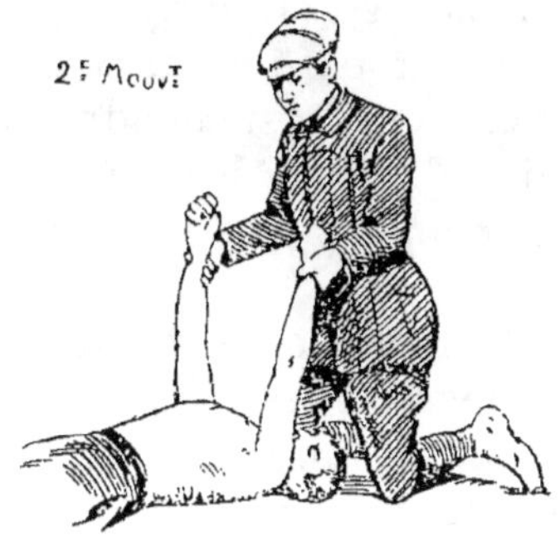

Fig. 59. — Respiration artificielle.

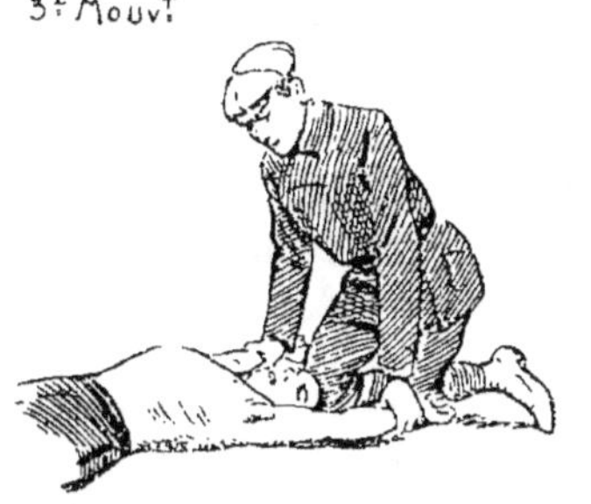

dans la trachée à l'aide d'un chalumeau, d'une pompe à bicyclette. S'il y a une pharmacie bien outillée à proximité, aller chercher un ballon d'oxygène et l'insuffler.

Le visage d'un noyé est en général pâle, verdâtre ; une coloration rouge indiquerait qu'il y a eu congestion : en ce cas, ne pas hésiter à pratiquer immédiatement une saignée en ouvrant avec un canif une veine du bras.

Les moyens précités s'emploient *dans tous les cas d'asphyxie*, par immersion, par étouffement, par inhalation de gaz délétères (incendies, gaz d'éclairage), également dans le cas du *coup de chaleur*. La réussite demeure le prix d'une grande ténacité et d'une inlassable patience : on a vu des asphyxiés revenir à la vie PLUSIEURS HEURES après l'emploi des tractions sur la langue ou de la respiration artificielle. Bien surveiller

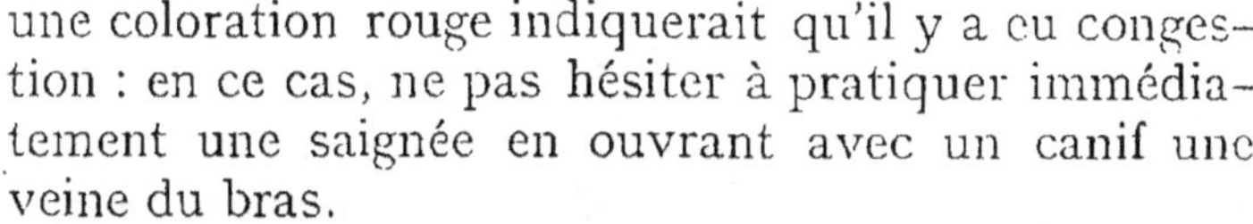

les premiers moments du retour à la vie et continuer les soins pour enrayer une nouvelle syncope.

Ne pas chercher à faire ingurgiter des cordiaux tant que la respiration ne sera pas complètement rétablie.

Éviter par-dessus tout ces procédés *populaires*, qui consistent à suspendre le noyé par les pieds, à lui faire absorber des fumigations de tabac, à le secouer violemment en tous sens.

Accidents d'électricité. — Avec la multiplicité des trolleys et des câbles conducteurs de courants électriques à haute tension, les accidents de foudroiement deviennent de plus en plus fréquents, soit qu'ils résultent de l'imprudence et de l'ignorance des victimes, soit qu'ils aient été causés par la rupture d'un câble provoquant un contact inopiné.

La caractéristique de ces accidents est que la victime foudroyée n'a pas le temps, ni le pouvoir, de se séparer du contact meurtrier : son corps fait partie du circuit électrique, donne passage au courant ; toute personne qui voudrait l'arracher à cette situation dangereuse risquerait d'être foudroyée à son tour au moindre attouchement. La première chose à faire, si possible, est donc de téléphoner à l'usine génératrice afin qu'on coupe le courant.

Fig. 60. — Sauvetage d'un électrocuté.

Pour apporter un secours direct, il convient avant tout d'interposer *un isolant* entre les mains du sauveteur et le corps de l'électrocuté. Un bâton de bois est un isolant convenable à condition d'être bien sec : on peut s'en servir pour repousser le corps ou le câble, complétant l'isolement à l'aide d'un épais tampon fait avec la veste.

On pourra essayer encore de glisser ces tampons de vêtements soit sous les pieds soit sous la tête du foudroyé, de manière à le séparer du sol (*fig.* 60).

Si l'on a une bicyclette, on dispose d'un moyen sûr et efficace : prendre une ou deux chambres à air, les couper et les enfiler sur deux bâtons. On obtiendra ainsi un système parfaitement isolé en glissant les deux bâtons sous le corps du foudroyé, il deviendra possible de l'enlever du sol. A l'aide des pneumatiques on peut encore attirer hors du fil les pieds, puis la tête du foudroyé.

Des bouteilles vides et sèches formeraient encore des moyens isolants.

Un tel sauvetage devient particulièrement délicat par les temps pluvieux et humides, qui font perdre aux isolants, bois, vêtements, caoutchouc, verre, une partie de leur propriété ; il se complique aussi parfois du fait que le câble électrique s'enroule et se tortille autour du corps et des membres de la victime.

Le foudroiement produit l'asphyxie et des brûlures : nous avons indiqué précédemment les premiers secours qui conviennent à ces deux cas.

Ces explications nous dispenseront d'insister sur la grossière imprudence que commettraient les Elèves-soldats en grimpant aux poteaux supportant les câbles de courant, et en touchant ces câbles *même indirectement* avec des bâtons, cordes, etc.

Transport d'un blessé. — Le transport d'un blessé est une opération délicate qui exige un matériel convenable pour s'exécuter dans de bonnes conditions (brancards, voitures d'ambulance). Par des moyens de fortune, avec des personnes peu expertes, le transport doit être réduit au minimum nécessaire pour mettre le blessé à l'abri.

Fig. 61. — Brancard improvisé.

Il y a diverses façons d'improviser un brancard, une civière (*fig.* 61). Avec deux sacs de forte toile en passant deux perches ou deux bâtons par des trous ménagés, aux coins des sacs. Ou avec un pardessus boutonné, dont on retourne les manches à l'intérieur : les perches sont alors passées à l'intérieur des manches et du pardessus.

Des brancards improvisés peuvent encore être agencés à l'aide de claies sur lesquelles on placera un matelas ou un lit de paille; à l'aide de deux branches d'arbres aux feuillages entrecroisés et maintenus par des attaches.

Les porteurs doivent marcher du *même pas* pour éviter les cahots; le blessé sera *couvert* par des vestes ou pardessus supplémentaires, sa tête sera à l'abri du soleil.

Avant d'utiliser ce genre de brancards, il sera bon d'en éprouver la force, car si le brancard se brisait sous le poids du blessé, cela pourrait déterminer un traumatisme beaucoup plus grave.

Dans les cas de blessures à la tête ou au ventre, il est préférable de laisser le blessé sur place jusqu'à l'arrivée du médecin, après avoir procédé à un pansement d'attente. Si la blessure se trouve dans la région du cœur, coucher le blessé sur le côté droit.

Brancards pour fractures. — Immobiliser le membre sur une planche.

Ne jamais soulever un membre fracturé sans avoir glissé au préalable une planche ou une attelle en dessous.

Transport à dos et à bras. — Si le blessé a conservé sa connaissance et si l'état de sa blessure n'exige pas

Fig. 62. — Sièges obtenus avec les mains croisées.

son transport couché, on pourra constituer des sièges avec les mains croisées, ainsi que l'indique la figure 62.

Enfin, dans le cas le plus défavorable, lorsqu'on se trouve seul, loin de tout secours, avec un camarade blessé, évanoui, incapable de se mouvoir, on peut encore tenter le transport par des moyens bien précaires, mais qu'il faut quand même mettre en œuvre.

D'abord, si le cas permet de saisir le patient par les membres, et si le secouriste est assez vigoureux pour ce faire, voici une méthode d'enlèvement et de transport à dos :

Tourner le blessé la face contre terre. Se glisser avec précaution, la tête la première, sous sa poitrine. Saisir son bras droit avec la main gauche et embrasser ses jambes au-dessus du genou avec le bras droit (*fig.* 63). Se relever très doucement en faisant porter le poids du corps de l'évanoui sur les épaules.

Si l'on veut se rendre la liberté du bras gauche, passer le bras droit entre les jambes de l'évanoui ; avec la main de ce bras, saisir le poignet droit du blessé, comme le montre la figure.

Si le secouriste n'a pas la force de hisser l'évanoui sur ses

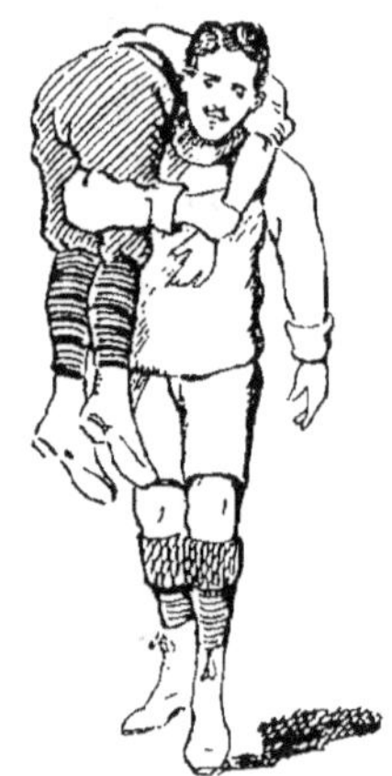

Fig. 63. — Transport d'un blessé.

épaules, il peut encore tenter de le traîner sur un sol lisse : il attachera une corde aux deux chevilles de l'évanoui (*fig.* 64) ; il ramènera ensuite la veste de l'évanoui en arrière de sa tête, pour le protéger contre les chocs et les aspérités ; puis, il s'attellera lui-même à l'extrémité de la corde formant bricole soit autour de son cou, soit appuyée sur une épaule, et s'aidant

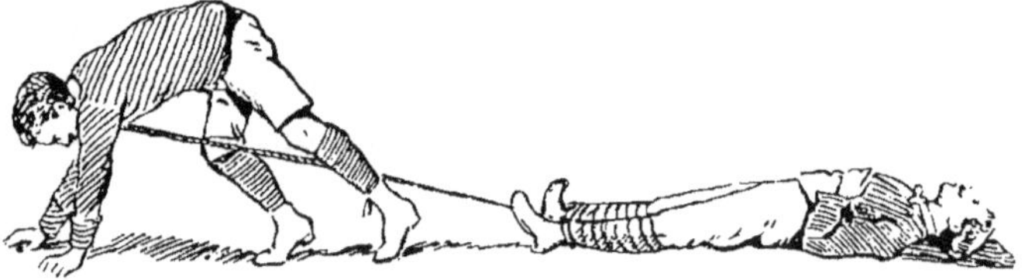

Fig. 64. — Traînage d'un blessé sur le sol.

des mains et des pieds, il tirera doucement l'évanoui jusqu'au point où il convient de l'amener.

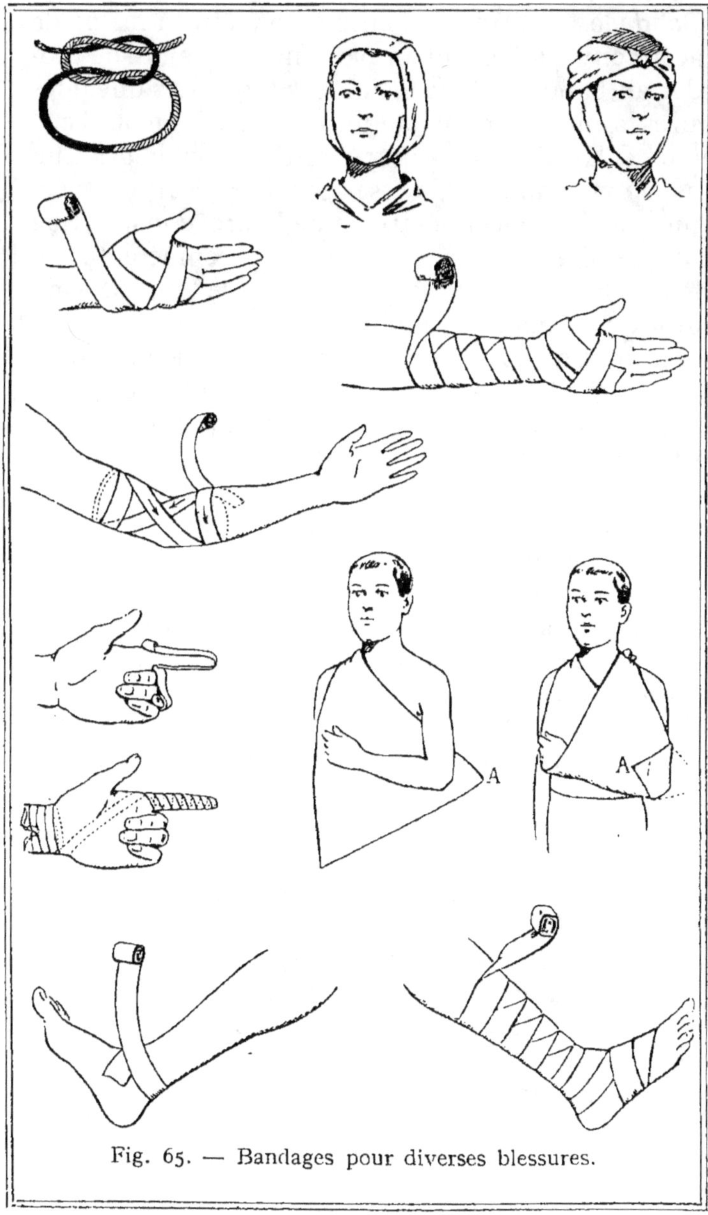

Fig. 65. — Bandages pour diverses blessures.

Bandages. — Tout secouriste doit être à même de placer convenablement un pansement, et aussi de procéder au bandage d'un membre(*fig.* 65). Les quelques figures annexées donnent une idée de la façon d'enrouler et de fixer les bandes autour d'un doigt, d'un bras, d'une jambe. Mais des pages d'explications théoriques ne remplaceraientpas une heure d'instruction pratique donnée par une personne compétente. La science des bandages se place dans le tour de main plutôt que dans la mémoire.

Des instructeurs rechercheront le concours d'un docteur, d'un médecin militaire, ou d'un étudiant en médecine, voulant bien mettre son savoir à la disposition des jeunes Elèves–soldats.

Pharmacie de premier secours. — Toute patrouille, toute troupe d'Elèves-soldats devra emporter dans ses pérégrinations une trousse pharmaceutique, plus ou moins complète selon l'effectif, contenant les médicaments les plus usuels et tous les accessoires utiles pour les pansements et bandages.

Il existe une infinité de modèles de ces trousses portatives, pouvant se placer dans la poche, dans une sacoche de bicyclette, etc. Quand il s'agit de la santé, ou de la prompte assistance à un blessé, il faut avoir sous la main les moyens immédiatement nécessaires et ne pas s'en remettre à l'ingéniosité. Ne pas oublier que les médicaments de ces trousses de campagne sont sujets à se détériorer très vite et à perdre ainsi leur vertu curative : il convient donc de les renouveler souvent. D'ailleurs, la possession d'une boîte de pharmacie et les connaissances de médecine générale autorisant à s'en servir ne doivent en aucun cas reculer l'intervention d'un médecin, à moins d'un accident apparaissant très nettement comme sans gravité.

Composition d'une trousse pharmaceutique de poche.

8 flacons	*A utiliser dans les cas de :*
ETHER	Étourdissements.
ALCOOLAT DE MÉLISSE	Crampes d'estomac.
ACIDE CHROMIQUE.	Brûlures.
TEINTURE D'IODE.	Contusions, rhumes.
ALCOOL CAMPHRÉ.	Entorses, gonflements.
LAUDANUM	Coliques.
PERCHLORURE DE FER	Hémorragie.
ACIDE PHÉNIQUE.	Infection des plaies, piqûres.

8 tubes	
ACIDE BORIQUE	Lavages antiseptiques.
IPÉCA ÉMÉTISÉ.	Vomitif.
BISMUTH	Diarrhée.
ANTIPYRINE.	Migraine, névralgie.
VASELINE BORIQUÉE.	Rhume de cerveau, coup de soleil.
PERMANGANATE DE POTASSE. .	Venin des serpents.
MAGNÉSIE CALCINÉE.	Constipation.
CHLORYDRATE DE QUININE. . . .	Fièvre.

Accessoires de pansement.

GAZE PHÉNIQUÉE.	Pour faire un pansement :
(*Bandes et compresses.*)	1° Tremper une compresse de gaze phéniquée dans de l'eau propre
TAFFETAS IMPERMÉABLE.	et l'appliquer sur la plaie préala-
AMADOU.	blement nettoyée ;
CRAYON AU NITRATE D'ARGENT.	
TAFFETAS ANGLAIS.	2° Placer sur la coupure un carré
SOIE PHÉNIQUÉE.	de taffetas imperméable ;
ÉPINGLES ET AIGUILLES.	3° Sur le taffetas une feuille de
LANCETTE.	coton ;
CISEAUX.	4° Bander l'ensemble sans trop
PINCEAUX.	serrer.
PINCE A ÉCHARDES	
COTON HYDROPHILE.	

Les instructeurs emploieront le temps nécessaire pour donner à leur troupe la parfaite connaissance de tous les devoirs incombant au secouriste et à l'ambulancier.

Des séances spéciales seront donc consacrées à cette importante matière, toujours avec accompagnement d'exercices pratiques. On se servira d'un matériel d'étude comprenant pansements et bandes : les Élèves-soldats s'exerceront à panser telle blessure supposée, à faire un bandage, à immobiliser un membre, à transporter un blessé simulé, chacun figurant le blessé à tour de rôle. Donner également la connaissance complète et le mode d'emploi des différents médicaments renfermés dans la trousse de pharmacie. Insister aussi sur les *contre-indications* relatives à chaque cas particulier. Pour apporter un secours intelligent et efficace, il est très nécessaire de savoir *ce qu'il ne faut pas faire.*

Les premiers principes acquis, les instructeurs pourront prêter une forme plus vivante et plus imprévue à l'exercice en divisant leur troupe en deux bandes, l'une constituant les secouristes, l'autre les blessés : ces derniers se placeront en certains points du terrain, d'accès plus ou moins difficile, et remettront au secouriste un petit papier indiquant le genre du mal, l'emplacement de la blessure, les symptômes qui apparaîtraient *en réalité.* Alors l'Élève-soldat se mettra en devoir d'organiser les premiers secours et le transport du patient en un lieu déterminé, soit à bras, soit à l'aide d'un brancard de fortune.

APPENDICE

I. — TROIS FLÉAUX

Oui ! des fléaux, certes plus affreux que la lèpre, le choléra, la peste, la variole, ces maladies terribles des anciens âges, aujourd'hui jugulées.

Et précisément parce que la science moderne médicale et sociale a mis au grand jour les causes de ces maux destructeurs de la race humaine, et tout particulièrement de la race française, parce que les remèdes pour les faire disparaître ou les guérir dépendent peu des drogues, mais beaucoup de notre propre volonté, il est indispensable de se pénétrer de cette immense question.

Péril connu est à demi surmonté !

TUBERCULOSE

> De tous les moyens sociaux mis en œuvre dans la lutte contre la tuberculose, le premier et le plus efficace est certainement l'éducation du peuple.
>
> Docteur VIEL.

> A la tuberculose, tuant bon an, mal an 100 000 Français sont liés les intérêt de la sécurité nationale, de la puissance et de la richesse du pays, comme l'avenir de la race.
>
> Professeur LANDOUZY,
> de l'Académie de Médecine.

Sans doute, mes amis, à l'école et ailleurs, vous avez déjà entendu parler de la tuberculose. Beaucoup d'entre vous d'ailleurs se sont peut-être forgé une idée incomplète de ce mal ; pour le gros public, un tuberculeux s'identifie avec un « poitrinaire ».

Certes, la tuberculose qui s'attaque à la poitrine, ou pour mieux dire, aux poumons, est la forme la plus connue, sinon la plus courante, de cette affection.

Mais, sachez-le bien, la tuberculose est un mal général, qui se porte sur un point quelconque de notre organisme : les os, les intestins, les muscles, le cerveau, etc. Sur cette introduction, je n'ai pas l'intention, ni d'ailleurs la compétence, d'ouvrir ici un cours de médecine.

Je me bornerai simplement à vous rappeler que la cause, aujourd'hui dévoilée, de ce mal est un infime microbe, un détestable intrus qui pénètre dans l'organisme humain parfois par hérédité, mais le plus souvent par contagion. Pourchasser ce dangereux bacille, lui rendre la vie intolérable, l'empêcher de pulluler et de se répandre est donc le but auquel chacun de nous doit tendre.

Or, l'on connaît admirablement les conditions dans lesquelles cet hôte indésirable se développe ou ne se développe pas.

Tout d'abord, ce microbe malfaisant a des ennemis terribles : l'air, la lumière, le soleil, et encore la propreté. Ce sont là les bases mêmes de la bonne hygiène telle que nous l'avons définie.

Mais, il faut savoir que plus particulièrement, le germe nocif de la tuberculose s'embusque dans les poussières, dans les encoignures des logis mal tenus, où les fenêtres ne sont jamais ouvertes, où les effets ne sont jamais brossés, les tapis jamais secoués.

Cette tenue de nos maisons est d'une haute importance, et si humble soit le toit qui nous abrite, si exiguë la chambrette où nous dormons, il dépend de notre volonté d'y faire régner la propreté, à savoir : laver le parquet ou le carreau avec un linge humide, éviter l'accumulation de la poussière, mettre à part le linge sale et ne pas le laisser s'entasser, enfin livrer passage à l'air du dehors en toute saison.

Cette netteté, qu'il est d'intérêt individuel et social de réaliser chez soi, il faut *l'exiger* au dehors, par exemple dans les ateliers où vous appelle votre travail, dans les dortoirs de vos collèges, dans les salles de spectacles, de réunions.

Au cours des pages qui précèdent, je vous ai souvent prêché la discipline, l'endurance et la bonne humeur, et pourtant je vous crie : « Dénoncez les patrons qui ne veulent point s'astreindre aux règlements d'hygiène ! Résistez aux maîtres qui refusent l'air à vos poumons ! Révoltez-vous contre les pourvoyeurs de la tuberculose ! »

Mais après ce rappel à l'ordre adressé aux autres, revenons à nous-mêmes pour nous imposer une règle essentielle, à laquelle est liée presqu'entièrement la question de la contagion.

Règle simple d'apparence, énoncée par des inscriptions multiples, qui peut passer pour un rappel presque plaisant à la civilité puérile et honnête :

NE CRACHEZ PAS A TERRE !

Ah ! la recommandation n'est pas pour faire sourire ceux qui savent que la tuberculose se transmet 99 fois sur 100 par des crachats desséchés.

Point n'est besoin même d'être tuberculeux pour devenir agent inconscient de contagion : vous, moi, n'importe qui, peut avoir dans sa salive des millions de bacilles recueillis on ne sait où, et qui n'ont pas dépassé les frontières de la bouche ou des fosses nasales.

Mais ces bacilles, projetés au dehors par un crachat, reprennent une virulence singulière, lorsqu'ils se trouvent à sec, transformés en poussières. Et ces poussières de microbes qui voltigent invisibles et insaisissables pénètrent dans les poumons d'autres personnes et y déposent leurs germes mortels.

Aussi, peut-on dire sans exagérer, avec un grand docteur : « On n'a pas plus le droit de cracher par terre, qu'on a le droit de tirer un coup de pistolet dans la rue. » Au surplus, cracher constitue une désolante et malpropre habitude, surtout chez les jeunes.

Si l'envie vous en tenaille irrésistible, en cas de rhume, par exemple, crachez dans votre mouchoir ; et chez vous, crachez dans un bout de papier que vous vous empresserez de brûler. Le feu purifie tout !

Si vous usez de crachoirs, veillez bien à ce qu'ils ne deviennent pas des foyers d'infections : pas de sciure de bois, pas de sable, qu'on vide n'importe où après. Le mieux est de remplir le crachoir d'eau, dans laquelle on aura mélangé quelques gouttes de liquide antiseptique.

La tuberculose a un allié, l'alcool. Nous reparlerons de ce grand malfaiteur en faisant plus loin son procès criminel.

Mais constatons de suite avec les médecins, avec les faits, que l'alcool ouvre la porte toute grande à la tuberculose.

L'exemple le plus typique en est donné par la mortalité singulière qui s'abat sur les cabaretiers : les deux tiers des membres de cette corporation meurent jeunes relativement, frappés par le mal. Parmi ces débitants, il en est qui demeurent sobres au sens absolu du mot : ils s'observent, n'acceptent pas l'échange de nombreuses « tournées » offertes par les clients du matin au soir, au besoin trinquent avec un verre d'eau rougie.

Malgré tout, l'atmosphère empestée où ils vivent, les relents de l'alcool qu'ils respirent tout le jour, les expectorations des buveurs, ont raison de leur prudence : *ils deviennent tuberculeux !*

Aussi, mes camarades, parmi les métiers qui vous seront ouverts, il en est un que je vous conseille de n'accepter jamais : ne soyez ni débitant, ni garçon marchand de vins !

Souvent j'ai vu de mes soldats, libérés du service militaire, qui demeuraient à la ville, tout heureux d'avoir trouvé « une bonne place » au bar X... Un travail si doux, qui valait mieux que de retourner au village pour labourer la terre !

Ah ! les pauvres gars vigoureux et gais, qu'étaient-ils devenus quelques années après, lorsqu'ils revenaient accomplir leur période comme réservistes !

Hâves, quinteux, « crachant leurs poumons », selon l'expression populaire, ils se voyaient réformés. J'ai pu sauver quelques-uns de ces braves gens et leur éviter sans doute de mourir à l'hôpital, en leur persuadant de fuir la ville et d'aller retrouver au grand air de leur campagne la santé compromise.

Car la tuberculose se guérit parfaitement, moins par des drogues, que par des conditions d'existence absolument contraires à celles qui permirent l'invasion du mal. Le remède souverain est l'air, le grand air pur qui manque dans les maisons et les rues des villes.

Mais ne faut-il pas mieux prévenir que guérir ?

Le moyen existe, certain : LE RETOUR A LA TERRE.

Lorsque notre jeunesse aura compris l'intérêt et le devoir qui s'attachent à ne plus déserter les campagnes, alors la tuberculose retombera fatalement au rang des maux d'exception.

Comme par enchantement nous verrons surgir de nos sillons, une race plus forte, plus nombreuse, et la Terre, la terre de France, reconnaissante envers ceux qui l'auront fécondée, leur livrera les trésors, les plus précieux en somme pour notre humanité ; le bien-être et la santé.

AVARIE

> Le plus souvent on l'attrape parce qu'on ne sait pas et on la communique aux autres parce qu'on ne sait pas !
>
> BRIEUX, de l'Académie française,
> *Les Avariés.*

Moins encore qu'au précédent chapitre, je vous parlerai en médecin.

C'est le frère aîné, le vieux camarade instruit par l'expérience, qui expose devant vous cette question des maladies vénériennes. Oh ! ne souriez pas, car hélas ! il n'y a rien de grivois ou de farce dans l'histoire de ces maux intimes. Je vais parler à de grands garçons, arrivés à un âge où nul ne saurait raisonnablement exiger d'eux un vœu de chasteté absolue.

En France, par pudeur mal placée, on néglige véritablement trop cette question éducative, grave, émouvante entre toutes, qui a trait aux fonctions des organes reproducteurs de la vie.

Au lieu d'un père, d'un maître osant traiter l'adolescent en homme et l'initier sans réticences aux devoirs, aux précautions, aux dangers qui apparaissent avec la puberté, tous nos garçons, ou à peu près, apprennent ces choses les uns des autres, par des conversations chuchotées, où la grossièreté naïve le dispute à des prurits malsains. Quelques « cochonneries » inspirées par des chansons de cafés-concerts ou des brochures immondes achèvent l'éducation, et voici notre petit apprenti, notre grand collégien, égrillard et niais tout à la fois, qui, un beau jour, cède à la tentation de mordre au fruit défendu.

C'est un peu l'homme qui se jetterait à la mer sans savoir nager !

Pauvre ignorant que guettent les sirènes... Je vous dirais tout d'abord : rien ne vous oblige à affronter le péril. A vos âges, aucune loi de la nature ne vous pousse impérieusement à courir les filles, sinon des excitations factices. Ceux qui cherchent un prétexte à leur inconduite soutiendront que la continence est nuisible à la santé.

C'est une grosse erreur ! Tous les médecins sont d'accord pour affirmer qu'un jeune homme, encore incomplètement formé, ce qui est votre cas le plus général, a tout à gagner, et rien à perdre, en restant sourd à l'appel de ses sens. La chasteté n'a jamais nui, c'est un fait médical.

Et, comme fait moral, il semble fort injuste de prétendre voir votre épouse vous arriver parée de fleurs d'oranger, tandis qu'à vous le droit resterait ouvert d'avoir été jusqu'à votre mariage le pire des mauvais sujets. Il n'y a aucune honte, croyez-moi, à rester sage et à réserver pour la compagne de toute votre existence les épanchements que vous seriez tenté de distribuer à la première drôlesse rencontrée au coin d'une rue.

Ne vous laissez donc pas détourner de cette sagesse et de cette prudence par les quolibets des fanfarons qui se posent en bourreaux des cœurs et en trousseurs de cotillons : ou ceux-là se vantent, ou bien ils garderont plus tard de cuisants souvenirs de leurs exploits.

Car, il conviendrait de réfléchir à ce dilemme : ou bien vous êtes attiré par une brave fille, saine et honnête, et, en ce cas, vous avez tout plaisir et tout intérêt à en faire votre femme, ou bien vous vous laissez entraîner par une gourgandine.

Dans cette deuxième hypothèse, il faut que vous sachiez exactement ce que vous risquez.

Hélas! il n'y a pas de rose sans épine! Un moment de plaisir, un contact de quelques instants peut empoisonner pour jamais votre santé, si vous n'y prenez garde. La menace qui pèse sur vous est d'autant plus sérieuse et continuelle que vous vous adressez à une professionnelle de l'amour.

Ces femmes galantes sont malheureusement prédestinées aux débutants : elles vont au devant de leur timidité, en flattant leur amour-propre. Et encore, elles les tranquillisent quant aux suites de l'aventure : ne sont-elles pas visitées par les médecins, surveillées par la police, garanties en quelque sorte par le gouvernement?

Or, cette garantie, qui vous donne une trompeuse assurance, apprenez combien elle est précaire. Le raisonnement sera simple et concluant : ces femmes sont au plus visitées une fois par semaine. Une heure après et une heure avant leur passage chez le docteur, elles peuvent être contaminées par un de leurs clients de rencontre, et contaminer à son tour le malheureux qui prend la suite.

De fait, *toutes les femmes* qui se livrent à la prostitution se sont trouvées en situation de répandre le mal à des moments nombreux de leur lamentable existence, et un tiers de ces femmes se trouvent, *à tout moment*, susceptibles de contaminer l'amateur de leurs charmes. Une mauvaise chance sur trois !

Voyons maintenant à quel point la chance est mauvaise, et vous me direz ensuite si vraiment le jeu en vaut la chandelle! Le risque à courir est la syphilis, mal terrible qui ne se borne pas à une affection locale, mal qui empoisonne l'organisme tout entier ; mal d'autant plus insidieux qu'il naît sous la forme d'un bobo de rien, d'une écorchure à peine visible, placée le plus souvent sur la partie du corps mise au contact de la femme avariée.

A quelques temps de là, six à sept semaines, deuxième période, deuxième alerte pour ceux qui veulent voir : éruption sur le corps, dite roséole, érosions suintantes dans la bouche, sur les organes, maux de tête et maux de gorge.

Après cette période secondaire, si l'on a négligé tout

soin, apparaît dans un temps indéterminé, parfois loin-
tain, vingt ans, trente ans, des accidents très graves,
paralysie, carie des os, folie, etc.

Aussi bien, adressons-nous à un maître autorisé, le
professeur Fournier, de l'Académie de médecine, pour
définir cette affection affreuse avec ses conséquences :
« On en meurt plus qu'on le croit, et surtout qu'on ne le
dit. On en meurt par le cerveau, souvent — mais on peut
en mourir aussi par la moelle, par les reins, par le foie,
par les poumons, par le cœur, par les artères. Il n'est pas
un de nos organes, pas un coin, pas un recoin de notre
corps où on ne l'ait vue pénétrer.

Elle est quadruplement nocive et pernicieuse : 1° par
les dommages individuels qu'elle cause au malade ; 2° par
les dommages collectifs dont elle frappe la famille ; 3° par
ses conséquences héréditaires se traduisant, pour ne
parler que de l'une d'elles, par une effroyable mortalité
infantile ; 4° enfin par la dégénérescence, l'abâtardisse-
ment dont elle menace l'espèce.

Elle est, je ne crains pas de répéter le mot, *un fléau
pour l'humanité* (1). »

En effet, l'avarie ne limite pas sa malfaisance à celui
qui l'a contractée : elle frappe, par contagion et par hérédité, l'épouse de demain, l'enfant encore à naître.

Ceux qui s'en voient atteints doivent-ils donc s'abandonner au désespoir, se croire fermées sans rémission
toutes les douceurs de la vie ?

Non. Le mal s'atténue, et même guérit, MAIS A CONDI-
TION QU'ON LE SOIGNE.

C'est bien pour cela qu'il faut avertir nos fils. Mis en
garde, ils seraient d'une impardonnable sottise s'ils ne se
confiaient au médecin dès la première atteinte. Sans
fausse honte surtout ! Il n'y a pas de honte à avouer un
mal à ce point répandu que notre état social et nos mœurs
en sont surtout responsables. L'avarié est en somme à
plaindre et à guérir, plutôt qu'à blâmer.

La seule honte irait à celui qui, par négligence ou
inepte cachotterie, refuserait tout traitement et répan-

---

(1) *Pour nos fils*, Professeur FOURNIER. — Tancrède éditeur.

drait la contagion autour de lui : celui-là serait un lâche, un criminel !

Egalement, soyez en garde contre les autres affections vénériennes, moins sérieuses que l'avarie, dangereuses quand même, qui s'attaquent à une jeunesse imprudente et mal informée. Ne laissez pas installer chez vous ces écoulements insidieux, qui auraient tendance à devenir perpétuels, si vous n'y veillez pas. Là encore, il ne s'agit pas de vous seul, mais de celles que vous pouvez contaminer.

Vous serez d'ailleurs, mes amis, dans des conditions particulièrement favorables pour trouver les oreilles discrètes auxquelles vous pourrez confier vos misères, grandes et petites. Les médecins attachés à vos centres de Préparation militaire vous donneront les consultations autorisées et désintéressées. Et, croyez-moi, si vous avez un traitement à suivre, des médicaments à absorber, ne le faites pas en cachette : pour ne pas risquer de vous soigner mal ou à demi, après vous être confié au médecin, confiez-vous à vos parents.

Méfiez-vous surtout des guérisons rapides, des drogues merveilleuses offertes par ces industriels de la médecine, aux titres ronflants, qui proclament leur panacée à la quatrième page des journaux, ou dressent leurs annonces plus discrètes dans les vespasiennes.

Le simple bon sens vous dira qu'il n'y a rien à attendre de ces annonces charlatanesques, dont le moindre défaut sera de vous vendre quatre fois leur prix des médications courantes.

Conclusion de ce triste chapitre : *observez-vous et contenez-vous.*

Evitez par-dessus tout les filles qui rôdent autour des gares, les serveuses de cabarets louches, les voyageuses sans logis bien fixe.

Ainsi que l'énonce votre programme, la première prudence comme la meilleure préservation contre ces maux insidieux et désolants, consistera à fuir les occasions de débauche, qui guettent surtout les faibles de caractère, les paresseux et les ivrognes, c'est-à-dire tout ce qui ne saurait plus être, dans les circonstances présentes, un jeune Français digne de son pays.

AUX FRANÇAISES ET AUX JEUNES FRANÇAIS

L'Alcool est votre ennemi aussi redoutable que l'Allemagne.

Il a coûté à la France depuis 1870, en hommes et en argent, bien plus que la guerre actuelle.

L'Alcool flatte le palais; mais, véritable poison, il détruit l'organisme.

Les buveurs vieillissent vite, ils perdent la moitié de leur. vie normale et sont la proie facile d'infirmités et de maladies multiples.

Les « PETITS VERRES » des parents se transforment en GRANDES TARES héréditaires chez les descendants. La France leur doit environ deux cent mille fous, le double de poitrinaires, sans compter des goutteux, des ramollis avant l'âge et la plupart des criminels.

L'alcoolisme diminue des deux tiers notre production nationale, augmente la cherté de la vie et la misère.

A l'instar du Kaiser criminel, l'alcoolisme décime et ruine la France, à la plus grande joie de l'Allemagne.

Mères, jeunes gens, jeunes filles, épouses, agissez contre l'alcoolisme en souvenir des blessés et des morts glorieux pour la Patrie.

Vous accomplirez ainsi une tâche grandiose, égalant celle de nos héroïques soldats.

L'ALARME - Siège social PARIS, 45, rue Jacob

(Reproduction de l'affiche de propagande de l'ALARME.)

ALCOOLISME.

L'alcool, pour être moins brutal que les Boches, n'est pas moins redoutable.
Sénateur Georges CLEMENCEAU.

L'alcool, c'est l'opium du prolétariat.
VANDERVELDE, député socialiste belge, Président du Bureau de l'Internationale ouvrière.

Pour poser réellement devant vos yeux la question de l'alcoolisme, permettez-moi d'user d'un apologue :

« Un jour un homme eut à subir les plus cruelles tribulations.

Il était riche : des brigands l'attaquèrent au coin du bois et voulurent lui prendre sa bourse.

Il était travailleur, et les mauvais garçons s'acharnèrent à lui démolir sa charrue et ses outils.

Il vivait tranquille et confiant dans la paix de sa confortable demeure, et les mêmes bandits vinrent une fois encore, saccagèrent sa maison, emmenèrent sa femme et l'obligèrent à leur céder la place.

Cependant, notre homme, s'armant de rage et de courage, parvint à châtier les malandrins, leur fit rendre gorge, retrouva sa femme, reconstruisit sa maison, et fut en mesure de labourer à nouveau ses champs, de reprendre son existence heureuse.

Mais, surprise, alors qu'il était triomphant, entouré de la considération de ses voisins, assuré pour longtemps contre les coups du sort, exprès il se laissa mourir d'un mal, dont la guérison dépendait de son bon vouloir : autrement dit, il se suicida. »

Cette terminaison de l'histoire vous semble absurde, camarade.

Eh bien ! le peuple de France vainqueur demain, délivré de l'affreuse hantise de « la Patrie en Danger », répéterait en grand l'aventure étrange de notre bonhomme s'il refusait d'apercevoir un mal qui le ronge et qui le mènerait plus fatalement au tombeau que l'invasion germanique : j'ai nommé l'Alcoolisme.

Oui, si nous ne voulons ouvrir les yeux et réagir, dans un

temps assez court, l'Alcool conduira le deuil de la France, entre la Tuberculose et l'Avarie, ses abominables complices.

Ce ne sont pas là des phrases, mais des faits.

M. Jean Finot, président de l'Alarme, une Société d'action contre l'alcoolisme (1), auquel nous emprunterons beaucoup, écrit ceci dans une brochure qu'il intitule « L'ennemi de l'Intérieur » :

« En 1913, donc bien avant la guerre, M. Paul Leroy-Beaulieu a établi avec sa haute compétence ce calcul troublant : avec le taux de la natalité et de la mortalité qu'accusait la France, elle avait toutes les chances de compter, au bout de trois générations, 20 millions d'habitants au lieu de 39. Mais, à la sixième génération, sa population menaçait de descendre au chiffre de 10 millions. »

La troisième génération, c'est dans 66 ans, vers 1980 ! Partie de ceux qui naissent aujourd'hui y atteindront.

Telle était la situation chiffrée avant la guerre : elle doit s'aggraver fatalement des conséquences de la crise sanglante, pertes immenses d'hommes jeunes, diffusion des maladies, diminution des naissances, augmentation de la mortalité infantile.

Mais avant les calamités de la guerre, avant les ravages des maladies, la cause de cette dépopulation qui s'affirme d'année en année, c'est l'abus de l'alcool.

Des statistiques des droits perçus sur l'alcool, il résulte que les alcools *officiellement* consommés dans notre pays ont passé de 850 000 hectolitres en 1860 à 1 000 558 hectolitres en 1913. Si l'on y ajoutait l'alcool distillé en fraude par les bouilleurs de crû, on pourrait établir que la consommation d'alcool a triplé en France depuis 53 ans, que chaque Français a employé pour son usage une moyenne de 6 litres, moyenne qui peut s'élever jusqu'à 100 litres pour certaines agglomérations, telles que Rouen, le Havre, Caen.

Et ces quantités ne comportent pas l'alcool contenu dans le vin, la bière et autres boissons fermentées. Elles se répartissent d'ailleurs, non sur tous les Français, dont

---

(1) Siège social, 45, rue Jacob, Paris.

un certain nombre heureusement ne boit pas d'alcool, mais sur un groupe trop important hélas !

Dans ce groupe des amateurs d'alcool, certains individus ingurgitent jusqu'à un demi-litre par jour de ce poison !

En se tenant même dans les moyennes officielles, on constate que la France dépasse de beaucoup tous les autres pays du monde.

Or, qu'est-ce que l'alcool ?

Un poison dans le sens absolu du mot, que l'homme devrait employer à titre exceptionnel, comme un médicament, et dont l'usage normal appartient à l'industrie.

L'idée ne viendrait à personne, n'est-il pas vrai, d'aller prendre chez le pharmacien un petit verre de laudanum ou de liqueur d'arsenic ; ceux qui absorbent chaque jour au bar des petits verres d'eau-de-vie et des apéritifs commettent une aberration analogue : l'empoisonnement est plus long, mais tout aussi sûr.

Cet empoisonnement de l'organisme humain se traduit de mille façons : les plus courantes sont la tuberculose, la folie, et la dégénérescence des enfants d'alcooliques, dont le tiers meurt avant la troisième année.

Il y a quelques années, à Rouen, un médecin de l'Hôtel-Dieu me fournit l'occasion de suivre *de visu* la chute progressive des dockers qui s'adonnent à l'alcool.

Le docker arrive au quai, beau gars dans la force de l'âge, et s'emploie, pour de bons salaires, 8 à 10 francs par jour, à coltiner les marchandises lourdes, sacs de céréales, balles de coton, etc.

Malheureusement, il prend vite l'habitude de boire, encouragé, en ce temps-là du moins, par certains misérables qui l'ont embauché et lui payent partie de ses heures de travail en jetons de marchand de vins !

En quelques mois, il subit les premières atteintes du mal, il doit descendre à des tâches moins fatigantes, mais aussi moins rémunératrices ; il décharge du charbon.

Croyant retenir les forces qui lui échappent, il boit de plus en plus : alors, il descend encore d'un chantier, il roule des tonneaux.

Puis, successivement, il en est réduit à porter les petits colis, à plier les bâches.

Il ne travaille d'ailleurs plus que quelques heures par jour; il diminue sa nourriture pour augmenter sa boisson. A partir de 3 heures de l'après-midi, il n'est plus bon à rien. Bientôt, il doit cesser tout travail. Alors, après un temps de vagabondage et de misère, hâve, décharné, en proie à des crises, il échoue à l'hôpital. L'alcool a brûlé ses organes, démoli son cerveau. Heureux encore s'il peut achever dans un asile sa lamentable existence. Car, le plus souvent, une mort atroce le guette : son œsophage s'indure et se rétrécit au point qu'il lui est impossible d'avaler aucune nourriture, même liquide.

Les tentatives d'alimentation à la sonde restent vaines : rien ne passe plus, rien ne peut être assimilé.

Et, pour avoir trop bu, le malheureux est condamné vivant à mourir de faim après une lente agonie !

Le tableau est sombre, mais rigoureusement exact. Cependant, combien d'autres du même genre s'offrent à à nos yeux !

Lisez et relisez, jeunes gens, l'appel émouvant de « l'Alarme » ! (page 286.)

Si vous êtes les citoyens conscients de demain, reconnaissez la vérité.

Et dites-vous bien que si tous les alcooliques ne finissent pas comme notre docker de Rouen, tous portent autour d'eux une responsabilité certaine devant leur pays, devant leur famille, comme devant eux-mêmes.

Or, pour devenir alcoolique, point n'est besoin d'être un ivrogne habituel ; il suffit de céder à la déplorable habitude, créée souvent non par besoin ou par goût, mais par l'entraînement mutuel, qui fait prendre un verre de vin blanc à jeun le matin, l'apéritif à onze heures, la « rincette » dans le café du midi, l'apéritif d'avant dîner et le verre de grog avant d'aller dormir.

Combien de braves gens, soumis à ce régime, qui se jugent sobres par rapport à d'autres complétant ce programme par d'innombrables « tournées » !

Et si nous transformons en argent la consommation de ces gens « raisonnables », nous trouvons qu'elle leur coûte encore près de 2 francs par jour !

Allons, un peu de courage, les jeunes ! Ne prenez pas ces habitudes, et examinez sincèrement si, dans la vie, il n'est pas d'autre satisfaction ou d'autre jouissance que d'être attablé, à heures fixes, devant un verre d'alcool plus ou moins frelaté, qu'il prenne la couleur d'un « amer », d'un « quinquina », ou d'une « liqueur ».

Est-ce à dire que vos éducateurs prétendent vous interdire de boire un bock, lorsque vous avez soif, un coup de vin, lorsque vous avez froid, une coupe de « mousseux » lorsque vous êtes en fête ? et, même, de loin en loin, un petit verre de bon cognac ?

Non, ils ne poursuivent pas un tel dessein dont la rigueur serait absurde et abusive.

Ils déclarent la guerre à l'alcool d'industrie, au « tord-boyaux » qui seul, ou à peu près, est offert à la consommation dans les bars et les débits populaires, mais ils ne proscrivent pas le vin, qui est un produit du sol et du soleil de France, qui contribue à sa richesse. Ils se refusent à suivre les théories trop absolues des « abstinents » et des « tempérants » qui repoussent toute boisson fermentée.

Les idées de ces « anti-alcooliques » absolus sont très respectables, mais ne paraissent guère propices pour servir de base à une action vigoureuse et pratique.

Nous admettons donc le vin, le cidre et la bière, trois boissons nationales.

Ceci posé, est-ce trop demander d'user avec modération de ces boissons et de vous engager à rechercher plutôt la qualité que la quantité ?

Nous touchons ici à une autre habitude déplorable qui consiste à saisir toute occasion d'ingurgiter du liquide, que ce soit chopines, canettes, limonades — nous ne parlons plus d'alcool.

Esclave de cette hantise, le Français finirait vraiment par croire qu'il n'est pas de joie supérieure à celle de vider des bouteilles, comme si son estomac se trouvait garni d'une éponge exigeant d'être sans cesse humectée !

Et toute cette boisson absorbée en dehors des repas vient troubler malencontreusement les fonctions digestives.

De fait, la plupart de nos troupiers préfèrent un litre de mauvaise vinasse à un verre de bon vin : ceci n'est pas à l'honneur de leur goût.

A ce propos, je veux vous raconter cette petite histoire de guerre, véritablement frappante :

Nous nous trouvions, un jour, dans une situation assez fâcheuse, immobilisés dans un petit bois, dont on ne pouvait sortir, ni en avant, ni en arrière sans recevoir des volées de marmites et de copieuses raffales de mitrailleuses. La question des vivres devenait difficile à résoudre, car les hommes manifestaient peu d'enthousiasme pour les corvées de ravitaillement.

Mais, par contre, dix fois, vingt fois chaque jour, de braves garçons, harnachés des bidons de toute l'escouade, demandaient la permission d'aller chercher du vin — et quel vin ! — à une auberge située à deux kilomètres derrière la ligne.

Sans hésiter, ils voulaient bien risquer leur vie pour boire, pas pour manger !

Mais écoutez le triste épilogue de cette histoire vraie : l'auberge en question était le rendez-vous des porteurs de bidons des diverses unités de la zone, si bien qu'à toute heure, il s'y trouvait un rassemblement permanent de 2 à 300 *clients.* Par un de leurs taubes, ou tout autrement, les Boches connurent cette circonstance, car, un beau jour, ils déclanchèrent un tir d'obus de gros calibre sur l'auberge : soixante-dix hommes furent tués en quelques minutes !

C'est vous surtout, les jeunes, qui pouvez et devez résister à cette habitude des beuveries inutiles en vous persuadant bien que, somme toute, il y a d'autres façons de se divertir dans l'existence que celle qui consiste à traîner de cabaret en cabaret.

Les exercices physiques, les jeux, les sports, les excursions, vous délivreront de cette forme inepte et malsaine du bas plaisir.

Et peut-être résoudrez-vous ainsi, avant les pouvoirs publics, la diminution des débits par la diminution de leur clientèle.

Les débitants en seront quittes pour choisir d'autres métiers : il ne manquera pas d'occupation, après la guerre, même pour les 480 000 marchands de vins répartis dans les 36 000 communes de France.

Nous ne prétendons ruiner personne, pas même les fabricants et les marchands d'alcools. Simplement, nous les supplions de ne plus vendre *aux hommes* ces affreux alcools industriels, et de les réserver à d'autres usages innombrables.

Est-ce trop leur demander ?

S'ils veulent bien, nous ne verrons plus ces horribles misères, ces affreuses déchéances dues au poison distillé, plus de braves gens mués subitement en brutes sanguinaires dans un délire alcoolique, plus de femmes abandonnées sans pain avec la triste marmaille par l'homme qui boit. Nous n'entendrons plus ces prières, ces plaintes unanimes qui montent aujourd'hui de toute part : un jour, ce sont des syndicats métallurgistes travaillant pour la défense nationale, qui font ressortir le moindre rendement des usines de guerre par la faute de l'alcool ; un autre jour, des syndicats ouvriers, conscients du danger dont l'alcoolisme menace la liberté de leur travail et l'avenir de leurs revendications.

Et s'ils ne veulent pas, les pourvoyeurs d'alcool, ma foi, il faudra bien les y obliger !

Dans ce sens, le gouvernement de la France n'aura qu'à suivre la voie tracée par la Suède, la Norvège, l'Italie, le Canada, l'Angleterre, la Russie.

Depuis 1870, l'alcool nous coûte neuf millions de Français et près de cent milliards.

Les pertes en vies humaines, comme les pertes en argent, dues à l'alcool dépassent de beaucoup celles que nous impose la guerre actuelle. Telle est la triste vérité, vérité éclatante au jour de laquelle se pose la question de vie ou de mort pour notre pays.

Il est temps, grand temps, d'arrêter les frais. Si les hommes mûrs n'ont plus la décision et le courage pour accomplir cette œuvre de salut public, à vous les jeunes, de vous y employer !

II. — LE PRÉSENT ET L'AVENIR

LES VISÉES DE L'ALLEMAGNE

> Les Germains nous ont envahis plus de vingt fois,
> cinq fois depuis la Révolution. De là, pour nous des
> devoirs essentiels, commandements de la Patrie :
> Rester unis.
> Mieux connaître l'Allemagne.
> Faire mieux connaître la France.
> Ne plus oublier.
> Prévoir.
>
> Paul DESCHANEL,
> *Discours à l'Institut de France*, (25 oct. 1916).

> L'Allemand naît bête.
> L'éducation le rend méchant.
>
> Henri HEINE.

> Là où la puissance de la Prusse est en jeu, je ne
> connais pas de règle ! BISMARCK.

« *Sans doute, les Allemands ne peupleront pas seuls le nouvel empire ainsi constitué, mais seuls ils gouverneront, seuls ils exerceront les droits politiques, serviront dans la marine et l'armée ; seuls ils pourront acquérir la terre.*

« ILS AURONT ALORS, COMME AU MOYEN AGE, LE SENTIMENT D'ÊTRE UN PEUPLE DE MAITRES.

« *Toutefois ils condescendraient à ce que les travaux inférieurs soient exécutés par des étrangers soumis à leur domination.* »

Cette citation textuelle d'un ouvrage allemand publié avant la guerre, vous la trouverez déjà à une autre page de ce livre. Je tiens à la remettre encore sous vos yeux, pour qu'elle pénètre dans votre esprit, s'imprime sur votre cœur.

Je souhaiterais qu'elle fût placardée dans nos écoles, affichée en tout lieu public, reproduite inlassablement par les journaux quotidiens.

Alors, après avoir lu, tous les Français chercheraient à comprendre !

Hélas ! ce qui, dans ces phrases, pouvait paraître hier outrecuidance et folie, s'affirme aujourd'hui par les faits, à la lueur sanglante de la guerre, comme une menace précise et directe.

Le peuple allemand, tout entier, tente un effort furieux pour réaliser ses convoitises, celles-là mêmes qu'il ne craignait pas d'affirmer dès le temps de paix.

En partie, l'aigle noire a saisi les proies visées. Sans pitié, sans égards, elle les déchire : Nord de la France, Belgique, Pologne, Serbie, Roumanie !... et encore Autriche-Hongrie, Bulgarie, Turquie, qui, par avance, étaient dans ses serres.

Ce rêve de domination mondiale, préparé par la ruse et le parjure, poursuivi par la force sauvage, il faut le connaître dans ses énormités et l'évoquer dans ses conséquences, si le malheur voulait qu'il puisse aboutir.

Ouvrez vos atlas, mes amis, et suivez bien.

La Grande-Allemagne, terme sous lequel les pangermanistes désignent l'état futur de l'empire germanique, engloberait : à l'ouest, la Hollande, la Belgique, la Suisse, une portion de la France partant de l'embouchure de la Somme et suivant une ligne frontière passant par Saint-Quentin, Reims, Troyes, Châtillon-sur-Seine, le cours de la Saône et du Rhône, jusqu'à la Méditerranée.

Dijon, Lyon, Marseille, Toulon aux mains teutonnes !

N'en soyez pas surpris, diront les « herr professors » d'Outre-Rhin, car ces cuistres vous établiront sans rire que ces territoires faisaient partie de la Lotharingie, royaume concédé à un prince germanique en l'an 842, au lendemain du démembrement de l'empire de Charlemagne. Ensuite, il vous faudrait supporter ces messieurs à Brest, où ils comptent établir le port transatlantique de l'Europe : Brest serait *un port à bail*, sur le modèle de ceux que les grandes puissances ont imposés aux Chinois.

Dans la magnifique rade bretonne, les énormes paquebots allemands monopoliseraient à leur profit le transit de l'Amérique, passagers et marchandises ; puis, un chemin de fer *allemand*, tracé en droite ligne jusqu'à Berlin, traverserait la France, en évitant Paris.

Au sud, la Grande-Allemagne dominerait le bassin de la Méditerranée par les grands ports commerciaux de Trieste et de Salonique, l'Autriche, les peuples des Balkans, étant réduits à l'état de vassaux, Marseille et Gênes ruinés. Toulon, les Baléares, Tanger, Bizerte formeraient les points d'appui militaires.

A l'est, les Allemands tiendraient Odessa, le port des blés, et Bakou, le port des pétroles, c'est-à-dire la mer Noire. La Russie, rejetée hors d'Europe par la création d'États soumis à l'influence germanique : Ukraine, royaume de Pologne, royaume de Courlande et Lithuanie, royaume de Finlande avec Pétrograd, ne seraient plus qu'une puissance asiatique séparée de toute mer et perdue dans la steppe.

Enfin, au nord, le Danemarck annexé, la Suède et la Norvège subjuguées, la marine allemande établie à Copenhague, clé de la Baltique.

Les assises du Saint-Empire germanique ainsi reconstitué reposeraient donc sur quatre bases fondamentales, Hambourg, Anvers, Trieste et Salonique, ports de premier ordre, puissamment outillés pour drainer les produits du monde entier, dont l'Europe centrale, la « Mittel-Europa » deviendrait l'immense usine de transformation et le colossal entrepôt.

Au centre de l'Empire, deux capitales : Berlin, métropole diplomatique, militaire, économique ; Vienne, cité d'histoire, d'art, de plaisir.

Mais l'énorme puissance germanique aura besoin de débouchés et de colonies pour écouler les produits manufacturés, se procurer les matières premières et les céréales nécessaires à ses deux cents millions d'habitants.

C'est prévu.

Le protectorat sur la Turquie ouvrira l'Asie Mineure. L'antique puissance des Perses et des Mèdes renaîtra par l'essor du génie allemand ; les grandes cités mortes Babylone, Ninive revivront grâce au chemin de fer de Bagdad, mettant en communication directe Berlin, Constantinople et le golfe Persique. Trois embranchements de cette voie impériale atteindront l'un la Chine, à travers la Perse, avec terminus à Kiao-Tchéou, l'autre les

Indes arrachées à l'influence anglaise ; le troisième, enjambant le canal de Suez, desservira l'Afrique orientale. du Caire au Cap, et l'Afrique du Nord jusqu'à la côte Atlantique. Car, l'empire Turc vassal retrouvera ses anciennes possessions africaines, Egypte, Tripolitaine, Tunisie, Algérie, Maroc. En ajoutant la transversale du Congo français et belge, c'est en somme la main-mise sur l'Afrique.

Passons en Amérique.

La nation la plus importante du nouveau continent est constituée par les États-Unis.

A ce peuple, champion de la liberté, dangereux concurrent commercial, l'Allemagne s'efforcera de créer mille entraves. Douze millions de Germano-Américains s'y emploieront, appuyés par la toute-puissance de l'empire germanique victorieux. C'était du moins le rêve d'avant guerre.

De fait, les Allemands ne cachent pas leur intention de choisir une position stratégique aux Antilles ou même en Colombie pour contrôler le canal de Panama et tenir en tutelle la puissance économique des États-Unis : Cuba, Haïti, le Mexique sont les butins visés également.

L'Amérique du Sud n'échapperait pas non plus à leur emprise : le Brésil est la proie marquée à cause de ses cafés et de ses bois précieux. Dès aujourd'hui, les provinces brésiliennes de Sao-Paulo, Santa Catharina, comptent de nombreux centres de colonisation purement allemande.

Sur la côte du Pacifique, le Chili constitue déjà une colonie virtuelle de l'Allemagne : commerce, navigation, banque, tout est aux mains teutonnes.

Enfin, comme les autres parties du monde, l'Océanie recevrait l'empreinte de la griffe allemande : les riches colonies hollandaises Java, Bornéo, Sumatra reviendront de droit à Berlin, sans parler d'îles, stations maritimes qui permettront de surveiller le Pacifique.

Maîtres des océans, maîtres de toutes les voies de communications ferrées, de toutes les matières premières essentielles, coton, caoutchouc, phosphates, pétrole, maîtres de la houille et du fer, les Allemands seront véritablement les maîtres du monde !

Sous un pareil régime, imaginez ce que serait le débris de France laissé debout par la grâce des vainqueurs !

La France mutilée se trouverait rejetée hors du cercle d'activité mondiale. Comme l'Espagne, elle deviendrait une péninsule, à l'écart de routes commerciales. Paris se verrait relégué au rang de vague chef-lieu d'un état secondaire.

Et ses habitants ?

Ils seraient condamnés à la misère, réduits à l'esclavage, sous la forme la plus honteuse. Finie, pour toi, Français, l'existence facile et douce, la fierté du libre citoyen ! Tu dépendrais de tes vainqueurs pour toutes choses : les plus indispensables, vêtements, ustensiles, charbon, sucre, pétrole, ils te le vendraient à leur prix, ou bien ils ne te le vendraient pas, selon leur bon plaisir. Tu aurais tout juste le droit de cultiver la terre, *la tienne*, à leur profit, de casser les cailloux sur les routes, et de mourir de faim. Si tu faisais le méchant, ils sortiraient leurs machines à tuer pour te mettre à la raison.

Cette perspective inouïe, révoltante en notre siècle, les Allemands, eux, la trouvent toute naturelle.

Car ce peuple a été grisé d'une théorie étrange répandue partout, à l'école, à la caserne, à l'atelier, qui veut le persuader qu'il est le peuple élu de Dieu, la race supérieure destinée à diriger les autres nations.

Le dernier croquant poméranien se figure être « un seigneur de la terre », puisque ses chefs le lui ont affirmé ! Mais, dans cette aristocratie de cent millions de Germains, tous ne sauraient commander : la masse doit assurer la main-d'œuvre. Alors, cette masse germanique formera une caste d'artisans supérieurs, un prolétariat d'élite auquel seraient réservés les métiers les plus relevés : électricité, industries chimiques, ouvriers d'art, imprimeurs, etc.

Les autres, appartenant aux races *inférieures*, les Welches — c'est ainsi que les Boches nous appellent, — les Belges, les Slaves, etc., seraient strictement confinés dans les bas ouvrages.

Ils travailleraient pour *leurs maîtres*, pour l'Allemagne, placée « au-dessus de tout » comme le proclame le chant national *Deutschland über Alles*, qu'entonnent les foules teutonnes éperdues.

« Le terrain compris entre les Vosges et les Pyrénées, écrit le doktor Rommel, un des professeurs les plus célèbres des Universités d'Outre-Rhin, n'est pas fait pour que trente-huit millions de Français y végètent alors que cent millions d'Allemands y pourraient vivre à l'aise. Le fils unique de la famille française est irrévocablement destiné à être dépouillé par les cinq fils de la famille allemande. »

Nous pourrions multiplier les citations des auteurs boches d'avant-guerre, où sont annoncés cyniquement les projets de domination mondiale, par les voies et les moyens qui s'affirment aujourd'hui : violation de toutes les lois humaines, mépris des traités, emploi sans limite de la violence et de la terreur.

Après l'extravagance de la géographie pangermanique, nous pourrions signaler l'aberration des méthodes sérieusement proposées par des hommes de science et des hommes d'État de l'Allemagne pour réduire les peuples vaincus : par exemple, interdire le mariage aux non-allemands, ou encore les émasculer !

Avant la guerre, on pouvait être tenté de rire de ces élucubrations des « gorilles à lunettes ».

Hélas ! les faits présents nous prouvent qu'il ne faut pas prendre à la légère les fous furieux.

Quand nos poilus leur auront passé une bonne camisole de force, nous pourrons philosopher sur tout cela, mais pas avant !

La plus grande erreur de notre pays est peut-être de n'avoir pas aperçu la portée générale du complot germanique contre la liberté des peuples.

Tous les Allemands, libéraux, catholiques, conservateurs, socialistes, etc., tombent d'accord dès qu'il s'agit d'affirmer leur droit aux conquêtes et leur supériorité sur les autres races.

Écoutez ceci, vous, petits camarades des « jeunesses socialistes ». Dans les nombreux congrès internationaux tenus avant la guerre, les social-démocrates allemands sont toujours demeurés muets lorsqu'il s'est agi d'émettre des vœux de réduction d'armement. Plus encore, en 1911, au cours d'élections qui eurent lieu pour le renouvellement de la Chambre basse d'Alsace-Lorraine, les socialistes immigrés firent bloc avec les pangermanistes contre l'élément indigène, et travaillèrent ainsi de leur mieux à la prussification des pays annexés. Après ces faits, comment a-t-on pu représenter ces gens comme prêts à s'opposer à un conflit armé au nom du droit humain! Mieux encore, le spectacle de la guerre nous a montré la social-démocratie applaudissant, dans son ensemble, à la ruée sauvage, aux programmes d'annexions, sans une réserve, sans un mot de pitié pour les ouvriers déportés, pour les humbles dépouillés et meurtris.

Que les Turcs, *doux alliés !* massacrent les Arméniens, ou que les Kamarades enrégimentés molestent les prolétaires de France, de Belgique ou de Pologne, peu importe aux socialistes allemands. Sachez-le une bonne fois, jeunes socialistes de France, ces individus se moquent de vos appels à la pacification générale et méprisent vos élans vers une humanité meilleure, *car ils ne vous considèrent pas comme leurs frères dans l'Internationale !*

« L'Internationale est dans les tranchées ! » s'est écrié Jules Guesde au dernier congrès socialiste.

Par-dessus les sophismes, voilà la claire vérité : au front, l'ouvrier français défend sa liberté individuelle, la liberté de son travail, la liberté de sa conscience.

Vous connaissez maintenant les visées de l'Allemagne : dominer, asservir, dans le sens le plus bas, car elles tendent à assurer le bien-être des Germains, à prélever leurs jouissances matérielles au détriment des autres nations.

Depuis la Marne, après le coup manqué, ils subissent la nécessité de sérier les questions et d'exécuter par étapes le programme qui vient de vous être exposé : aujourd'hui le bloc de l'Europe centrale, demain la réalisation des autres convoitises, à l'abri d'une paix précaire, avec la préméditation de procéder, dans un temps très court, à l'écrasement définitif de la France. Car, retenez bien ceci, mes amis : non seulement les Allemands convoitent notre France, mais pour plus ils la haïssent !

Ils rêvent d'éteindre à jamais ce foyer éblouissant de la civilisation latine, dont la lumière les offusque.

Rostand, notre poète, nous a montré les crapauds cherchant à baver sur la rose... Il y a de cela !

Il y a encore la crainte sourde, le dépit, de voir notre peuple tenir tête victorieusement à leurs poussées sauvages, rendre vains leur nombre, leur organisation, et aussi leur traîtrise.

Ah ! s'ils pouvaient plus tard mieux réussir un autre coup de la Belgique, et nous frapper dans le dos !

En résistant aux offres fallacieuses, en voulant abattre la bête, nous obéissons donc simplement à l'instinct de la conservation.

Mais, la bête abattue, la tâche ne sera pas remplie pour vous, les jeunes. Il restera à reconstituer la Cité, à fixer les destinées de la France. Labeur immense qui doit vous échoir. Pour conclure, essayons de tracer cette voie redoutable de notre avenir.

LES DESTINÉES DE LA FRANCE.

> L'avenir de la France, quels mots ! quel problème ! quel mystère !
>
> Ernest LAVISSE, *Discours à l'Académie.*

> Avoir des gloires communes dans le passé, une volonté commune dans le présent, avoir fait de grandes choses ensemble, vouloir en faire encore, voilà les conditions essentielles pour être un peuple.
>
> Ernest RENAN.

Dans cet appendice, nous avons jusqu'ici ouvert le compte des menaces qui pèsent sur l'avenir de la France.

Il est lourd.

Ouvrons maintenant le chapitre des espoirs, qui deviendront demain réalités si notre nation sort de la crise terrible, les yeux dessillés, la volonté tendue vers les devoirs communs, dont la pratique peut seule assurer la prospérité et la grandeur de notre Patrie.

Aussi bien, notre race possède dans ses racines ancestrales, les vertus essentielles : ces vertus l'aideront à vaincre les causes de décrépitude contre lesquelles tous les peuples vieux sont tenus de réagir.

Le danger direct né de l'agression allemande paraît aujourd'hui maîtrisé, mais il ne disparaîtra pas avec la guerre.

Donc, malgré les réparations et les garanties nées de la Victoire, si absolues qu'elles nous paraissent, il faudra continuer à monter la garde au Rhin !

Prétendre s'endormir sur les lauriers, serait s'exposer à voir l'incendie renaître au bout d'un temps très court.

Mais cette obligation ne sera qu'une bien faible partie de la tâche à remplir.

Dans tous les domaines de l'activité, les Français devront retrousser leurs manches, et se mettre au travail : un travail vif, qui se résoudra *en actes*, non plus en beaux discours et en superbes intentions, qui flagellera la routine, secouera la bureaucratie et visera aux résultats tangibles.

Demain, nul n'aura plus le droit de vivre inutile sur le sol français !

Les buts concrets ne manqueront pas à cette activité réparatrice.

Pour ne citer que les plus importants, nous pouvons envisager le Port de Paris, le canal des Deux-Mers unissant l'Atlantique et la Méditerranée, la Loire et le Rhône navigables, Brest outillé en port transatlantique, l'étang de Berre en colossale annexe de Marseille, le Tunnel sous la Manche. Et encore la mise au jour de nos richesses minières insoupçonnées, minerais du Calvados, montagne de l'Ouenza, en Tunisie, pétroles d'Algérie, charbon un peu partout, houille blanche, productrice d'une force immense, dans les Alpes et les Pyrénées.

Puis, la mise en exploitation de notre riche domaine colonial procurant à la métropole toutes les matières premières nécessaires à son industrie, à son agriculture, coton, caoutchouc, café, phosphates, ce qui implique l'aménagement de nos moyens de transport, lignes de navigation maritimes et fluviales, canaux, chemins de fer.

La guerre nous prouve combien il y a à besogner pour mettre à hauteur cet outillage économique !

Cependant cet effort national n'aboutirait pas s'il n'était accompagné par un effort moral correspondant.

Or, le sens de cet effort moral apparaîtra clairement

s'il est dominé par la conscience des grands intérêts nationaux.

C'est là une initiation, assez nouvelle pour notre peuple ; parmi le choc confus des intérêts de toute nature, il n'a pas appris encore à discerner les intérêts supérieurs, généraux et permanents, qu'on peut dénommer d'un mot *l'intérêt public.*

Lorsque les intérêts particuliers tiennent en échec l'intérêt public, la nation a perdu son équilibre, elle cesse de progresser.

Exemples : l'intérêt public exige qu'on ne boive plus d'alcool ; l'intérêt public réclame sur une mer un ou deux ports puissamment outillés, au lieu de dix qui végètent ; l'intérêt public veut qu'on impose des mesures d'hygiène, etc.

Un peuple, maître de ces destinées, comme le peuple de France, doit connaître ces conditions nécessaires à sa vie nationale, d'autant mieux que, grâce au suffrage universel, il a le pouvoir de les fixer et de les imposer par les lois.

Devenez plus tard de bons électeurs soucieux avant tout du bien général.

Ainsi, de bonnes lois économiques et des mesures d'hygiène nous débarasseront des trois fléaux signalés, permettant de supprimer les causes extérieures de la dépopulation.

Mais, il ne suffit pas d'enrayer le dépeuplement : il faut encore repeupler la France.

Aucune loi ne saurait y pourvoir si les citoyens ne veulent s'en mêler.

Le moyen est à votre disposition : mariez-vous jeunes et ayez *au moins* trois garçons !

Et retenez bien ceci : le nombre fait la richesse, l'enfant vaut un capital.

Quelques raisonnements frappants par leur banalité se dressent pour vous convaincre : plus les Français seront nombreux, moins les impôts paraîtront lourds, étant répartis sur un plus grand nombre de têtes ; plus les voyageurs seront nombreux sur une ligne de chemin de fer, plus le prix des billets pourra être abaissé, et ainsi de suite.

De vos trois garçons à venir, décidez en principe que l'un ira à l'atelier, le second restera aux champs, le troisième cherchera fortune aux colonies.

Si tous veulent être à la ville, si nos champs sont désertés, si nos domaines extérieurs effarent les jeunes Français, alors l'équilibre est détruit : les citadins s'entassent les uns sur les autres, surproduisent, vivent dans la gêne matérielle et morale ; l'agriculture dépérit et la cherté des denrées s'en accroît à mesure ; les colonies nous coûtent et ne rapportent qu'aux étrangers, qui les exploitent à la place des légitimes possesseurs.

Imaginez un instant la richesse et le bien-être qui seront répandus dans le pays, parmi toutes les classes, lorsque nous aurons accompli l'effort de travail, d'intelligence et d'organisation nécessaire à l'exploitation de notre magnifique domaine.

En somme, il s'agit de poursuivre, à notre profit, l'œuvre que les Boches se préparaient à entreprendre impudemment chez nous, à notre détriment.

Après l'héroïsme déployé et la vitalité démontrée devant l'Univers, qui refuserait, surtout chez les jeunes, de continuer l'effort dans la lutte, pacifique mais très âpre, qui reprendra demain et demeurera éternellement ouverte ?

Pénétrons-nous de cette idée, la condition de la Victoire reste la même pour le lutteur de la vie ordinaire et pour le soldat du champ de bataille : Être fort, au moral et au physique.

Si la *Préparation au service militaire* vous procure ce double résultat, elle aura rempli le but qu'elle se propose. Et ce but émouvant et grandiose se résume en un cri, qui jaillira de votre cœur, avec la force d'une résolution et la gravité d'un serment juré à la Patrie :

Vive la France !

III. — APPEL AUX JEUNES GENS

Vous qui avez souci de votre développement physique,

Qui voulez vous préparer à servir utilement le Pays, en paix comme en guerre,

Qui, aux temps de repos, aux heures libres, désirez goûter les saines distractions des exercices du plein air,

Qui, conscients de la fraternité et de l'union indispensables entre les fils d'une même Patrie, êtes SOCIABLES,

ENTREZ DANS LES SOCIÉTÉS !

Groupez-vous dans vos ateliers, vos bureaux, vos collèges, pour en former de nouvelles !

Afin de vous guider dans cet effort, vous trouverez ici la liste des grandes Unions et Fédérations des Sociétés françaises.

Chacune possède son mode d'activité particulière, mais TOUTES donnent l'éducation physique, s'inspirent des directives morales qui font les bons citoyens.

Selon vos goûts et vos tendances, adressez-vous à l'une d'elles : vous y recevrez aide et encouragement.

Sociétés scolaires (*Tir, Gymnastique, etc.*), fonctionnant dans les écoles et divers établissements d'enseignement public.

Comité national des Sports. — Président : M. le comte Clary, 4, rue Bayard, Paris. Organe de liaison entre les grandes Unions et Fédérations françaises.

Union des Sociétés de Tir de France. — Président : M. Daniel Mérillon, président de Chambre à la Cour de Cassation, 46, rue de Provence, Paris. Diffuse la pratique du tir au fusil de guerre et à la carabine scolaire; crée des stands; organise des concours.

Union des Sociétés de gymnastique de France. — Président : M. le Lieut.-Colonel Cazalet, 57, faubourg Saint-Denis, à Paris. Gymnastique éducative et appliquée.

Union des Sociétés Françaises de Sports athlétiques. — Président : M. Mamelle, 3, rue Rossini, Paris. Toutes les formes du sport et de l'athlétisme.

Union des Sociétés de Préparation militaire de France. — Président : M. le capitaine Adolphe Chéron, 23, rue de la Sourdière, Paris. *Fédération des Sociétés de Préparation militaire de France et des Colonies.* — Président : M. Lucien Latté, 16, rue de Grammont, Paris.

Les Sociétés de Préparation militaire, groupées par l'Union et la Fédération, s'appliquent aux exercices plus particulièrement dirigés en vue du service militaire et de la formation des spécialités : entraînement physique, tir, marches, topographie, mitrailleuses, équitation, etc. La plupart de ces Sociétés sortent en armes et en uniforme.

Union vélocipédique de France. — Président : M. Léon Breton, 43, rue de Rivoli, Paris. Toutes les formes du cyclisme.

Association des Éclaireurs de France. — Président : Lieutenant de vaisseau Jean Charcot, 146, rue Montmartre, Paris. Toutes les pratiques des boy-scouts : entraînement physique, camping, jeux et travaux divers ; convient plus spécialement aux jeunes garçons entre 11 et 15 ans ; costume obligatoire.

Comité d'Éducation physique. — Président : M. Mouquin, 10 faubourg Montmartre, Paris. Toutes les formes de l'éducation physique.

Société d'Enseignement moderne. — Président : M. Léopold Bellan, 30, rue des Jeûneurs, Paris. Éducation physique, préparation militaire, boy-scouts.

Fédération française de boxe. — Président : M. Paul Rousseau, 24, boulevard Poissonnière, Paris. Boxe et canne.

Fédération nationale des Sociétés de natation et de sauvetage. — Président : M. Paul Virot, 34, rue de Lille, Paris.

Fédération française des Sociétés d'aviron. — Président : M. Paul Glandaz, 43, boulevard Lannes, Paris.

Union des Sociétés d'équitation militaire de France. — Président : M. le général Lachouque, 59, rue Maubeuge, Paris.

Fédération gymnastique et sportive des Patronages de France. — Président : M. le Docteur Michaux, 5, place Saint-Thomas-d'Aquin, Paris. Groupements catholiques : gymnastique, sports, préparation militaire.

Alliance des Unions chrétiennes de Jeunes gens de France. — Président : M. de Billy, 13, rue de Trévise, Paris. Groupements protestants : gymnastique, boy-scouts.

LA MARSEILLAISE, PAR RUDE (1833-1835).

IV. — CHANTS D'HÉROÏSME

LA MARSEILLAISE

Que veut cette horde d'esclaves,
De traîtres, de rois conjurés ?
Pour qui ces ignobles entraves,
Ces fers dès longtemps préparés ? (*bis*)
Français ! pour nous, ah ! quel outrage !
Quels transports il doit exciter !
C'est nous qu'on ose méditer
De rendre à l'antique esclavage !

      Aux armes, etc.

Quoi ! ces cohortes étrangères
Feraient la loi dans nos foyers !
Quoi ! ces phalanges mercenaires
Terrasseraient nos fiers guerriers ! (*bis*)
Grand Dieu ! par des mains enchaînées
Nos fronts sous le joug se ploiraient !
De vils despotes deviendraient
Les maîtres de nos destinées !

      Aux armes, etc.

Amour sacré de la patrie,
Conduis, soutiens nos bras vengeurs !
Liberté, Liberté chérie,
Combats avec tes défenseurs ! (*bis*)
Sous nos drapeaux, que la victoire
Accoure à tes mâles accents !
Que tes ennemis expirants
Voient ton triomphe et notre gloire !

      Aux armes, etc.

      (*Strophe des enfants.*)
Nous entrerons dans la carrière
Quand nos aînés n'y seront plus ;
Nous y trouverons leur poussière
Et la trace de leurs vertus. (*bis*)
Bien moins jaloux de leur survivre
Que de partager leur cercueil,
Nous aurons le sublime orgueil
De les venger ou de les suivre !

      Aux armes, etc.

LE CHANT DU DÉPART

UN ENFANT

De Barra, de Viala le sort nous fait envie :
    Ils sont morts, mais ils ont vaincu.
Le lâche accablé d'ans n'a pas connu la vie ;
    Qui meurt pour le peuple a vécu.
    Vous êtes vaillants, nous le sommes ;
    Guidez-nous contre les tyrans ;
    Les républicains sont des hommes,
    Les esclaves sont des enfants.

MARCHE DES ZOUAVES

LA SIDI-BRAHIM

1ᵉʳ COUPLET

Sonnerie de clairon.

Quand votre pied rapide et sûr
Rase le sol, franchit l'abîme,
On croit voir, à travers l'azur,
L'aigle voler de cime en cime.
Vous roulez en noirs tourbillons
Et parfois, limiers invisibles,
Vous vous couchez dans les sillons
Pour vous relever plus terribles. *(Refrain)*

Aux champs où l'Houed-Had suit son cours,
Sidi-Brahim a vu nos frères,
Un contre cent, lutter trois jours
Contre des hordes sanguinaires.
Ils sont tombés silencieux
Sous le choc, comme une muraille.
Que leurs fantômes glorieux
Guident nos pas dans la bataille ! *(Refrain)*

Héros au courage inspiré,
Nos pères conquirent le monde,
Et le monde régénéré
En garde la trace féconde !
Nobles aïeux, reposez-vous !
Dormez dans vos couches austères ;
La France peut compter sur nous ;
Les fils seront dignes des pères. *(Refrain)*

TABLE DES MATIÈRES

TROISIÈME PARTIE

L'ENTRAINEMENT PHYSIQUE APPLIQUÉ

Paris. — Imprimerie LAROUSSE, 17, rue Montparnasse.